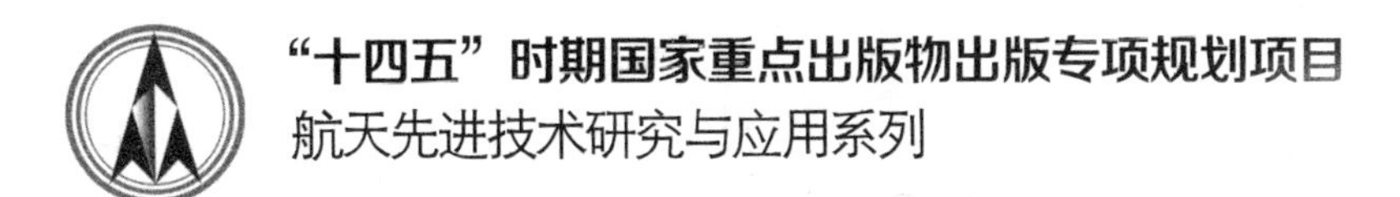

Design and Application of Digital Signal Processing System in Special Space Environment

航天空间特殊环境下的数字信号处理系统设计与应用

王岩 奚伯齐 庞杨 编著

哈爾濱工業大學出版社
HARBIN INSTITUTE OF TECHNOLOGY PRESS

内容提要

数字信号处理系统的设计应用是一门实用性很强的学科，而在航天空间特殊环境下的数字信号处理系统设计又遇到了更多挑战，希望本书能成为该领域学习者的实践指南。

现代数字信号处理系统设计领域的知识繁多而复杂，本书仅就其基本原理和应用知识进行阐述，希望读者能借此进入更加复杂的应用设计领域。全书共分九章，以 TI 公司 TMS320F281XDSP 为核心，从数字信号处理器的基本知识入手，并以配套演示验证板辅助，由浅入深介绍了：数字信号处理器的结构体系、存储器、系统控制和中断、引导装载、串行通信、模数转换器、航天空间特殊环境下的系统设计等主要内容。本书各章都结合了数字信号处理器演示验证板的设计和编程，期待读者能够在学习后独立完成数字信号处理器系统的软硬件设计。

本书以工程应用为核心，适合于高等院校相关专业的本科生及研究生使用，同时也可供专业开发人员参考。

图书在版编目(CIP)数据

航天空间特殊环境下的数字信号处理系统设计与应用/王岩，奚伯齐，庞杨编著. —哈尔滨：哈尔滨工业大学出版社，2023.10

ISBN 978-7-5767-1013-7

Ⅰ.①航… Ⅱ.①王… ②奚… ③庞… Ⅲ.①数字信号处理-系统设计-研究 Ⅳ.①TN911.72

中国国家版本馆 CIP 数据核字(2023)第 155107 号

策划编辑 杜 燕
责任编辑 马静怡 李长波
出版发行 哈尔滨工业大学出版社
社 址 哈尔滨市南岗区复华四道街 10 号 邮编 150006
传 真 0451-86414749
网 址 http://hitpress.hit.edu.cn
印 刷 哈尔滨市工大节能印刷厂
开 本 787 mm×1 092 mm 1/16 印张 14.5 字数 341 千字
版 次 2023 年 10 月第 1 版 2023 年 10 月第 1 次印刷
书 号 ISBN 978-7-5767-1013-7
定 价 42.80 元

前　言

数字信号处理器在国内外电子系统的设计开发中应用非常广泛，TI 公司的 TMS320 系列 DSP 被很多用户选用，原因在于其技术领先和开发工具的普及。TMS320 产品中 2X 系列 DSP 由于其简便易用、价格低廉等优点被广泛采用。2X 系列产品中以 281X 为常用产品型号。该系列数字信号处理器具有很高的运算速度、种类齐全的片上外设、功能强大的开发工具，适用于各类电子系统的开发。

数字信号处理器发展到今天早已不局限于数字信号处理的领域，其广泛应用于电气电子系统设计的各个分支，如美国 TI 公司 2X 系列 DSP 大量应用于工业控制、电机控制、数字信号处理等行业，2X 系列 DSP 中 283XDSP 内部含有浮点处理器，能够实现高性能数值运算；280XDSP 具备高速运算性能的同时还具有体积小、价格低至单片机水平的优点。281XDSP 是 2X 系列 DSP 中的成熟型号，具有高速的运算性能、丰富的接口外设、易用的开发工具、很高的性能价格比。

本书以数字信号处理器的初学者为对象，首先，数字信号处理器作为一种高性能器件，其内容比较繁杂，本书尽量选择基础及重要的部分加以介绍，提纲挈领重点突出。其次，数字信号处理器作为一个工程应用性很强的学科，要学以致用就必须与实践相结合，为配合本书教学，设计了 HIT-2812 演示验证板，该演示验证板上设计实现了数字信号处理器的各种基本功能，同时演示验证板上的所有资源开放，本书首先介绍了该演示板的结构设计，并在每一章后提供配合该演示板的教学实验程序。通过把硬件设计及软件编程相结合，相信读者能够有更大的收获。最后，结合作者多年来在航天工程领域的实践经验，对航天空间特殊环境下的数字信号处理系统设计与应用实例进行了介绍。

哈尔滨工业大学航天学院奚伯齐完成了第 4 章和第 7 章部分内容的撰写，庞杨完成了第 6 章部分内容的撰写及部分演示程序的编写调试，在此表示衷心感谢。

如果您对本书或数字信号处理器教学及应用有任何建设性意见，请电邮至

E-MAIL：dsp_book@ 163. com

作　者

2023 年 7 月

目　录

第1章　数字信号处理器结构

1.1　数字信号处理器

通常所说的数字信号处理器,简称缩写为DSP,其最主要用途是进行数字信号处理,但现今DSP应用范围早已超越数字信号处理的范畴,延伸到包括电机控制、视频处理、通信、医疗、军事应用等各个尖端科技领域,所以更有必要了解它。DSP本质上仍然是一种微处理器,甚至可以简单地说:是一种可以完成高速运算的微处理器。

对比TI的各个DSP系列,可以清楚地看到,DSP是这样一种微处理器:包括一个可以进行高速运算的核心(CPU)、一定容量的存储器(如RAM、FLASH)和各种必要的外部设备(如SCI、ADC)。可以把它看成高级化复杂化的单片机(MCU),或者一台简单化了的PC机。

下面介绍本书的主角——TMS320F28XDSP,其结构框图(引自TI公司器件选型手册)如图1.1.1所示。TI的28X系列DSP除C281X系列外,还有C280X系列,后者是前者的功能简化版。

如图1.1.1所示,TMS320F28XDSP具有一个高速的32位CPU,速度高达100 ~ 150 MIPS,具有片上存储器(Flash,RAM),还可通过XINTF接口扩展外部RAM,保证了足够的存储空间和实现高速运算,此外,DSP还有多种片上外设(如SCI、ADC),这些结构综合起来能够胜任大量工作,多年前可能需要一台桌面PC加上大量扩展板卡来完成的任务,现在只需一片DSP芯片就可以完成。

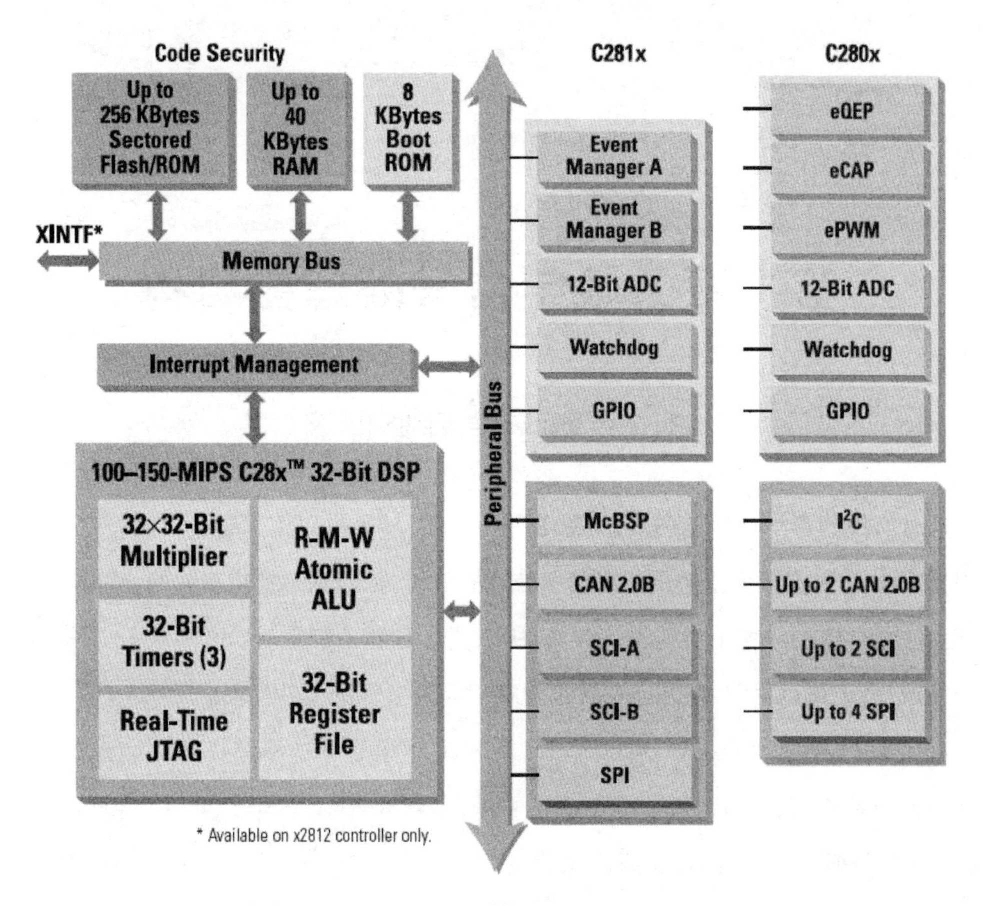

图 1.1.1 TMS320F28XDSP 结构框图

1.2 DSP 基本特性

在开始之前,首先应该了解本书的学习对象 DSP-TI TMS320F2812,它到底能做些什么呢?下面这段文字引自 TI 文档(TMS320F2812 DATASHEET(SPRS174J).pdf),是对该 DSP 最准确的描述。这里引用英文的形式进行介绍,原因在于:原文的说明往往是最准确的;后面附上包含作者理解的翻译,供读者对照参考。

- High-Performance Static CMOS Technology
  - 150 MHz (6.67-ns Cycle Time)
  - Low-Power (1.8-V Core @135 MHz, 1.9-V Core @150 MHz, 3.3-V I/O) Design
  - 3.3-V Flash Voltage
- JTAG Boundary Scan Support†
- High-Performance 32-Bit CPU (TMS320C28x)
  - 16 x 16 and 32 x 32 MAC Operations
  - 16 x 16 Dual MAC
  - Harvard Bus Architecture
  - Atomic Operations
  - Fast Interrupt Response and Processing
  - Unified Memory Programming Model
  - 4M Linear Program Address Reach
  - 4M Linear Data Address Reach
  - Code-Efficient (in C/C++ and Assembly)
  - TMS320F24x/LF240x Processor Source Code Compatible
- On-Chip Memory
  - Flash Devices: Up to 128K x 16 Flash (Four 8K x 16 and Six 16K x 16 Sectors)
  - ROM Devices: Up to 128K x 16 ROM
  - 1K x 16 OTP ROM
  - L0 and L1: 2 Blocks of 4K x 16 Each Single-Access RAM (SARAM)
  - H0: 1 Block of 8K x 16 SARAM
  - M0 and M1: 2 Blocks of 1K x 16 Each SARAM
- Boot ROM (4K x 16)
  - With Software Boot Modes
  - Standard Math Tables
- External Interface (2812)
  - Up to 1M Total Memory
  - Programmable Wait States
  - Programmable Read/Write Strobe Timing
  - Three Individual Chip Selects
- Clock and System Control
  - Dynamic PLL Ratio Changes Supported
  - On-Chip Oscillator
  - Watchdog Timer Module
- Three External Interrupts
- Peripheral Interrupt Expansion (PIE) Block That Supports 45 Peripheral Interrupts
- 128-Bit Security Key/Lock
  - Protects Flash/ROM/OTP and L0/L1 SARAM
  - Prevents Firmware Reverse Engineering
- Three 32-Bit CPU-Timers
- Motor Control Peripherals
  - Two Event Managers (EVA, EVB)
  - Compatible to 240xA Devices
- Serial Port Peripherals
  - Serial Peripheral Interface (SPI)
  - Two Serial Communications Interfaces (SCIs), Standard UART
  - Enhanced Controller Area Network (eCAN)
  - Multichannel Buffered Serial Port (McBSP) With SPI Mode
- 12-Bit ADC, 16 Channels
  - 2 x 8 Channel Input Multiplexer
  - Two Sample-and-Hold
  - Single/Simultaneous Conversions
  - Fast Conversion Rate: 80 ns/12.5 MSPS
- Up to 56 Individually Programmable, Multiplexed General-Purpose Input/Output (GPIO) Pins
- Advanced Emulation Features
  - Analysis and Breakpoint Functions
  - Real-Time Debug via Hardware
- Development Tools Include
  - ANSI C/C++ Compiler/Assembler/Linker
  - Supports TMS320C24x™/240x Instructions
  - Code Composer Studio™ IDE
  - DSP/BIOS™
  - JTAG Scan Controllers† [Texas Instruments (TI) or Third-Party]
  - Evaluation Modules
  - Broad Third-Party Digital Motor Control Support
- Low-Power Modes and Power Savings
  - IDLE, STANDBY, HALT Modes Supported
  - Disable Individual Peripheral Clocks
- Package Options
  - 179-Ball MicroStar BGA™ With External Memory Interface (GHH) (2812)
  - 176-Pin Low-Profile Quad Flatpack (LQFP) With External Memory Interface (PGF) (2812)
  - 128-Pin LQFP Without External Memory Interface (PBK) (2810, 2811)
- Temperature Options:
  - A: -40°C to 85°C (GHH, PGF, PBK)
  - S: -40°C to 125°C (GHH, PGF, PBK)

与上文对照：

- 高性能静态 CMOS 技术
  - –150 MHz(6.67 ns 指令周期)
  - –低功耗设计(135 MHz–1.8 V 核心电压,150 MHz–1.9 V 核心电压,3.3 V 输入输出电压)
  - –3.3 V Flash 编程电压
- 支持 JTAG 边界扫描(在线调试和烧写)

- 高性能32位CPU(中央处理器)(注意:是32位CPU)
  - -支持16位×16位及32位×32位乘法器(MAC)操作
  - -支持16位×16位双乘法器(Dual MAC)
  - -哈佛总线结构
  - -支持原子操作
  - -快速中断响应及处理
  - -统一存储器编址模式
  - -4M线性程序地址空间
  - -4M线性数据地址空间
  - -高效率代码(支持汇编、C、C++)
  - -与TMS320F24x/LF240x处理器源代码兼容
- 片上存储器(注意:共128K Flash存储器、18K SARAM存储器,都可用来存储程序和数据)
  - -FLASH存储器:最高128K×16位(4个8K×16位扇区、6个16K×16位扇区)
  - -ROM存储器:最高128K×16位
  - -1K×16位OTP ROM
  - -L0、L1:2块4K×16位SARAM(共8K)
  - -H0:1块8K×16位SARAM
  - -M0、M1:2块1K×16位SARAM(共2K)
- 引导ROM(4K×16位)
  - -包含多种不同的软件引导模式
  - -在引导ROM区中,包含基本的常用数学表(如SIN值表)
- 外部接口(仅2812含有外部接口)
  - -最多可扩展1M外部存储器
  - -外部接口等待状态可编程
  - -外部接口读写时间可编程
  - -有3个独立片选端
- 时钟及系统控制
  - -支持动态PLL调整
  - -片上振荡器
  - -含有看门狗模块
- 3个外部中断
- 外设中断扩展(PIE)模块支持45个外设中断
- 代码安全模块支持128位密钥
  - -对Flash/ROM/OTP ROM/L0-L1 SARAM提供保护
  - -保护系统软件不被非法读取或破解
- 3个32位CPU定时器
- 电机控制外设

-2 个事件管理器(EVA、EVB)

-事件管理器兼容 240xA 设备

● 串行端口外设

-SPI

-2 路 SCI

-增强型 CAN

-McBSP(SPI 模式)

● 16 通道 12 位 A/D 转换器

-2×8 输入通道多路开关

-2 路采样保持器

-单路/双路转换

-80 ns/12.5M 转换速度

● 最高 56 个单独编程的通用输入输出端口(GPIO)

● 高级仿真特性

-分析、测试、断点功能

-硬件实时调试功能

● 开发工具

-支持标准 C/C++的编译、汇编和连接

-支持 TMS320C24x/240x 指令

-集成化的调试和开发工具 CCS

-支持 DSP/BIOS

-支持 JTAG

-有大量的第三方开发模块和开发工具

● 低功耗节能模式

-支持 IDLE、STANDBY、HALT 模式

-可单独关闭外设时钟

● 可用封装形式

-179BGA(GHH,对应 2812)

-176LQFP(PGF,对应 2812)

-128LQFP(PBK,对应 2810/2811)

● 温度级别

-A:-40 ~ +85 ℃

-S:-40 ~ +125 ℃

从上面的介绍不难看出,该 DSP 功能多样而强大,由此也提高了学习、掌握和使用设计该 DSP 的难度。

图 1.2.1 是常用的 TMS320F2812 的 176-Pin PGF LQFP 封装形式的 DSP 引脚图,对比传统的 51 单片机只有 40 个引脚,此 176 个引脚显然复杂很多。但这些引脚的功能分类很清晰,也容易记忆。表 1.2.1 为 TMS320F2812 的 176 引脚功能描述。表中引脚编号

对应 176-Pin LQFP 封装形式(其他形式封装的引脚编号请参考 TI 相关文档),其中 I/O/Z 代表引脚三态,PU/PD 代表引脚内部上/下拉。

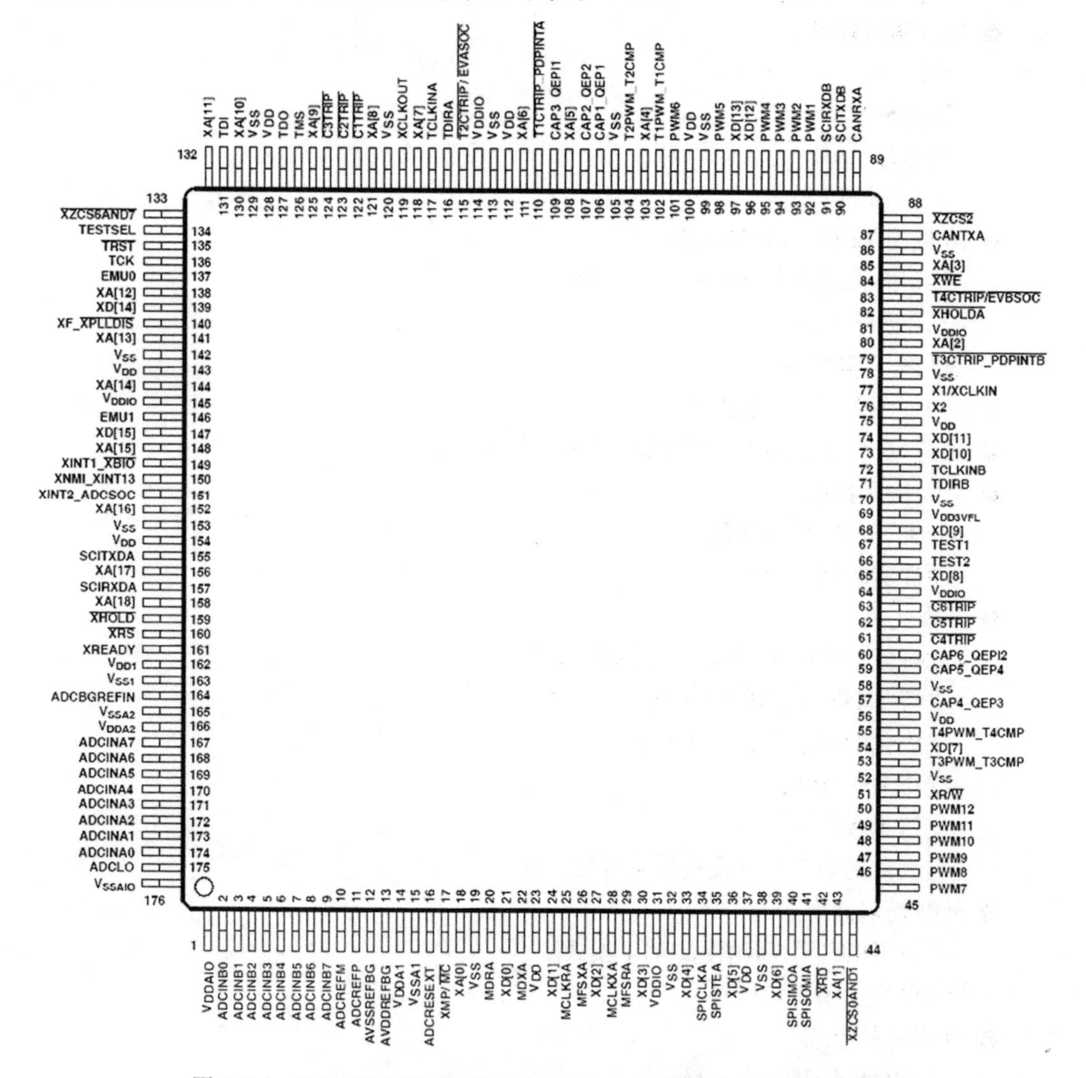

图 1.2.1 TMS320F2812 的 176-Pin PGF LQFP 封装形式的 DSP 引脚图

表 1.2.1　TMS320F2812 的 176 引脚功能表

名称	引脚编号	I/O/Z	PU/PD	功能
XINTF(外部扩展接口)信号				
XA[18]	158	O/Z	—	19 位 XINTF 地址总线
XA[17]	156	O/Z	—	
XA[16]	152	O/Z	—	
XA[15]	148	O/Z	—	
XA[14]	144	O/Z	—	
XA[13]	141	O/Z	—	
XA[12]	138	O/Z	—	
XA[11]	132	O/Z	—	
XA[10]	130	O/Z	—	
XA[9]	125	O/Z	—	
XA[8]	121	O/Z	—	
XA[7]	118	O/Z	—	
XA[6]	111	O/Z	—	
XA[5]	108	O/Z	—	
XA[4]	103	O/Z	—	
XA[3]	85	O/Z	—	
XA[2]	80	O/Z	—	
XA[1]	43	O/Z	—	
XA[0]	18	O/Z	—	

续表 1.2.1

名称	引脚编号	I/O/Z	PU/PD	功能
XD[15]	147	I/O/Z	PU	16 位 XINTF 数据总线
XD[14]	139	I/O/Z	PU	
XD[13]	97	I/O/Z	PU	
XD[12]	96	I/O/Z	PU	
XD[11]	74	I/O/Z	PU	
XD[10]	73	I/O/Z	PU	
XD[9]	68	I/O/Z	PU	
XD[8]	65	I/O/Z	PU	
XD[7]	54	I/O/Z	PU	
XD[6]	39	I/O/Z	PU	
XD[5]	36	I/O/Z	PU	
XD[4]	33	I/O/Z	PU	
XD[3]	30	I/O/Z	PU	
XD[2]	27	I/O/Z	PU	
XD[1]	24	I/O/Z	PU	
XD[0]	21	I/O/Z	PU	
XMP/$\overline{\text{MC}}$	17	I	PD	微处理器/微计算机模式选择。为高时，XINTF7 区使能；为低时，XINTF7 区无效，使用片内 boot ROM 功能。复位时，该引脚状态被锁存在 XINTCNF2 寄存器中，该位状态可以在软件中修改。复位后该引脚状态不再起作用
$\overline{\text{XHOLD}}$	159	I	PU	外部保持请求信号。低电平时，请求 XINTF 释放外部总线，并把所有外部总线和选通端置为高阻态
$\overline{\text{XHOLDA}}$	82	O/Z	—	外部保持确认信号。低电平时，表示 XINTF 响应 $\overline{\text{XHOLD}}$ 请求，所有 XINTF 总线和选通端为高阻态
$\overline{\text{XZCS0AND1}}$	44	O/Z	—	XINTF0 区、1 区片选
$\overline{\text{XZCS2}}$	88	O/Z	—	XINTF2 区片选
$\overline{\text{XZCS6AND7}}$	133	O/Z	—	XINTF6 区、7 区片选

续表 1.2.1

名称	引脚编号	I/O/Z	PU/PD	功能
$\overline{XWE}$	84	O/Z	—	写使能信号,该信号波形由 XTIMINGx(对应 XINTF 每个区)寄存器中的 Lead、Active、Trail 共同确定
$\overline{XRD}$	42	O/Z	—	读使能信号,该信号波形由 XTIMINGx(对应 XINTF 每个区)寄存器中的 Lead、Active、Trail 共同确定。注意:$\overline{XWE}$和$\overline{XRD}$相反互斥
XR/$\overline{W}$	51	O/Z	—	读/写选通信号,为高时表示读周期,为低时表示写周期
XREADY	161	I	PU	准备信号。为高时,表示外设已为访问做好准备
时钟复位及 JTAG 信号				
X1/XCLKIN	77	I		振荡器输入。注意:该引脚输入电平应低于核心电压 1.8 ~ 1.9 V
X2	76	O		振荡器输出
XCLKOUT	119	O	—	时钟信号输出。该信号来自 SYSCLKOUT,复位后 XCLKOUT = SYSCLKOUT/4,可以通过配置寄存器使 XCLKOUT = SYSCLKOUT/2 或 XCLKOUT = SYSCLKOUT,也可以关闭该输出
TESTSEL	134	I	PD	测试引脚,保留。需接地
$\overline{XRS}$	160	I/O	PU	复位引脚(输入)和看门狗复位(输出)。该引脚低电平使器件复位,PC 指向 0x3FFFC0,当高电平时,器件从 PC 位置开始执行。当看门狗产生复位时,DSP 将该引脚置低 512 个 XCLKIN 周期
TEST1	67	I/O	—	测试引脚,保留。需悬空
TEST2	66	I/O	—	测试引脚,保留。需悬空
$\overline{TRST}$	135	I	PD	JTAG 测试复位,详见 TI 文档
TCK	136	I	PU	JTAG 测试时钟,详见 TI 文档
TMS	126	I	PU	JTAG 测试模式选择,详见 TI 文档
TDI	131	I	PU	JTAG 测试数据输入,详见 TI 文档

续表 1.2.1

名称	引脚编号	I/O/Z	PU/PD	功能
TDO	127	O/Z	—	JTAG 测试数据输出,详见 TI 文档
EMU0	137	I/O/Z	PU	仿真器引脚 0,详见 TI 文档
EMU1	146	I/O/Z	PU	仿真器引脚 1,详见 TI 文档
A/D 部分信号				
ADCINA7	167	I		A/D 转换器的采样保持器 A 的 8 路模拟输入引脚
ADCINA6	168	I		
ADCINA5	169	I		
ADCINA4	170	I		
ADCINA3	171	I		
ADCINA2	172	I		
ADCINA1	173	I		
ADCINA0	174	I		
ADCINB7	9	I		A/D 转换器的采样保持器 B 的 8 路模拟输入引脚
ADCINB6	8	I		
ADCINB5	7	I		
ADCINB4	6	I		
ADCINB3	5	I		
ADCINB2	4	I		
ADCINB1	3	I		
ADCINB0	2	I		
ADCREFP	11	O		ADC 参考电压输出(2 V)
ADCREFM	10	O		ADC 参考电压输出(1 V)
ADCRESEXT	16	O		ADC 外部偏置电阻(24.9 kΩ)
ADCBGREFIN	164	I		测试引脚,保留。需悬空

续表 1.2.1

名称	引脚编号	I/O/Z	PU/PD	功能
AVSSREFBG	12	I		ADC 模拟地
AVDDREFBG	13	I		ADC 模拟电源(3.3 V)
ADCLO	175	I		公共低端模拟输入,接模拟地
V_{SSA1}	15	I		ADC 模拟地
V_{SSA2}	165	I		ADC 模拟地
V_{DDA1}	14	I		ADC 模拟电源(3.3 V)
V_{DDA2}	166	I		ADC 模拟电源(3.3 V)
V_{SS1}	163	I		ADC 数字地
V_{DD1}	162	I		ADC 数字电源(1.8～1.9 V)
V_{DDAIO}	1			ADC 模拟电源(3.3 V)
V_{SSAIO}	176			ADC 模拟地
电源信号				
V_{DD}	23			核心数字电源(1.8～1.9 V)
V_{DD}	37			
V_{DD}	56			
V_{DD}	75			
V_{DD}	100			
V_{DD}	112			
V_{DD}	128			
V_{DD}	143			
V_{DD}	154			

续表 1.2.1

名称	引脚编号	I/O/Z	PU/PD	功能
V_{SS}	19			
V_{SS}	32			
V_{SS}	38			
V_{SS}	52			
V_{SS}	58			
V_{SS}	70			
V_{SS}	78			
V_{SS}	86			核心及数字 I/O 地
V_{SS}	99			
V_{SS}	105			
V_{SS}	113			
V_{SS}	120			
V_{SS}	129			
V_{SS}	142			
V_{SS}	153			
V_{DDIO}	31			
V_{DDIO}	64			
V_{DDIO}	81			I/O 数字电源(3.3 V)
V_{DDIO}	114			
V_{DDIO}	145			
V_{DD3VFL}	69			Flash 核心电源(3.3 V)
GPIO 或片上外设信号				
GPIOA 或 EVA 信号				
GPIOA0/PWM1	92	I/O/Z	PU	GPIO 或 PWM 输出引脚 1
GPIOA1/PWM2	93	I/O/Z	PU	GPIO 或 PWM 输出引脚 2
GPIOA2/PWM3	94	I/O/Z	PU	GPIO 或 PWM 输出引脚 3
GPIOA3/PWM4	95	I/O/Z	PU	GPIO 或 PWM 输出引脚 4
GPIOA4/PWM5	98	I/O/Z	PU	GPIO 或 PWM 输出引脚 5
GPIOA5/PWM6	101	I/O/Z	PU	GPIO 或 PWM 输出引脚 6
GPIOA6/T1PWM_T1CMP	102	I/O/Z	PU	GPIO 或定时器 1 输出

续表 1.2.1

名称	引脚编号	I/O/Z	PU/PD	功能
GPIOA7/T2PWM_T2CMP	104	I/O/Z	PU	GPIO 或定时器 2 输出
GPIOA8/CAP1_QEP1	106	I/O/Z	PU	GPIO 或捕获输入 1
GPIOA9/CAP2_QEP2	107	I/O/Z	PU	GPIO 或捕获输入 2
GPIOA10/CAP3_QEPI1	109	I/O/Z	PU	GPIO 或捕获输入 3
GPIOA11/TDIRA	116	I/O/Z	PU	GPIO 或定时器方向选择
GPIOA12/TCLKINA	117	I/O/Z	PU	GPIO 或定时器时钟输入
GPIOA13/$\overline{\text{C1TRIP}}$	122	I/O/Z	PU	GPIO 或比较器 1 输出
GPIOA14/$\overline{\text{C2TRIP}}$	123	I/O/Z	PU	GPIO 或比较器 2 输出
GPIOA15/$\overline{\text{C3TRIP}}$	124	I/O/Z	PU	GPIO 或比较器 3 输出
GPIOB 或 EVB 信号				
GPIOB0/PWM7	45	I/O/Z	PU	GPIO 或 PWM 输出引脚 7
GPIOB1/PWM8	46	I/O/Z	PU	GPIO 或 PWM 输出引脚 8
GPIOB2/PWM9	47	I/O/Z	PU	GPIO 或 PWM 输出引脚 9
GPIOB3/PWM10	48	I/O/Z	PU	GPIO 或 PWM 输出引脚 10
GPIOB4/PWM11	49	I/O/Z	PU	GPIO 或 PWM 输出引脚 11
GPIOB5/PWM12	50	I/O/Z	PU	GPIO 或 PWM 输出引脚 12
GPIOB6/T3PWM_T3CMP	53	I/O/Z	PU	GPIO 或定时器 3 输出
GPIOB7/T4PWM_T4CMP	55	I/O/Z	PU	GPIO 或定时器 4 输出
GPIOB8/CAP4_QEP3	57	I/O/Z	PU	GPIO 或捕获输入 4
GPIOB9/CAP5_QEP4	59	I/O/Z	PU	GPIO 或捕获输入 5
GPIOB10/CAP6_QEPI2	60	I/O/Z	PU	GPIO 或捕获输入 6
GPIOB11/TDIRB	71	I/O/Z	PU	GPIO 或定时器方向选择
GPIOB12/TCLKINB	72	I/O/Z	PU	GPIO 或定时器时钟输入
GPIOB13/$\overline{\text{C4TRIP}}$	61	I/O/Z	PU	GPIO 或比较器 4 输出
GPIOB14/$\overline{\text{C5TRIP}}$	62	I/O/Z	PU	GPIO 或比较器 5 输出
GPIOB15/$\overline{\text{C6TRIP}}$	63	I/O/Z	PU	GPIO 或比较器 6 输出
GPIOD 或 EVA 信号				
GPIOD0/$\overline{\text{T1CTRIP\_PDPINTA}}$	110	I/O/Z	PU	定时器 1 比较器输出
GPIOD1/$\overline{\text{T2CTRIP}}$/$\overline{\text{EVASOC}}$	115	I/O/Z	PU	定时器2比较器输出或外部启动 EVA 的 ADC 转换

续表 1.2.1

名称	引脚编号	I/O/Z	PU/PD	功能
GPIOD 或 EVB 信号				
GPIOD5/$\overline{\text{T3CTRIP\_PDPINTB}}$	79	I/O/Z	PU	定时器 3 比较器输出
GPIOD6/$\overline{\text{T4CTRIP}}$/$\overline{\text{EVBSOC}}$	83	I/O/Z	PU	定时器 4 比较器输出或外部启动 EVB 的 ADC 转换
GPIOE 或中断信号				
GPIOE0/XINT1_$\overline{\text{XBIO}}$	149	I/O/Z	—	GPIO 或 XINT1 或$\overline{\text{XBIO}}$输入
GPIOE1/XINT2_ADCSOC	151	I/O/Z	—	GPIO 或 XINT2 或 ADC 转换启动
GPIOE2/XNMI_XINT13	150	I/O/Z	PU	GPIO 或 XNMI 或 XINT13
GPIOF 或 SPI 信号				
GPIOF0/SPISIMOA	40	I/O/Z	—	GPIO 或 SPI 从入主出
GPIOF1/SPISOMIA	41	I/O/Z	—	GPIO 或 SPI 从出主入
GPIOF2/SPICLKA	34	I/O/Z	—	GPIO 或 SPI 时钟
GPIOF3/SPISTEA	35	I/O/Z	—	GPIO 或 SPI 从发送使能
GPIOF 或 SCI-A 信号				
GPIOF4/SCITXDA	155	I/O/Z	PU	GPIO 或 SCI 异步串行端口数据发送
GPIOF5/SCIRXDA	157	I/O/Z	PU	GPIO 或 SCI 异步串行端口数据接收
GPIOF 或 CAN 信号				
GPIOF6/CANTXA	87	I/O/Z	PU	GPIO 或 CAN 数据发送
GPIOF7/CANRXA	89	I/O/Z	PU	GPIO 或 CAN 数据接收
GPIOF 或 McBSP 信号				
GPIOF8/MCLKXA	28	I/O/Z	PU	GPIO 或 McBSP 发送时钟
GPIOF9/MCLKRA	25	I/O/Z	PU	GPIO 或 McBSP 接收时钟
GPIOF10/MFSXA	26	I/O/Z	PU	GPIO 或 McBSP 发送帧同步
GPIOF11/MFSRA	29	I/O/Z	PU	GPIO 或 McBSP 接收帧同步
GPIOF12/MDXA	22	I/O/Z	—	GPIO 或 McBSP 发送串行数据
GPIOF13/MDRA	20	I/O/Z	PU	GPIO 或 McBSP 接收串行数据

续表 1.2.1

名称	引脚编号	I/O/Z	PU/PD	功能
GPIOF 或 CPU 输入输出信号				
GPIOF14/XF_$\overline{\text{XPLLDIS}}$	140	I/O/Z	PU	(1)XF-通用输出引脚 (2)XPLLDIS-该引脚在复位时被采样,如果为低,则禁用 PLL,此时不能使用 HALT 和 STANDBY 模式 (3)GPIO-GPIO 功能
GPIOG 或 SCI-B 信号				
GPIOG4/SCITXDB	90	I/O/Z	—	GPIO 或 SCI 异步串行端口数据发送
GPIOG5/SCIRXDB	91	I/O/Z	—	GPIO 或 SCI 异步串行端口数据接收

1.3　TI28XDSP 基本信号与总线结构

TI28XDSP 结构中包含许多内容,这里只探讨感兴趣的部分,其他内容请参考相应的 TI 参考文档。

1. CPU 信号

图 1.3.1 为 CPU 信号框图,广义上 DSP 中的核心处理单元——CPU 包含中央处理单元(CPU)、仿真逻辑(这与传统的 INTEL51 单片机不同,CPU 中就含有仿真逻辑部分,可以更好地实现器件的分析调试和管理),此外还有对应的各种信号:存储器接口信号、时钟及控制信号、中断和复位信号、仿真信号。

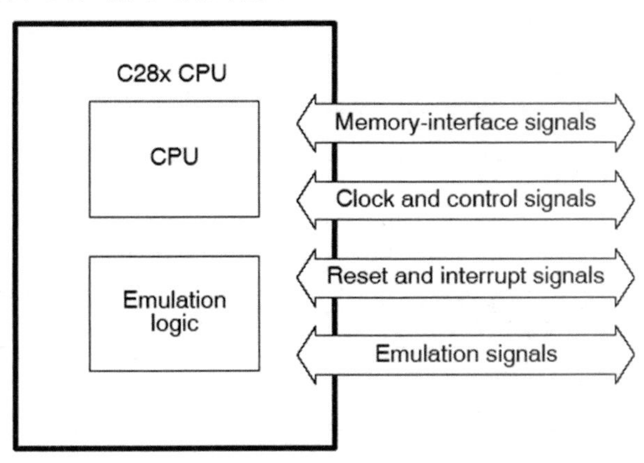

图 1.3.1　TMS320F28XDSP 的 CPU 信号框图

2. CPU 总线(图 1.3.2)

TI28XDSP 的 CPU 内部共有 8 条总线,共同完成器件的所有操作,包括 3 条地址总线、3 条数据总线、1 条操作数总线和 1 条结果总线，多条总线协同工作，可使 DSP 高效率地完成各种程序和运算。

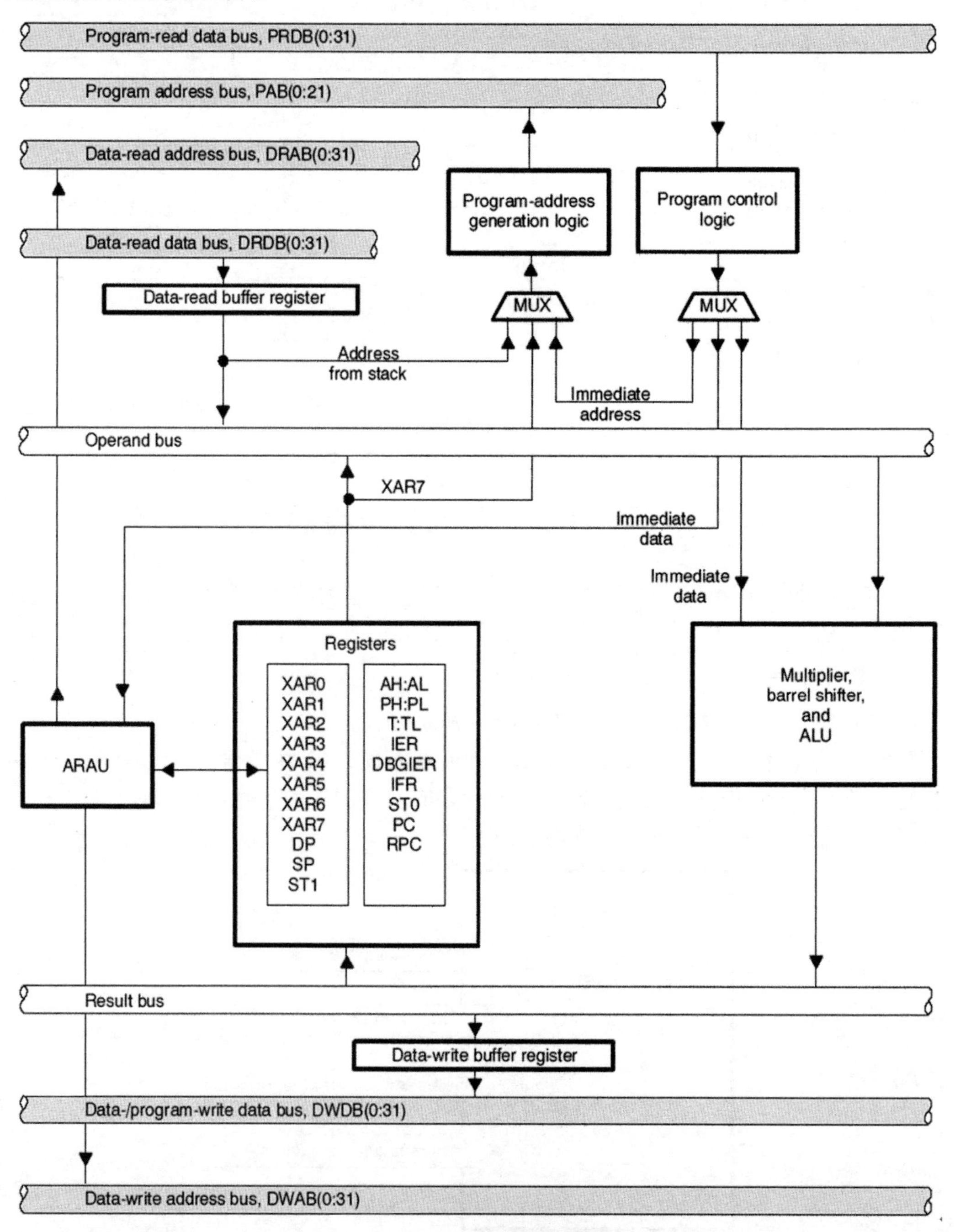

图 1.3.2　DSP 内部总线框图

1.4　DSP 的 CPU 寄存器

任何一种微处理器中都含有各类寄存器,从最基础的 51 系列单片机到更复杂的大型多核心并行处理器;CPU 寄存器是各种处理器完成运算操作、进行数据处理必不可少的一部分。TI28XDSP 也不例外。

CPU 寄存器的结构如图 1.4.1 和表 1.4.1 所示,如同图中标出的一样,可以把 DSP 的 CPU 寄存器阵列分成 4 部分。

T[16]	TL[16]	XT[32]
PH[16]	PL[16]	P[32]
AH[16]	AL[16]	ACC[32]

SP[16]

DP[16]　6/7-bit offset

AR0H[16]	AR0[16]	XAR0[32]
AR1H[16]	AR1[16]	XAR1[32]
AR2H[16]	AR2[16]	XAR2[32]
AR3H[16]	AR3[16]	XAR3[32]
AR4H[16]	AR4[16]	XAR4[32]
AR5H[16]	AR5[16]	XAR5[32]
AR6H[16]	AR6[16]	XAR6[32]
AR7H[16]	AR7[16]	XAR7[32]

PC[22]

RPC[22]

ST0[16]

ST1[16]

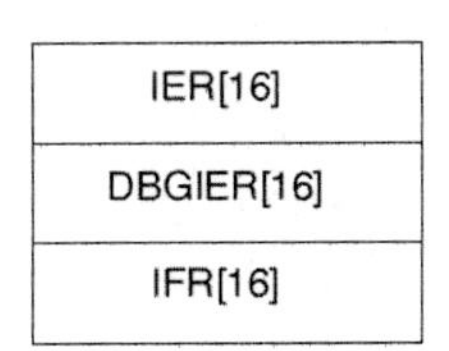

图 1.4.1　DSP 内部寄存器结构图

表 1.4.1 DSP 寄存器表

名称	长度	功能	复位后初值
ACC	32 位	累加器	0
AH	16 位	累加器高 16 位	0
AL	16 位	累加器低 16 位	0
XAR0	32 位	辅助寄存器 0	0
XAR1	32 位	辅助寄存器 1	0
XAR2	32 位	辅助寄存器 2	0
XAR3	32 位	辅助寄存器 3	0
XAR4	32 位	辅助寄存器 4	0
XAR5	32 位	辅助寄存器 5	0
XAR6	32 位	辅助寄存器 6	0
XAR7	32 位	辅助寄存器 7	0
AR0	16 位	辅助寄存器 0 低 16 位	0
AR1	16 位	辅助寄存器 1 低 16 位	0
AR2	16 位	辅助寄存器 2 低 16 位	0
AR3	16 位	辅助寄存器 3 低 16 位	0
AR4	16 位	辅助寄存器 4 低 16 位	0
AR5	16 位	辅助寄存器 5 低 16 位	0
AR6	16 位	辅助寄存器 6 低 16 位	0
AR7	16 位	辅助寄存器 7 低 16 位	0
DP	16 位	数据页指针	0
IFR	16 位	中断标志寄存器	0
IER	16 位	中断使能寄存器	0
DBGIER	16 位	调试中断使能寄存器	0
P	32 位	乘积寄存器	0
PH	16 位	乘积寄存器 P 的高 16 位	0
PL	16 位	乘积寄存器 P 的低 16 位	0
PC	22 位	程序计数器	0x3FFFC0
RPC	22 位	返回程序计数器	0
SP	16 位	堆栈指针	0x0400
ST0	16 位	状态寄存器 0	0
ST1	16 位	状态寄存器 1	0x080B
XT	32 位	乘法寄存器	0
T	16 位	乘法寄存器 XT 的高 16 位	0
TL	16 位	乘法寄存器 XT 的低 16 位	0

第一部分:AH-AL 组成的 AX 累加器,它是几乎所有微处理器都含有的寄存器,在 DSP 的 CPU 寄存器中,AX 寄存器也起到非常重要的作用,它几乎参与所有的运算和大部分操作,如果读者学习过其他类型的微处理器(例如 51 系列单片机),那么应该对 AX 不陌生;此外还包括由 T-TL 组成的寄存器以及 PH-PL 组成的寄存器,这些寄存器辅助 CPU 完成各类运算操作。

第二部分:各类辅助功能寄存器,协助 CPU 完成各类地址操作,完成程序的流程控制、分支跳转、堆栈寻址等;包括 SP 堆栈指针(在 51 系列单片机中也是如此命名的)、DP 数据页指针(具体的功能会在后文中详述)、PC 和 RPC 程序指针(就如 51 单片机一样,程序指针是用来标志和存储当前正在执行的程序地址)、ARnH-ARn 组成的 XARn(n=0~7)辅助寄存器,这 8 个辅助寄存器是 DSP 的 CPU 所特有的,它们功能强大,可以和 AX 寄存器类似实现计算功能,同时也完成寻址操作,是 DSP 各类操作中不可缺少的部分。

第三部分:ST0 和 ST1 系统功能寄存器,虽然只有两个寄存器但决定 DSP 的基本功能和状态的设置,ST0 用于 DSP 运算功能状态的设置,ST1 用于 DSP 系统状态的设置,所以这两个寄存器的功能读者必须有所了解,特别是 ST1 寄存器,工程开发者必须熟记。

第四部分:IFR、IER、DBGIER 是中断标志寄存器、中断控制寄存器和调试中断控制寄存器,这 3 个寄存器共同完成 DSP 的 CPU 中断控制功能,虽然还没有介绍中断部分的内容,但如同简单的 51 系列单片机一样,中断系统是任何微处理器共有的,是完成系统功能和工程设计必不可少的部分,这 3 个寄存器就是配合 DSP 实现中断功能的。

综上所述,TI28X 系列 DSP 的 CPU 寄存器分为这 4 个部分,这些寄存器和 CPU 的其他控制逻辑共同构成一个核心控制系统,进而完成几乎所有的 CPU 核心功能。这些寄存器的详细功能和使用方法会在后文中详述,需要注意的是 DSP 内部除了 CPU 寄存器之外还有数量众多的外设控制寄存器,如同前节所述,DSP 中除包括 CPU、存储器等部分外还有大量外部设备(即片上外设,如 A/D、串行总线等)。为了控制这些外设并和它们进行数据交换,DSP 中还存在大量外设控制寄存器,读者需要注意区别这两类寄存器的不同。

1. 累加器 ACC(AH、AL)

如前文所述,ACC 是重要的 CPU 工作寄存器,除各种对寄存器和存储器的直接操作外,所有的算术逻辑操作都要涉及 ACC,它支持数据存储器中 32 位宽度的数据传送、加减法操作、比较操作、移位操作、接收 32 位乘法结果,同时需要注意的是,ACC 可以独立寻址和操作高低位字 AH 和 AL,这也给应用带来很大方便;由于 ACC 参与各种算术和逻辑运算,所以它也影响位于状态寄存器 ST0 和 ST1 中所有的算术和逻辑标志位状态(图 1.4.2)。

2. 数据页指针 DP

所有的微处理器都包含寻址操作,简单来说,寻址操作就是寻找当前操作需要的地址,这个地址上可能存储着一个数据,也可能存储着某个指令或地址,而这个寻找地址的寻址操作就变得非常重要。

DP 寄存器是在 DSP 的一种常用寻址方式——直接寻址中使用的寄存器。28XDSP 的数据存储器有 4M(4×1 024×1 024×16 位)地址空间,在直接寻址方式中,这 4M 空间被

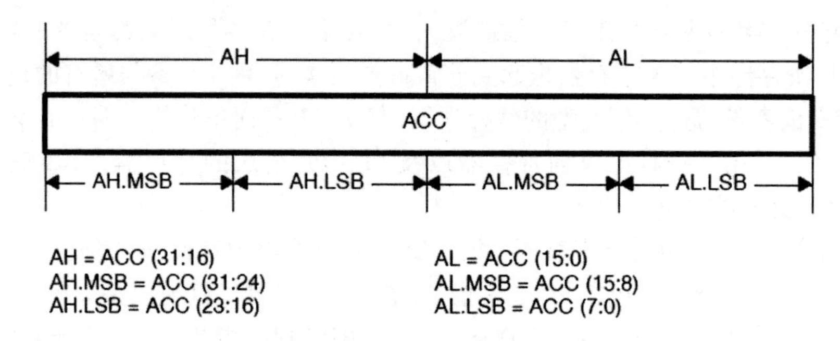

图 1.4.2　ACC 寄存器

分成 64K(65 536)个页,很显然通过简单的除法可以知道每个页的大小是 64 个字,那么要确定一个具体的位置,就需要提供数据页地址(0 ~ 65 535)和页内地址(0 ~ 63),而 DP 寄存器就是用来保存数据页地址(图 1.4.3)。其他详细内容在后文详述。

Data page	Offset	Data memory
00 0000 0000 0000 00 ⋮ 00 0000 0000 0000 00	00 0000 ⋮ 11 1111	Page 0:　0000 0000-0000 003F
00 0000 0000 0000 01 ⋮ 00 0000 0000 0000 01	00 0000 ⋮ 11 1111	Page 1:　0000 0040-0000 007F
00 0000 0000 0000 10 ⋮ 00 0000 0000 0000 10	00 0000 ⋮ 11 1111	Page 2:　0000 0080-0000 00BF
⋮	⋮	⋮　⋮
11 1111 1111 1111 11 ⋮ 11 1111 1111 1111 11	00 0000 ⋮ 11 1111	Page 65 535: 003F FFC0-003F FFFF

图 1.4.3　采用 DP 寻址时的数据页结构图

3. 堆栈指针 SP(图 1.4.4)

如果读者学习过任何一种微处理器,应该对堆栈不陌生,堆栈在数据存储空间中,通常用来保存临时性信息和数据,一般采用后进先出的数据交换方式,而堆栈指针 SP 寄存器就是用来保存当前堆栈栈顶地址。需要注意的是 SP 为 16 位指针,在 DSP 的数据空间中只能对低 64K 寻址,同时 TI28XDSP 复位后 SP 为 0x400h,这也是缺省情况下的初始栈地址,当然可以更改这个地址。堆栈操作有一些特殊性,比如堆栈总是从低位地址向高位地址增长,堆栈指针 SP 总是指向下一个可用的空地址等,详细内容参见 TI 用户手册。

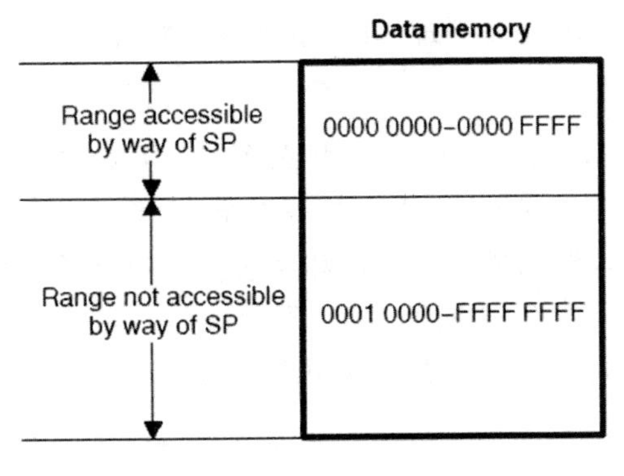

图 1.4.4　堆栈结构图

4. 辅助寄存器 XAR0 ~ XAR7(AR0 ~ AR7)

TI28XDSP 的 CPU 内部包含 8 个 32 位的辅助寄存器(图 1.4.5),这些寄存器功能强大、用途广泛,既可以用作地址指针指向存储器,也可以用作通用目的寄存器。DSP 是数字信号处理器的缩写,自然 DSP 的设计要为数字信号处理算法服务,要完成各类算法必须有丰富的寻址方式支持,DSP 常用的多种间接寻址方式就是靠这些辅助寄存器来完成的。当然 XARn 也可以当作通用目的寄存器使用。需要注意,XARn 的低 16 位即 ARn 是和 XARn 一样可以直接使用的(注意:高 16 位不能直接使用)。

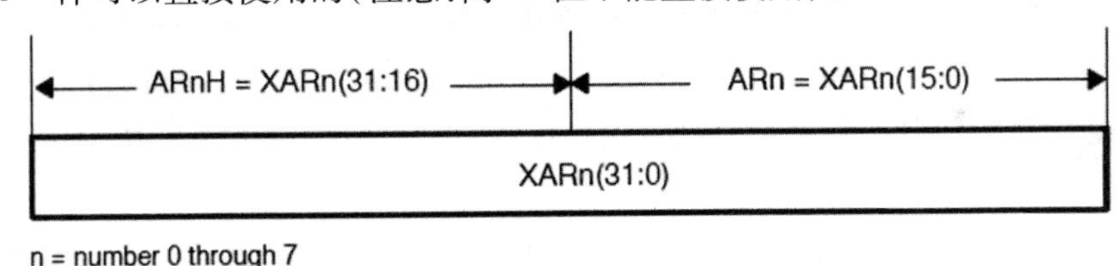

图 1.4.5　辅助寄存器结构图

5. 程序计数器 PC

程序计数器(PC)在很多时候也称程序指针,简而言之,PC 就是保存下一步将要执行的程序地址,在系统调试环境(如 TIDSP 所对应的 CCS 软件)中,使用者可以观察随程序的运行、PC 值改变的状态。TI28XDSP 的 PC 是 22 位宽度的寄存器,最多可寻址 4M 地址空间。

6. 中断控制寄存器 IFR、IER、DBGIER

前面讲过,任何微处理器都存在中断系统来保证各种功能的实现,DSP 的 CPU 需要借助中断控制寄存器来完成中断管理。其中,IFR 称为中断标志寄存器,用来标志产生的中断类型;IER 称为中断使能寄存器(有时也称为中断屏蔽寄存器或中断控制寄存器),用来使能或关断某个中断;DBGIER 称为调试中断使能寄存器,用来控制 DSP 设备处于调试状态时中断的使能和关断。

需要注意,这 3 个寄存器只是 DSP 的 CPU 级别上的中断控制寄存器。TI28XDSP 上有很多种类的外设,这些设备要通过中断系统和 CPU 进行数据交换,只靠这 3 个寄存器是不够的,因此 DSP 的中断系统包括 PIE 外设中断扩展部分和 CPU 的中断管理部分,它们共同完成 DSP 系统的中断服务管理。PIE 相关内容将在后文详述。

7. 状态寄存器 ST0 和 ST1

状态寄存器 ST0 和 ST1 是和 DSP 运行状态密切相关的两个寄存器,它们标志着 DSP 当前的基本运算状态和系统状态,是重要的寄存器。ST0 和 ST1 都是 16 位寄存器,ST0 主要包含与算术和逻辑运算相关的控制位和状态位;ST1 则包含 DSP 系统状态控制位。这两个寄存器控制着 DSP 的很多重要功能。下面对 ST0 和 ST1 的功能做简述,详细内容可参考 TI 文档(TMS320C28x DSP CPU and Instruction Set Reference Guide(SPRU430C).pdf)。

(1)状态寄存器 ST0。

如图 1.4.6 所示,ST0 中某一位或若干位组成一个算术或逻辑控制位,下面简要介绍一下:

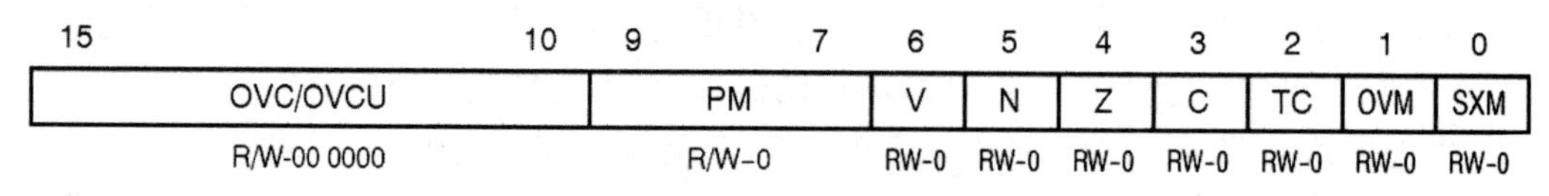

图 1.4.6 状态寄存器 ST0

OVC/OVCU:溢出计数器,用来标志算术运算中结果的上下溢出状态。共有 15 ~ 10 这 6 个二进制位,与其相关或受其影响的运算和指令非常多,这里不详细说明。当不使用汇编语言编写 DSP 应用程序时,基本可以不考虑这些烦琐细节,因为使用 C 语言开发时,这些内容已经包含其中了。OVC/OVCU 溢出计数器复位后为 000000B,R/W 表示该位可读可写。

PM:乘积移位模式位,用来确定乘法操作移位模式,共有 9 ~ 7 这 3 个二进制位。该位影响乘法操作时乘积结果的移位模式。

V:溢出标志位,如果某一操作引起保存结果的寄存器产生溢出,那么该标志位置位。这是一个单一的二进制位,受大部分运算操作指令的影响。

N:负标志位,如果某一操作的结果为负,那么该标志位置位。该位也是单一的二进制位,受多数运算操作指令影响。

Z:零标志位,如果某一操作的结果为零,那么该标志位置位。该位也是单一的二进制位,受多数运算操作指令影响。

C:进位标志位,如果某一操作引起进位或借位,那么该标志位置位。该位也是单一的二进制位,影响该位置位和受该位置位影响的操作很多,除加法或增量运算会产生进位外,减法和减量操作也会产生借位,比较操作、移位操作也会影响该位。

TC:测试控制位,该位对应采用 TBIT 指令或 NORM 指令完成测试的结果。

TBIT 指令用于测试某一特定位,如果该位为 1 则 TC 置位,否则清零;

NORM 指令功能:如果 ACC=0,则 TC 置位,如果 ACC≠0,则把 ACC 的第 30 位和第 31 位进行 OR 运算,结果赋给 TC。

OVM:溢出模式位,该位设定 ACC 产生溢出时采用的处理模式。

SXM:符号扩展模式位,该位决定是否进行符号扩展,该位为 0,则数值为无符号数,不进行符号扩展;该位为 1,则数值为有符号数,进行符号扩展。

(2)状态寄存器 ST1(图 1.4.7)。

状态寄存器 ST1 也是 16 位寄存器,其中各位是控制 DSP 系统状态的重要标志位,前文说过,当采用 C 语言等高级语言编程时,可以在一定程度上忽略 ST0 所标志的算术逻辑控制位状态,因为它们的功能大部分已经封装在相应的高级语言中;但是 ST1 寄存器则不同,对于 DSP 系统状态的控制和设置是任何时候都需要的,因此该寄存器的功能和置位状态需要每个开发者掌握。

15–13	12	11	10	9	8
ARP	XF	M0M1MAP	Reserved	OBJMODE	AMODE
R/W-000	R/W-0	R-1	R/W-0	R/W-0	R/W-0

7	6	5	4	3	2	1	0
IDLESTAT	EALLOW	LOOP	SPA	VMAP	PAGE0	DBGM	INTM
R-0	R/W-0	R-0	R/W-0	R/W-1	R/W-0	R/W-1	R/W-1

图 1.4.7　状态寄存器 ST1

ARP:辅助寄存器指针,前文介绍过辅助寄存器 XARn(n=1~8),它是重要的寻址操作寄存器和通用目的寄存器,但这个寄存器有 8 个,如何确定当前使用的是哪一个,这就需要 ARP 辅助寄存器指针,ARP 包含 15~13 共 3 个二进制位,ARP 的数值(1~8)就代表当前使用的辅助寄存器标号 n。

XF:XF 状态位,该位反映 XF 输出信号的状态,可用 SETC 指令置位,也可用 CLRC 指令复位。与该位相关的是一个 DSP 引脚,该引脚是一个功能复用引脚,既是 XF 输出引脚,由 XF 位反映其输出状态;同时也是锁相环使能控制引脚,还是 GPIO 引脚。

M0M1MAP:M0M1 模式位,该位反映 M0、M1 映像模式。当 DSP 工作在 C28X 模式下(也就是通常使用的模式,该模式和 C2XLP 模式不完全兼容,但可以发挥 28XDSP 最佳工作效率),该位要保持为 1,因此不需要关注其他状态。

OBJMODE:目标兼容模式位,这是一个重要的控制位,用来选择 DSP 工作模式,即 C27X 目标模式和 C28X 目标模式,C27X 模式是 TI28XDSP 开发过程中的一种过渡模式,并没有大量推广使用过。实际使用的是 C28X 模式,但需要注意,DSP 上电后缺省状态是 C27X 模式,即 OBJMODE=0,因此需要用户更改 OBJMODE=1。该模式位可用 SETC OBJ-MODE 指令置位,也可以用 CLRC OBJMODE 指令清零。

AMODE:寻址模式位,该位和 PAGE0 位组合实现对 DSP 寻址模式的控制。AMODE=0,DSP 处于 C28X 模式下,这是上电复位后的缺省状态。AMODE=1,DSP 处于 C2XLP 兼容模式下。同样该位可用 SETC AMODE 指令置位,也可用 CLRC AMODE 指令清零。

IDLESTAT:空闲状态位,该位标志 DSP 进入空闲状态,执行 IDLE 指令使该位置位,以下情况发生时,该位清零:

a. 中断发生后。

b. CPU 退出 IDLE 状态。

c. 产生无效指令。

d. 某个设备产生复位。

EALLOW:仿真读取使能位,该位控制仿真相关寄存器和受保护寄存器的存取使能。该位置位时,可以存取仿真及受保护寄存器,该位清零时,仿真及受保护寄存器不能存取;该位可通过 EALLOW 指令置位,通过 EDIS 指令清零。

LOOP:循环指令状态位,该位在循环指令(如 LOOPNZ)执行时被置位,当循环满足条件、循环指令结束时,该位清零。

SPA:堆栈指针定位位,该位置位,表示堆栈指针已被定位在偶地址上;该位清零,表示堆栈指针没有定位在偶地址上。定位操作可以通过 ASP 指令实现。

VMAP:向量映射位,该位决定 CPU 中断向量映射的地址位置。该位为 0,CPU 中断向量映射在程序存储器低端,即 000000h ~ 00003Fh;该位为 1,CPU 中断向量映射在程序存储器高端,即 3FFFC0h ~ 3FFFFFh。

复位时,该位置位。也可以通过指令 SETC VMAP 置位,通过指令 CLRC VMAP 清零。

PAGE0:寻址模式设置位,该位控制不同寻址模式的选择。该位为 0,堆栈寻址模式;该位为 1,直接寻址模式。

需要注意,AMODE 和 PAGE0 不可同时置位,否则将产生非法指令陷阱。该位可用指令 SETC PAGE0 置位,也可用指令 CLRC PAGE0 清零。

DBGM:调试使能屏蔽位,该位置位和清零,分别控制调试事件的屏蔽和使能。该位可用指令 SETC DEGM 置位,也可用 CLRC DBGM 清零。

INTM:中断全局屏蔽位,该位可以全局使能或全局屏蔽所有的 CPU 可屏蔽中断,所以称为中断全局屏蔽位。该位为 0,全局中断使能,所有的 CPU 中断可被确认(需 IER 配合);该位为 1,全局中断屏蔽,所有的 CPU 可屏蔽中断被禁止。

同样,该位可通过指令 SETC INTM 置位,也可用指令 CLRC INTM 清零。

第2章　数字信号处理器通用输入输出端口

2.1　DSP2812 的 GPIO

1. GPIO 基本功能概述

DSP 的 GPIO 功能类似于传统 51 单片机的 Px 口的 I/O 功能,GPIO 使 DSP 具备基本的输入输出能力,通过相关寄存器的配置,可以把某个 GPIO 端口设定为输入或输出类型,并通过它输入输出数字量。这也是 GPIO 的基本功能。需要注意:DSP2812 共有 56 个 GPIO 端口,但所有的端口都是功能复用的,DSP2812 的片上外设都是通过这些复用的 GPIO 端口作为其功能引脚;所以某个引脚是作为 GPIO 使用,还是充当外设功能引脚使用,只能选择其一,不能兼顾。

当使用 GPIO 时,共包括 6 组 I/O 端口,其中 2 个 16 位端口 GPIOA 和 GPIOB,1 个 4 位端口 GPIOD,1 个 3 位端口 GPIOE,1 个 15 位端口 GPIOF,1 个 2 位端口 GPIOG。GPIO 的主要控制寄存器包括 GPxMUX、GPxDIR、GPxQUAL、GPxDAT、GPxSET、GPxCLEAR、GPxTOGGLE。

图 2.1.1 为 GPIO 部分的操作模式图。可以看出 GPIO 作为基本的输入输出功能和其他外设功能引脚复用的情况。

2. GPIO 寄存器

下面介绍 GPIO 控制寄存器的功能和使用方法。

表 2.1.1 为 MUX 寄存器列表。该组寄存器用来控制 GPIO 的功能选择、方向控制、输入限定等。

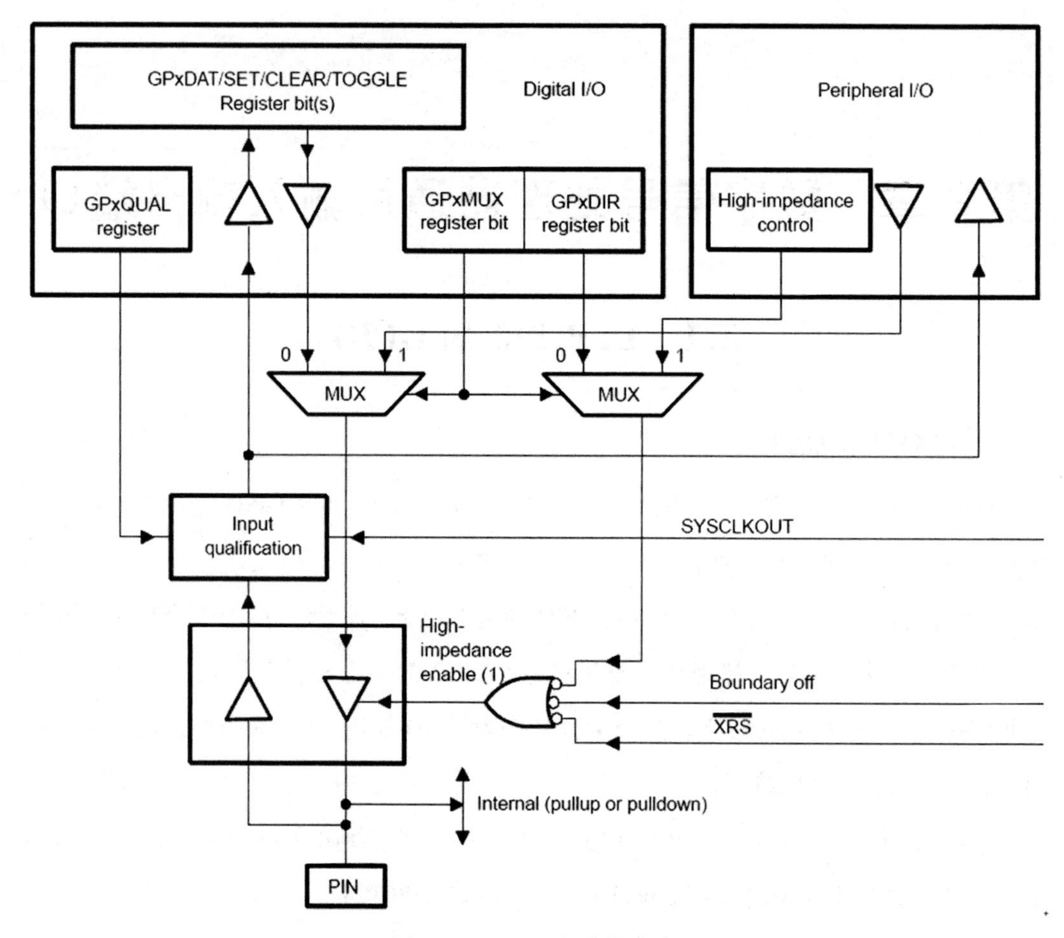

图 2.1.1　GPIO 操作模式图

表 2.1.1　GPIO MUX 寄存器表

名称	地址	长度	功能
GPAMUX	0x070C0	16 位	GPIOA 功能选择寄存器
GPADIR	0x070C1	16 位	GPIOA 方向控制寄存器
GPAQUAL	0x070C2	16 位	GPIOA 输入限定寄存器
GPBMUX	0x070C4	16 位	GPIOB 功能选择寄存器
GPBDIR	0x070C5	16 位	GPIOB 方向控制寄存器
GPBQUAL	0x070C6	16 位	GPIOB 输入限定寄存器
GPDMUX	0x070CC	16 位	GPIOD 功能选择寄存器
GPDDIR	0x070CD	16 位	GPIOD 方向控制寄存器

续表 2.1.1

名称	地址	长度	功能
GPDQUAL	0x070CE	16 位	GPIOD 输入限定寄存器
GPEMUX	0x070D0	16 位	GPIOE 功能选择寄存器
GPEDIR	0x070D1	16 位	GPIOE 方向控制寄存器
GPEQUAL	0x070D2	16 位	GPIOE 输入限定寄存器
GPFMUX	0x070D4	16 位	GPIOF 功能选择寄存器
GPFDIR	0x070D5	16 位	GPIOF 方向控制寄存器
GPGMUX	0x070D8	16 位	GPIOG 功能选择寄存器
GPGDIR	0x070D9	16 位	GPIOG 方向控制寄存器

GPxMUX 寄存器控制 GPIO 功能选择：

如果 GPxMUX. bit=0,则该引脚用于 GPIO 功能；

如果 GPxMUX. bit=1,则该引脚用于相应的外设引脚功能；

GPxDIR 寄存器控制 GPIO 的输入输出方向选择：

如果 GPxDIR. bit=0,则该引脚用于 GPIO 输入；

如果 GPxDIR. bit=1,则该引脚用于 GPIO 输出。

对于 GPxQUAL 寄存器控制的输入限定功能需要进一步详述,如图 2.1.2 所示,输入限定功能相当于一个输入滤波器,通过控制滤波时间(即 SYSCLKOUT 时钟个数)来抑制噪声的输入。

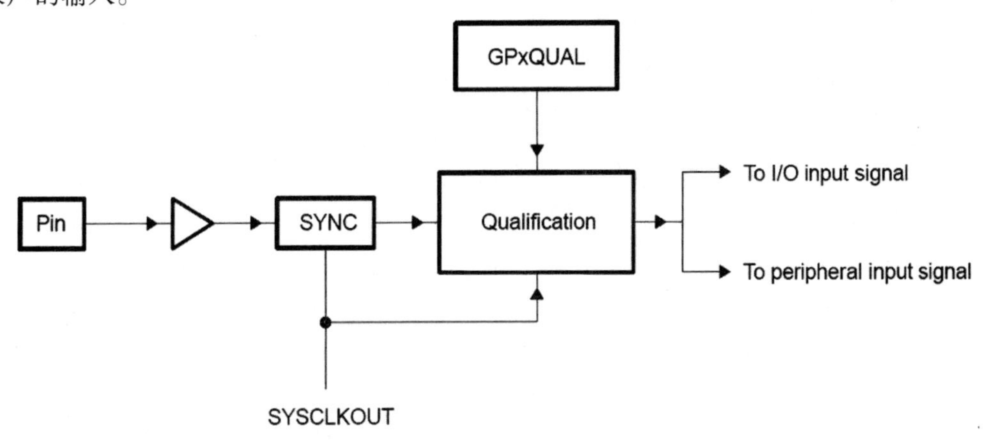

图 2.1.2　用输入限定条件消除噪声

对该寄存器具体用法以 GPIOA 为例进行说明(图 2.1.3)。

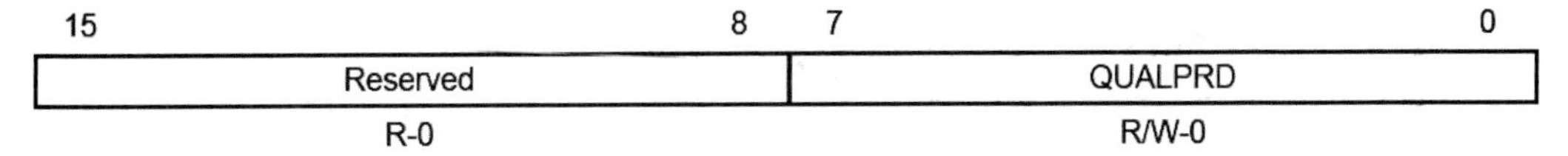

图 2.1.3　GPIOA 的 GPAQUAL 寄存器结构图

GPAQUAL 寄存器的低 8 位控制输入限定值,即 QUALPRD。

QUALPRD=0x00,表示不限定,采用 SYSCLKOUT 同步。

QUALPRD=0x01,表示以 2×SYSCLKOUT 限定。

QUALPRD=0x02,表示以 4×SYSCLKOUT 限定。

……

QUALPRD=0xFF,表示以 510×SYSCLKOUT 限定。

其具体使用效果如图 2.1.4 所示。

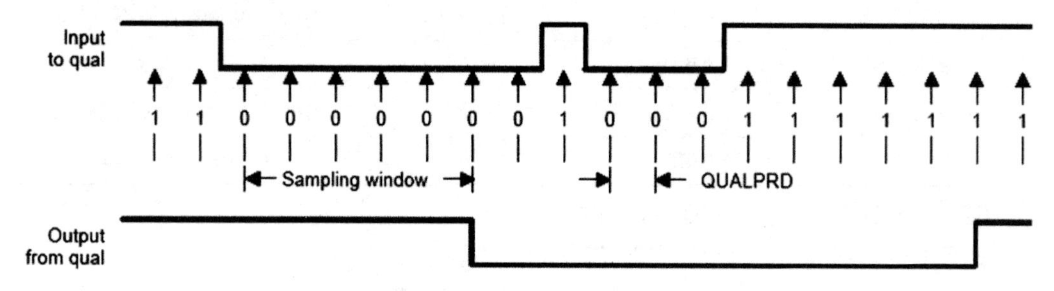

图 2.1.4 GPAQUAL 寄存器采样图

接下来介绍 GPIO 的 DAT 寄存器。

如表 2.1.2 所示,GPIO 的 DAT 寄存器包括 GPxDAT、GPxSET、GPxCLEAR、GPxTOGGLE。

表 2.1.2 GPIO 的 DAT 寄存器表

名称	地址	长度	功能
GPADAT	0x070E0	16 位	GPIOA 数据寄存器
GPASET	0x070E1	16 位	GPIOA 置位寄存器
GPACLEAR	0x070E2	16 位	GPIOA 清零寄存器
GPATOGGLE	0x070E3	16 位	GPIOA 触发寄存器
GPBDAT	0x070E4	16 位	GPIOB 数据寄存器
GPBSET	0x070E5	16 位	GPIOB 置位寄存器
GPBCLEAR	0x070E6	16 位	GPIOB 清零寄存器
GPBTOGGLE	0x070E7	16 位	GPIOB 触发寄存器
GPDDAT	0x070EC	16 位	GPIOD 数据寄存器
GPDSET	0x070ED	16 位	GPIOD 置位寄存器
GPDCLEAR	0x070EE	16 位	GPIOD 清零寄存器
GPDTOGGLE	0x070EF	16 位	GPIOD 触发寄存器
GPEDAT	0x070F0	16 位	GPIOE 数据寄存器
GPESET	0x070F1	16 位	GPIOE 置位寄存器

续表 2.1.2

名称	地址	长度	功能
GPECLEAR	0x070F2	16 位	GPIOE 清零寄存器
GPETOGGLE	0x070F3	16 位	GPIOE 触发寄存器
GPFDAT	0x070F4	16 位	GPIOF 数据寄存器
GPFSET	0x070F5	16 位	GPIOF 置位寄存器
GPFCLEAR	0x070F6	16 位	GPIOF 清零寄存器
GPFTOGGLE	0x070F7	16 位	GPIOF 触发寄存器
GPGDAT	0x070F8	16 位	GPIOG 数据寄存器
GPGSET	0x070F9	16 位	GPIOG 置位寄存器
GPGCLEAR	0x070FA	16 位	GPIOG 清零寄存器
GPGTOGGLE	0x070FB	16 位	GPIOG 触发寄存器

GPxDAT 寄存器控制 GPIO 的输出值：

如果 GPxDAT. bit=0，并且该引脚为输出引脚，则将该引脚拉低；

如果 GPxDAT. bit=1，并且该引脚为输出引脚，则将该引脚拉高。

GPxSET 寄存器控制 GPIO 置位：

如果 GPxSET. bit=0，无效操作；

如果 GPxSET. bit=1，并且该引脚为输出引脚，则将该引脚拉高。

GPxCLEAR 寄存器控制 GPIO 清除：

如果 GPxCLEAR. bit=0，无效操作；

如果 GPxCLEAR. bit=1，并且该引脚为输出引脚，则将该引脚拉低。

GPxTOGGLE 寄存器控制 GPIO 触发操作：

如果 GPxTOGGLE. bit=0，无效操作；

如果 GPxTOGGLE. bit=1，并且该引脚为输出引脚，则将该引脚置为当前状态的相反状态。

各 GPIO 寄存器的位定义顺序与 GPIO 部分引脚的定义类似，详细信息可参照 TI 文档（spru078a_TMS320F28x System Control and Interrupts Reference. pdf），这里不再赘述。

2.2　DSP 程序编制方法

与其他微处理器类似，要使 DSP 工作起来，必须有可以正常运行的程序来支持。

TI28XDSP 支持汇编、C、C++语言编程，对于通常的嵌入式控制系统，一般采用 C 语言编程，可以获得很好的方便性和易用性，而对于一些特殊的应用，也可以采用汇编语言或 C 语言嵌套汇编语言的形式。在 DSP 上实现 C 语言的编程，既有 C 语言编程的共性，同时也需要注意由嵌入式系统硬件平台带来的特殊细节。

DSP 上的 C 语言程序通常以工程（Project）的形式存在，工程文件中通常包含头文件

(*.h)、库文件(*.lib)、源文件(*.c、*.asm)和连接控制文件(*.cmd)。为了提高工作效率,可以从学习例程开始,从 TI 公司网站下载大量的通用例程,作为参考学习的依据。具体细节不再赘述。下面对本书中的首个演示程序的主要内容加以阐述。

图 2.2.1 为本章的演示程序 dip.prj 工程在 CCS 环境中的界面情况(CCS 是 TI 公司的集成化 DSP 调试和开发环境,关于 CCS 的使用方法请读者参考相关文档)。该演示程序的主要功能是:在 HIT-2812 演示验证板上的 GPIO 端口扩展 DIP 开关作为数字量输入手段,在 GPIO 端口扩展 LED 灯作为数字量输出手段,程序读取 DIP 开关状态并以此来控制 LED 灯的亮/灭。

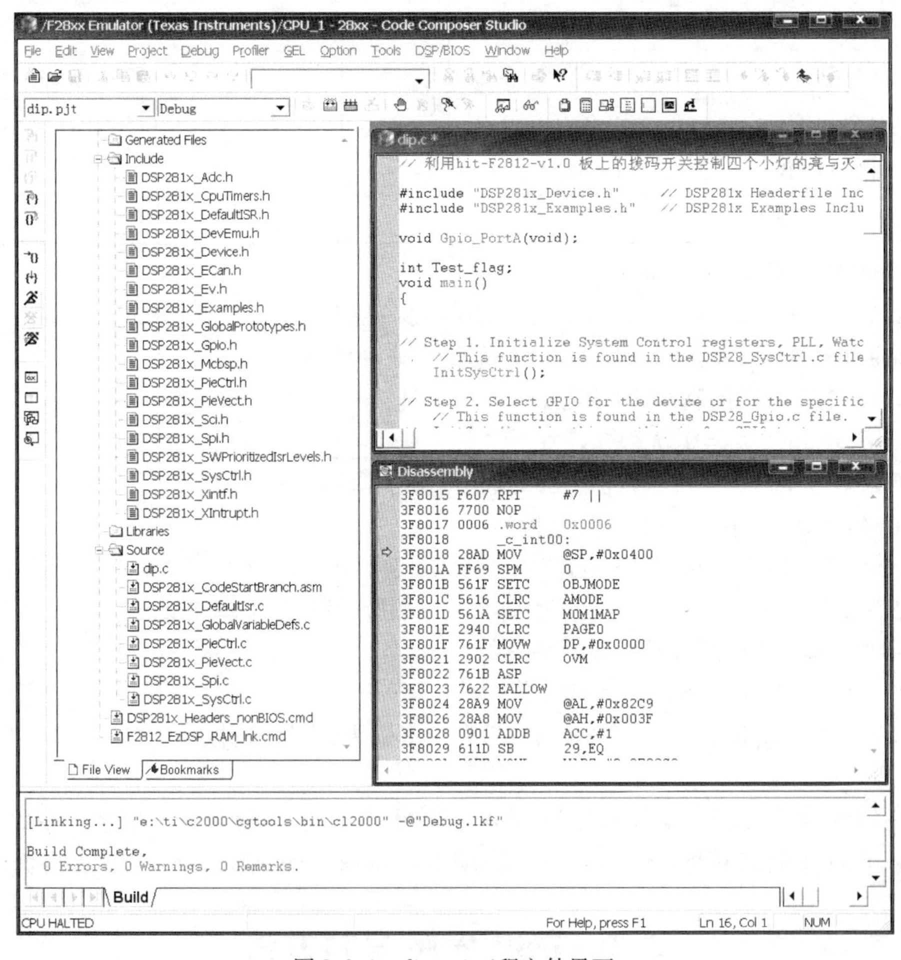

图 2.2.1　dip.prj 工程文件界面

2.2.1　DSP 编程的基本数据结构类型

工程文件中包含大量头文件(*.h),C 语言中的头文件包含数据类型和函数定义等内容,这里也一样,每个头文件都包含 DSP 中对应部分的数据类型和函数定义。如图 2.2.1 所示,左侧文件显示窗口中列出的为该工程中的所有文件,Include 目录下为头文件,文件名称也表示了所属功能,如与本例相关的 DSP281x_Gpio.h 文件,其中定义了与

GPIO 相关的内容。

下面介绍相关文件。

DSP281x_Device.h 文件,该文件是基本头文件,定义了常用的数据类型。该文件请读者认真阅读理解,各种数据类型和定义将经常使用。

```
#ifndef DSP281x_DEVICE_H
#define DSP281x_DEVICE_H
//如果未定义 DSP281x_ DEVICE_H,则在此定义 DSP281x_ DEVICE_H
//目的是防止头文件重复装载
#ifdef _ _ cplusplus
extern "C"{                //如果是 C++程序,则下面为 C 语言代码。以上这部分在每
#endif                     //个头文件中都相同

#define    TARGET    1
// User To Select Target Device:

#define    DSP28_F2812    TARGET
#define    DSP28_F2810    0

// Common CPU Definitions:

extern cregister volatile unsigned int IFR;
extern cregister volatile unsigned int IER;

#define   EINT    asm("clrc INTM")//宏定义 EINT 为嵌套汇编 C 语句,
                                  //功能是使能中断
#define   DINT    asm("setc INTM")
#define   ERTM    asm("clrc DBGM")
#define   DRTM    asm("setc DBGM")
#define   EALLOW asm("EALLOW")
#define   EDIS    asm("EDIS")
#define   ESTOP0 asm("ESTOP0")

#define M_INT1   0x0001
#define M_INT2   0x0002
#define M_INT3   0x0004
#define M_INT4   0x0008
#define M_INT5   0x0010
#define M_INT6   0x0020
```

```
#define M_INT7   0x0040
#define M_INT8   0x0080
#define M_INT9   0x0100
#define M_INT10   0x0200
#define M_INT11   0x0400
#define M_INT12   0x0800
#define M_INT13   0x1000
#define M_INT14   0x2000
#define M_DLOG   0x4000
#define M_RTOS   0x8000

#define BIT0      0x0001
#define BIT1      0x0002
#define BIT2      0x0004
#define BIT3      0x0008
#define BIT4      0x0010
#define BIT5      0x0020
#define BIT6      0x0040
#define BIT7      0x0080
#define BIT8      0x0100
#define BIT9      0x0200
#define BIT10     0x0400
#define BIT11     0x0800
#define BIT12     0x1000
#define BIT13     0x2000
#define BIT14     0x4000
#define BIT15     0x8000

#ifndef DSP28_DATA_TYPES
#define DSP28_DATA_TYPES
typedef int                int16;
typedef long               int32;
typedef unsigned int       Uint16;
typedef unsigned long      Uint32;
typedef float              float32;
typedef long double        float64;
#endif
//这里定义了常用的数据类型,如无符号整型 Uint16
```

```
// Include All Peripheral Header Files:
#include "DSP281x_SysCtrl.h"          // System Control/Power Modes
#include "DSP281x_DevEmu.h"           // Device Emulation Registers
#include "DSP281x_Xintf.h"            // External Interface Registers
#include "DSP281x_CpuTimers.h"        // 32-bit CPU Timers
#include "DSP281x_PieCtrl.h"          // PIE Control Registers
#include "DSP281x_PieVect.h"          // PIE Vector Table
#include "DSP281x_Spi.h"              // SPI Registers
#include "DSP281x_Sci.h"              // SCI Registers
#include "DSP281x_Mcbsp.h"            // McBSP Registers
#include "DSP281x_ECan.h"             // Enhanced eCAN Registers
#include "DSP281x_Gpio.h"             // General Purpose I/O Registers
#include "DSP281x_Ev.h"               // Event Manager Registers
#include "DSP281x_Adc.h"              // ADC Registers
#include "DSP281x_XIntrupt.h"         // External Interrupts

#ifdef __cplusplus
}
#endif /* extern "C" */
#endif  // end of DSP281x_DEVICE_H definition
```

DSP281x_Gpio.h 文件，由于该文件较长，截取其中一部分讨论，文件全文读者可参考 TI 相关文档。

```
#ifndef DSP281x_GPIO_H   //如果未定义 DSP281x_GPIO_H，则在此定义 DSP281x_
#define DSP281x_GPIO_H   //GPIO_H 的目的是防止头文件重复装载
#ifdef __cplusplus
extern "C"{              //如果是 C++程序，则下面为 C 语言代码。以上这部分
#endif                   //在每个头文件中都相同
//定义 GPIO A mux control register bit
struct GPAMUX_BITS  {          // bits
   Uint16 PWM1_GPIOA0:1;       // 0
   Uint16 PWM2_GPIOA1:1;       // 1
   Uint16 PWM3_GPIOA2:1;       // 2
   Uint16 PWM4_GPIOA3:1;       // 3
   Uint16 PWM5_GPIOA4:1;       // 4
   Uint16 PWM6_GPIOA5:1;       // 5
   Uint16 T1PWM_GPIOA6:1;      // 6
```

```
    Uint16 T2PWM_GPIOA7:1;      // 7
    Uint16 CAP1Q1_GPIOA8:1;     // 8
    Uint16 CAP2Q2_GPIOA9:1;     // 9
    Uint16 CAP3QI1_GPIOA10:1;   // 10
    Uint16 TDIRA_GPIOA11:1;     // 11
    Uint16 TCLKINA_GPIOA12:1;   // 12
    Uint16 C1TRIP_GPIOA13:1;    // 13
    Uint16 C2TRIP_GPIOA14:1;    // 14
    Uint16 C3TRIP_GPIOA15:1;    // 15
};
```

在上面的代码中定义了 GPAMUX_BITS 结构类型,该类型中的数据为位形式,即通过对该数据类型的引用可以直接处理 GPIO A 口的 MUX 寄存器中的位。

```
union GPAMUX_REG {
    Uint16              all;
    struct GPAMUX_BITS bit;
};
```

在上面的代码中定义了联合(共用体)GPAMUX_REG,该类型中的数据有两个:一个是前面已经定义的可以按位处理的结构类型 bit,一个是无符号 16 位整型 all(对应整个寄存器的 16 位)。至此,可以对该寄存器按位处理,或把整个 16 位按一个整数处理。这种数据结构的定义形式为程序中对寄存器的操作带来方便。DSP 的所有头文件中的寄存器数据类型基本都采用这种定义形式。

```
//定义 GPIO A Direction control register bit
struct GPADIR_BITS  {       // bits
    Uint16 GPIOA0:1;        // 0
    Uint16 GPIOA1:1;        // 1
    Uint16 GPIOA2:1;        // 2
    Uint16 GPIOA3:1;        // 3
    Uint16 GPIOA4:1;        // 4
    Uint16 GPIOA5:1;        // 5
    Uint16 GPIOA6:1;        // 6
    Uint16 GPIOA7:1;        // 7
    Uint16 GPIOA8:1;        // 8
    Uint16 GPIOA9:1;        // 9
    Uint16 GPIOA10:1;       // 10
    Uint16 GPIOA11:1;       // 11
    Uint16 GPIOA12:1;       // 12
```

```
    Uint16 GPIOA13:1;          // 13
    Uint16 GPIOA14:1;          // 14
    Uint16 GPIOA15:1;          // 15
};

union GPADIR_REG {
    Uint16                all;
    struct GPADIR_BITS bit;
};

//定义 GPA Qualregister bit
struct GPAQUAL_BITS {       // bits
    Uint16 QUALPRD:8;       // 0:7    Qualification Sampling Period
    Uint16 rsvd1:8;         // 15:8   reserved
};
union GPAQUAL_REG {
    Uint16                all;
    struct GPAQUAL_BITS bit;
};

//定义 GPIO A Data register bit
struct GPADAT_BITS   {         // bits
    Uint16 GPIOA0:1;           // 0
    Uint16 GPIOA1:1;           // 1
    Uint16 GPIOA2:1;           // 2
    Uint16 GPIOA3:1;           // 3
    Uint16 GPIOA4:1;           // 4
    Uint16 GPIOA5:1;           // 5
    Uint16 GPIOA6:1;           // 6
    Uint16 GPIOA7:1;           // 7
    Uint16 GPIOA8:1;           // 8
    Uint16 GPIOA9:1;           // 9
    Uint16 GPIOA10:1;          // 10
    Uint16 GPIOA11:1;          // 11
    Uint16 GPIOA12:1;          // 12
    Uint16 GPIOA13:1;          // 13
    Uint16 GPIOA14:1;          // 14
    Uint16 GPIOA15:1;          // 15
```

```
};

union GPADAT_REG {
    Uint16              all;
    struct GPADAT_BITS bit;
};

//定义 GPIO A Data set bit
struct GPASET_BITS  {          // bits
    Uint16 GPIOA0:1;           // 0
    Uint16 GPIOA1:1;           // 1
    Uint16 GPIOA2:1;           // 2
    Uint16 GPIOA3:1;           // 3
    Uint16 GPIOA4:1;           // 4
    Uint16 GPIOA5:1;           // 5
    Uint16 GPIOA6:1;           // 6
    Uint16 GPIOA7:1;           // 7
    Uint16 GPIOA8:1;           // 8
    Uint16 GPIOA9:1;           // 9
    Uint16 GPIOA10:1;          // 10
    Uint16 GPIOA11:1;          // 11
    Uint16 GPIOA12:1;          // 12
    Uint16 GPIOA13:1;          // 13
    Uint16 GPIOA14:1;          // 14
    Uint16 GPIOA15:1;          // 15
};

union GPASET_REG {
    Uint16              all;
    struct GPASET_BITS bit;
};

//定义 GPIO A Data clear register bit
struct GPACLEAR_BITS  {        // bits
    Uint16 GPIOA0:1;           // 0
    Uint16 GPIOA1:1;           // 1
    Uint16 GPIOA2:1;           // 2
    Uint16 GPIOA3:1;           // 3
```

```
    Uint16 GPIOA4:1;            // 4
    Uint16 GPIOA5:1;            // 5
    Uint16 GPIOA6:1;            // 6
    Uint16 GPIOA7:1;            // 7
    Uint16 GPIOA8:1;            // 8
    Uint16 GPIOA9:1;            // 9
    Uint16 GPIOA10:1;           // 10
    Uint16 GPIOA11:1;           // 11
    Uint16 GPIOA12:1;           // 12
    Uint16 GPIOA13:1;           // 13
    Uint16 GPIOA14:1;           // 14
    Uint16 GPIOA15:1;           // 15
};

union GPACLEAR_REG {
    Uint16                  all;
    struct GPACLEAR_BITS bit;
};

//定义 GPIO A Data toggle register bit
struct GPATOGGLE_BITS   {       // bits
    Uint16 GPIOA0:1;            // 0
    Uint16 GPIOA1:1;            // 1
    Uint16 GPIOA2:1;            // 2
    Uint16 GPIOA3:1;            // 3
    Uint16 GPIOA4:1;            // 4
    Uint16 GPIOA5:1;            // 5
    Uint16 GPIOA6:1;            // 6
    Uint16 GPIOA7:1;            // 7
    Uint16 GPIOA8:1;            // 8
    Uint16 GPIOA9:1;            // 9
    Uint16 GPIOA10:1;           // 10
    Uint16 GPIOA11:1;           // 11
    Uint16 GPIOA12:1;           // 12
    Uint16 GPIOA13:1;           // 13
    Uint16 GPIOA14:1;           // 14
    Uint16 GPIOA15:1;           // 15
};
```

```
union GPATOGGLE_REG {
    Uint16                     all;
    struct GPATOGGLE_BITS bit;
};
//以上定义了 GPIO A 口的所有相关寄存器的数据类型
//这里中间省略了定义 GPIOB、GPIOD、GPIOE、GPIOF、GPIOG 的相同过程

struct GPIO_MUX_REGS {
    union   GPAMUX_REG    GPAMUX;
    union   GPADIR_REG    GPADIR;
    union   GPAQUAL_REG   GPAQUAL;
    Uint16                rsvd1;
    union   GPBMUX_REG    GPBMUX;
    union   GPBDIR_REG    GPBDIR;
    union   GPBQUAL_REG   GPBQUAL;
    Uint16                rsvd2[5];
    union   GPDMUX_REG    GPDMUX;
    union   GPDDIR_REG    GPDDIR;
    union   GPDQUAL_REG   GPDQUAL;
    Uint16                rsvd3;
    union   GPEMUX_REG    GPEMUX;
    union   GPEDIR_REG    GPEDIR;
    union   GPEQUAL_REG   GPEQUAL;
    Uint16                rsvd4;
    union   GPFMUX_REG    GPFMUX;
    union   GPFDIR_REG    GPFDIR;
    Uint16                rsvd5[2];
    union   GPGMUX_REG    GPGMUX;
    union   GPGDIR_REG    GPGDIR;
    Uint16                rsvd6[6];
};
//这里定义了 GPIO_MUX_REGS 类型
//即所有 GPIO 端口的功能选择和方向控制等相关寄存器组

struct GPIO_DATA_REGS {
    union   GPADAT_REG     GPADAT;
```

```
    union   GPASET_REG      GPASET;
    union   GPACLEAR_REG    GPACLEAR;
    union   GPATOGGLE_REG GPATOGGLE;
    union   GPBDAT_REG      GPBDAT;
    union   GPBSET_REG      GPBSET;
    union   GPBCLEAR_REG    GPBCLEAR;
    union   GPBTOGGLE_REG GPBTOGGLE;
    Uint16                  rsvd1[4];
    union   GPDDAT_REG      GPDDAT;
    union   GPDSET_REG      GPDSET;
    union   GPDCLEAR_REG    GPDCLEAR;
    union   GPDTOGGLE_REG GPDTOGGLE;
    union   GPEDAT_REG      GPEDAT;
    union   GPESET_REG      GPESET;
    union   GPECLEAR_REG    GPECLEAR;
    union   GPETOGGLE_REG GPETOGGLE;
    union   GPFDAT_REG      GPFDAT;
    union   GPFSET_REG      GPFSET;
    union   GPFCLEAR_REG    GPFCLEAR;
    union   GPFTOGGLE_REG GPFTOGGLE;
    union   GPGDAT_REG      GPGDAT;
    union   GPGSET_REG      GPGSET;
    union   GPGCLEAR_REG    GPGCLEAR;
    union   GPGTOGGLE_REG GPGTOGGLE;
    Uint16                  rsvd2[4];
};
//这里定义了 GPIO_DATA_REGS 类型,即所有 GPIO 端口的数据控制相关寄存器组

// GPI/O External References & Function Declarations:
extern volatile struct GPIO_MUX_REGS GpioMuxRegs;
extern volatile struct GPIO_DATA_REGS GpioDataRegs;
//这里使用了 volatile 类型定义,指出该数据可能被硬件修改,不参与优化处理,以免出错

#ifdef __cplusplus
}
#endif /* extern "C" */
```

```
#endif  // end of DSP281x_GPIO_H definition
//需要注意上面几个语句的对应关系
```

DSP281x_GlobalVariableDefs.c 文件,该文件中定义了关于全局存储器分配的内容,下面截取其中一部分加以说明。

```
#ifdef __cplusplus
#pragma DATA_SECTION("GpioDataRegsFile")//该部分应用于 C++代码
#else
#pragma DATA_SECTION(GpioDataRegs,"GpioDataRegsFile");
                                        //该部分应用于 C 代码
#endif

//上面的代码将 GpioDataRegs 变量定位于 GpioDataRegsFile 输出数据段中,
//GpioDataRegsFile 出现于 DSP281x_Headers_nonBIOS.cmd 文件中

volatile struct GPIO_DATA_REGS GpioDataRegs;
// 定义 volatile 表明 GpioDataRegs 可能被硬件更改,不可优化,以防止出错

#ifdef __cplusplus
#pragma DATA_SECTION("GpioMuxRegsFile")
#else
#pragma DATA_SECTION(GpioMuxRegs,"GpioMuxRegsFile");
#endif
volatile struct GPIO_MUX_REGS GpioMuxRegs;
```

F2812_EzDSP_RAM_lnk.cmd 文件,该文件很重要,控制程序和数据在 DSP 存储空间中的分配。

```
MEMORY
{
PAGE 0 :
   BEGIN:origin = 0x3F8000, length = 0x000002
   PRAMH0:origin = 0x3F8002, length = 0x001000
   RESET:origin = 0x3FFFC0, length = 0x000002
   VECTORS: origin = 0x3FFFC2, length = 0x00003E
PAGE 1 :
```

```
    RAMM1       : origin = 0x000400, length = 0x000400
    DRAMH0      : origin = 0x102000, length = 0x001000
}
//MEMORY 段内容将一个命名和具体的 DSP 存储空间联系起来
//如 PRAMH0 代表从 0x3F8002 开始长度为 0x001000 的存储空间
SECTIONS
{
    codestart       : > BEGIN,      PAGE = 0
    ramfuncs        : > PRAMH0      PAGE = 0
    .text           : > PRAMH0,     PAGE = 0
    .cinit          : > PRAMH0,     PAGE = 0
    .pinit          : > PRAMH0,     PAGE = 0
    .switch         : > PRAMH0,     PAGE = 0
    .reset          : > RESET,      PAGE = 0, TYPE = DSECT
    .stack          : > RAMM1,      PAGE = 1
    .ebss           : > DRAMH0,     PAGE = 1
    .econst         : > DRAMH0,     PAGE = 1
    .esysmem        : > DRAMH0,     PAGE = 1
    .const          : > DRAMH0,     PAGE = 1
    .sysmem         : > DRAMH0,     PAGE = 1
    .cio            : > DRAMH0,     PAGE = 1
}
//SECTIONS 段内容将程序中代码和数据段同 MEMORY 中的命名联系起来
//如 codestart 位于 PAGE 0 中 BEGIN 所定义的位置
```

所以经过上面的 cmd 文件的定义和控制，程序中具体的程序段或代码段将和 DSP 存储空间中一个确定的地址范围关联，而被加载到 DSP 上运行的程序就是依此来分配具体的地址空间的。

DSP281x_CodeStartBranch.asm 文件，是程序运行开始加载的一段小程序，用来关闭看门狗和实现跳转。

```
WD_DISABLE.set1;            //set to 1 to disable WD, else set to 0
    .ref _c_int00
    .sect "codestart"
code_start:
    .if WD_DISABLE == 1
```

```
        LB wd_disable;          //Branch to watchdog disable code
    .else
        LB _c_int00;            //Branch to start of boot.asm in RTS library
    .endif
    .if WD_DISABLE == 1
    .text
wd_disable:
    SETC OBJMODE;               //Set OBJMODE for 28x object code
    EALLOW;                     //Enable EALLOW protected register access
    MOVZ DP, #7029h>>6;         //Set data page for WDCR register
    MOV @7029h, #0068h;         //Set WDDIS bit in WDCR to disable WD
    EDIS;                       //Disable EALLOW protected register access
    LB _c_int00;                //Branch to start of boot.asm in RTS library
    .endif
.end
```

2.2.2 演示程序

```
//利用 hit-F2812-v1.0 演示验证板上的拨码开关控制 4 个小灯的点亮与熄灭

#include "DSP281x_Device.h"     // DSP281x Headerfile Include File
#include "DSP281x_Examples.h"   // DSP281x Examples Include File
void Gpio_PortA(void);
int Test_flag;
voidmain()
{
// Step 1. 初始化系统控制相关寄存器(时钟、看门狗等),
//该函数定义在 DSP28_SysCtrl.c
    InitSysCtrl();

    DINT; //宏定义,关中断
    IER = 0x0000;
    IFR = 0x0000;
//初始化 PIE 控制寄存器,该函数定义在 DSP28_PieCtrl.c
    InitPieCtrl();
//初始化 PIE 向量表,该函数定义在 DSP28_PieVect.c
```

```
    InitPieVectTable();
    Gpio_PortA();
}

void Gpio_PortA(void)
{
int i=1;
    EALLOW;
    GpioMuxRegs.GPAMUX.all=0xff00;
    GpioMuxRegs.GPADIR.all=0x0000;
    GpioMuxRegs.GPAQUAL.all=0x0000;
    GpioMuxRegs.GPBMUX.all=0xfff0;
    GpioMuxRegs.GPBDIR.all=0x000f;
    GpioMuxRegs.GPBQUAL.all=0x0000;
    EDIS;
    while(i)
    {
    Test_flag = GpioDataRegs.GPADAT.all;   //读取 DIP 开关状态
    GpioDataRegs.GPBDAT.all=Test_flag;     //控制 LED
    }
}
```

图 2.2.2 ~ 2.2.5 是该演示程序运行效果图,供读者参考。

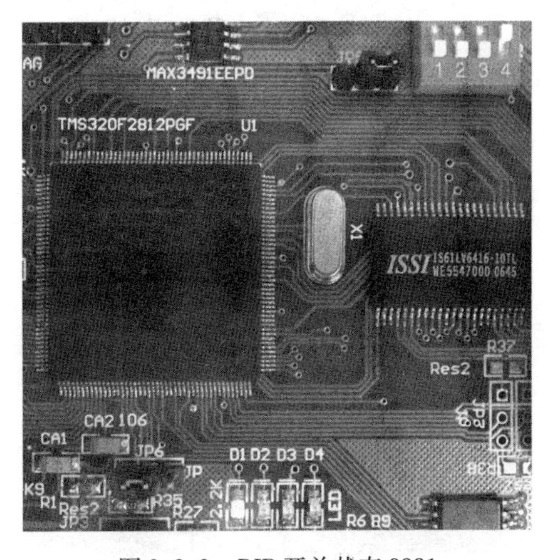

图 2.2.2 DIP 开关状态 0001

图 2.2.3　DIP 开关状态 0011

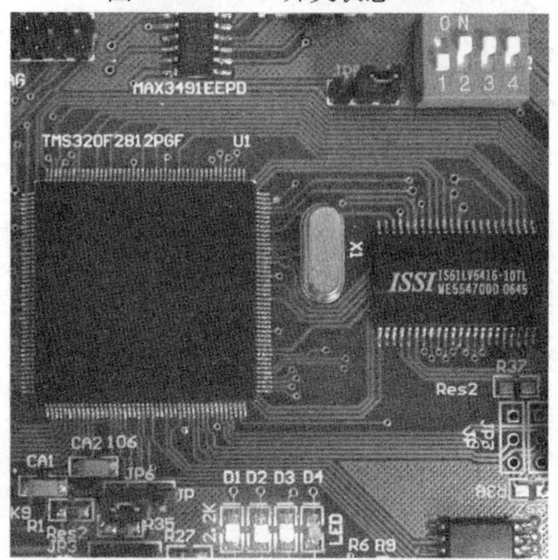

图 2.2.4　DIP 开关状态 0111

图 2.2.5　DIP 开关状态 1111

第3章　DSP系统控制与中断

本章将首先介绍DSP的系统控制部分，主要分析DSP的时钟系统组成和原理。DSP作为一种复杂的数字电路器件，其系统时钟对DSP稳定运行具有重要作用，时钟系统与系统控制息息相关，相关的设置和控制细节将在下面介绍。

任何以微处理器为核心的工程应用系统几乎都有中断处理部分，中断处理是使用DSP完成各种任务不可或缺的重要手段。TI28XDSP的中断系统比较复杂，包括CPU级别和专门的外设中断管理部分（PIE），它们共同协调完成DSP的中断信号处理。

CPU定时器也是DSP的重要组成部分，TI28XDSP的Timer 0可供用户使用。

3.1　系统控制与时钟

3.1.1　结构概述

作为一种复杂的数字信号处理器，TI28XDSP的时钟系统包含很多部分：振荡器、锁相环PLL和系统时钟控制逻辑，结构如图3.1.1所示。

时钟信号是驱动数字电路运行的基础，从图3.1.1可以看出整个DSP系统中时钟信号的分配和流程结构。

右上角方框内包含4部分：振荡器OSC、锁相环PLL、看门狗模块WD、电源控制部分PMC，这4部分都是与时钟控制关系密切的单元。振荡器OSC和锁相环PLL部分产生DSP核心及外设运行需要的基本时钟信号，看门狗模块WD用来监控系统运行状态，根据设定的时间顺序产生相应的控制逻辑，电源控制部分PMC根据用户需要打开或关断DSP内核或外设的时钟信号，以降低能耗和抑制干扰。从图3.1.1还可以看出，由时钟模块产生的CLKIN信号送入DSP的CPU核心驱动系统运行，同时该信号由CPU分出为SYSCLKOUT信号（两者频率相同），作为驱动DSP系统其他部分外设的时钟信号；图3.1.1的信号流程请读者认真观察和分析。

3.1.2　控制寄存器

时钟与系统控制部分包含很多控制寄存器，它们的设置和配置将直接影响整个DSP系统的运行状态（表3.1.1）。

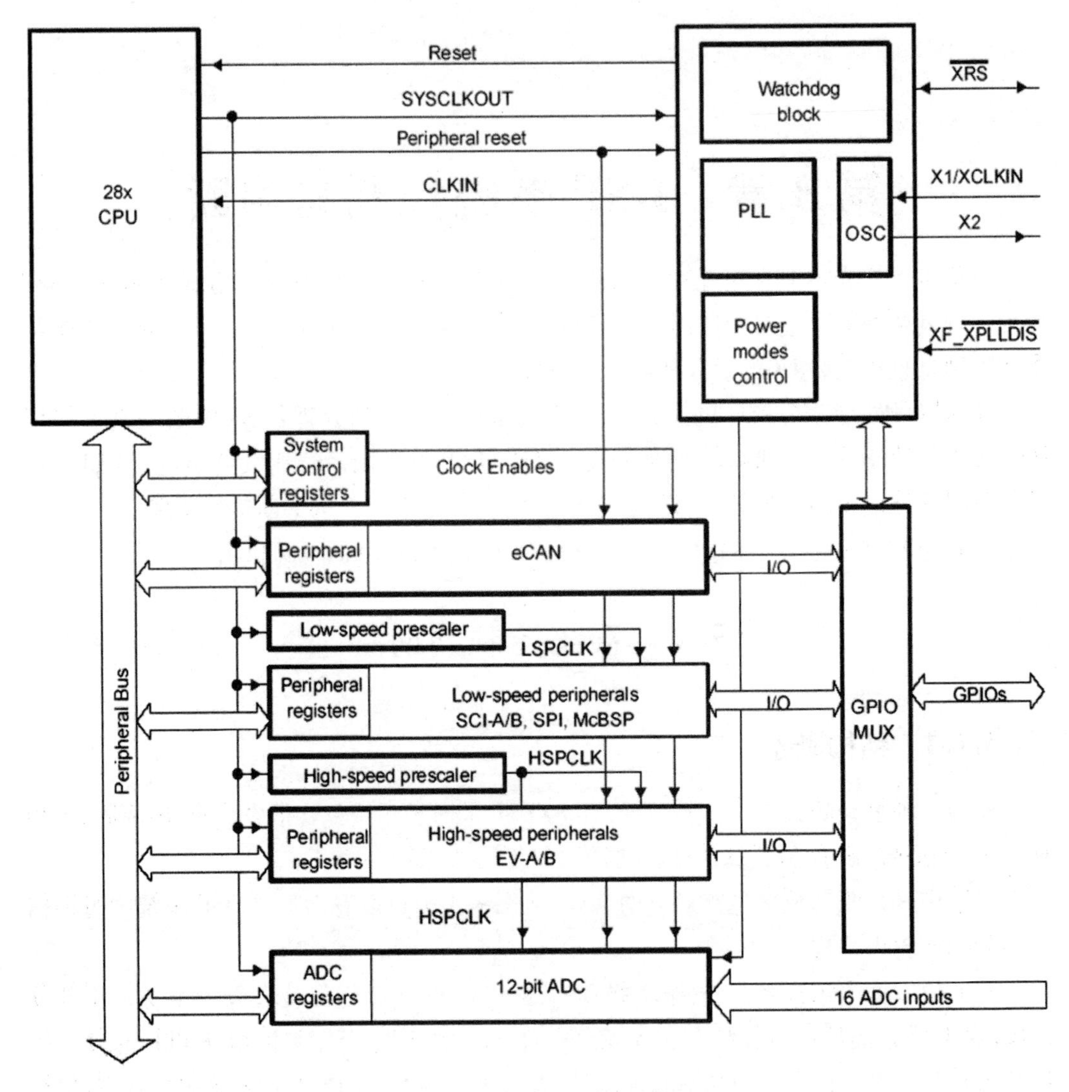

图 3.1.1　时钟信号结构及流程图

表 3.1.1　时钟控制寄存器表

名称	地址	长度	功能
HISPCP	0x00701A	16 位	高速外设时钟分频寄存器
LOSPCP	0x00701B	16 位	低速外设时钟分频寄存器
PCLKCR	0x00701C	16 位	外设时钟控制寄存器
LPMCR0	0x00701E	16 位	低功耗模式控制寄存器 0
LPMCR1	0x00701F	16 位	低功耗模式控制寄存器 1
PLLCR	0x007021	16 位	PLL 控制寄存器
SCSR	0x007022	16 位	系统控制和状态寄存器

续表 3.1.1

名称	地址	长度	功能
WDCNTR	0x007023	16位	看门狗计数器寄存器
WDKEY	0x007025	16位	看门狗 KEY 寄存器
WDCR	0x007029	16位	看门狗控制寄存器

这些寄存器的操作前提是已经通过 EALLOW 指令解除寄存器空间的保护。下面介绍其中几个寄存器。其中系统控制及状态寄存器 SCSR 中主要包含看门狗 WD 控制位，将在看门狗 WD 章节介绍。

1. 外设时钟控制寄存器 PCLKCR(图 3.1.2)

该寄存器控制 DSP 芯片中各种外设模块时钟信号的使能和关断，简而言之，关断某一外设的时钟信号则相当于关断了这个外设，该寄存器复位后各位缺省值均为0，所以上电复位后各外设缺省状态为关断。

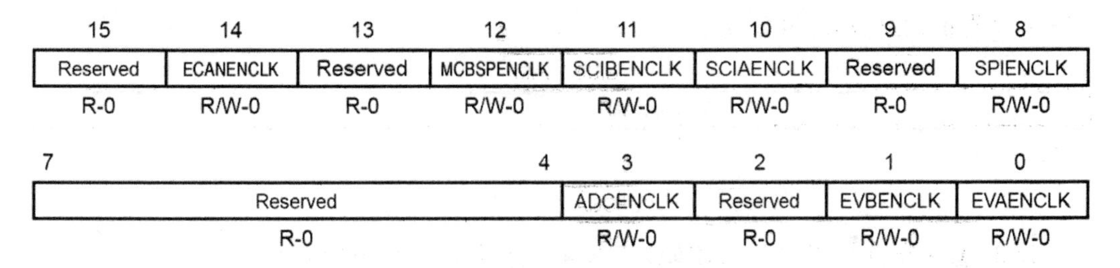

图 3.1.2 外设时钟控制寄存器 PCLKCR

各控制位功能简述如下：

14位：ECANENCLK，为1时 CAN 总线系统时钟使能；为0时 CAN 总线系统时钟关断。

12位：MCBSPENCLK，为1时 MCBSP 部分时钟使能；为0时 MCBSP 部分时钟关断。

11位：SCIBENCLK，为1时 SCI-B 时钟使能；为0时 SCI-B 时钟关断。

10位：SCIAENCLK，为1时 SCI-A 时钟使能；为0时 SCI-A 时钟关断。

8位：SPIENCLK，为1时 SPI 时钟使能；为0时 SPI 时钟关断。

3位：ADCENCLK，为1时 ADC 时钟使能；为0时 ADC 时钟关断。

1位：EVBENCLK，为1时 EVB 时钟使能；为0时 EVB 时钟关断。

0位：EVAENCLK，为1时 EVA 时钟使能；为0时 EVA 时钟关断。

2. 高速外设时钟分频寄存器 HISPCP(图 3.1.3)

该寄存器用来控制 DSP 中高速外设时钟信号的分频状态，DSP 外设中模拟/数字转换器 ADC 和事件管理器 EVA/EVB 的时钟信号取自高速外设时钟，具体功能设置如下。

位2～0：HSPCLK，这3位二进制数构成高速外设时钟的分频速率，

为000，高速外设时钟=SYSCLKOUT/1；

为001，高速外设时钟=SYSCLKOUT/2；

为010，高速外设时钟=SYSCLKOUT/4；

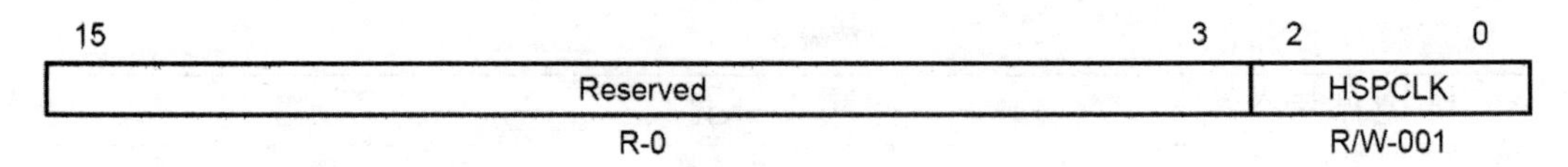

图 3.1.3 高速外设时钟分频寄存器 HISPCP

为 011,高速外设时钟=SYSCLKOUT/6;

为 100,高速外设时钟=SYSCLKOUT/8;

为 101,高速外设时钟=SYSCLKOUT/10;

为 110,高速外设时钟=SYSCLKOUT/12;

为 111,高速外设时钟=SYSCLKOUT/14;

复位后缺省值为 001,即高速外设时钟频率为 SYSCLKOUT 频率的一半。

3. 低速外设时钟分频寄存器 LOSPCP(图 3.1.4)

该寄存器用来控制 DSP 中低速外设时钟信号的分频状态,DSP 外设中 SCI-A、SCI-B、SPI、MCBSP 的时钟信号取自低速外设时钟,其设置情况和高速时钟分频寄存器 HISPCP 完全类似,具体功能设置如下。

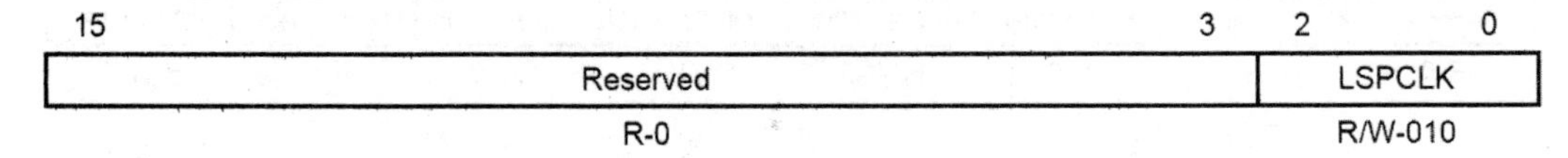

图 3.1.4 低速外设时钟分频寄存器 LOSPCP

位 2 ~ 0:LSPCLK,这 3 位二进制数构成低速外设时钟的分频速率,

为 000,低速外设时钟=SYSCLKOUT/1;

为 001,低速外设时钟=SYSCLKOUT/2;

为 010,低速外设时钟=SYSCLKOUT/4;

为 011,低速外设时钟=SYSCLKOUT/6;

为 100,低速外设时钟=SYSCLKOUT/8;

为 101,低速外设时钟=SYSCLKOUT/10;

为 110,低速外设时钟=SYSCLKOUT/12;

为 111,低速外设时钟=SYSCLKOUT/14;

复位后缺省值为 010,即低速外设时钟频率为 SYSCLKOUT 频率的 1/4。

3.1.3 振荡器 OSC 和锁相环 PLL

TI28XDSP 的振荡器 OSC 和锁相环 PLL 模块为芯片产生系统时钟,同时和电源控制部分 PWC 一起完成 DSP 芯片的低功耗节能功能控制,DSP 芯片的锁相环 PLL 含有 4 位频率控制位,用以产生不同频率的系统时钟信号,用户可以根据实际需要加以选择。

基于锁相环 PLL 的时钟部分提供了两种操作形式:

(1)晶振操作,该方式采用外部晶振为芯片提供系统时钟信号。

(2)外部时钟源操作,该方式屏蔽了内部振荡电路,由外部时钟源提供时钟信号,直接将时钟源信号接入 X1/XCLKIN 引脚。

振荡器OSC和锁相环PLL结构图如图3.1.5所示。采用晶振操作时，需将X1和X2/XCLKIN间接入晶振，以产生时钟信号；若采用外部时钟源操作，则只需要连接X1/XCLKIN即可。可能的时钟PLL配置形式有3种：

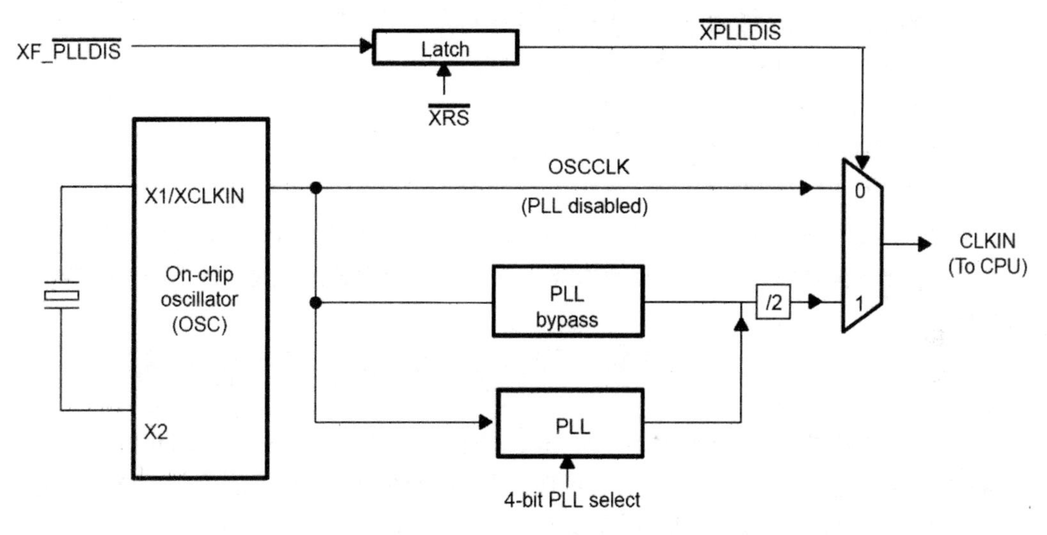

图3.1.5　振荡器OSC和锁相环PLL结构图

(1) PLL不使能：在DSP芯片上电复位期间，将XF_$\overline{\text{PLLDIS}}$引脚拉低，系统采样该引脚状态，将PLL关断，系统时钟信号采用外部时钟源信号，从X1/XCLKIN引脚获取。

(2) PLL使能旁路：在DSP芯片上电复位期间，XF_$\overline{\text{PLLDIS}}$引脚为高，则PLL使能，缺省状态下PLLCR寄存器DIV为0，则表示PLL功能被旁路，当然该信号还要经过2分频，即CLKIN=OSCCLK/2。

(3) PLL使能分频：在DSP芯片上电复位期间，XF_$\overline{\text{PLLDIS}}$引脚为高，则PLL使能，可以通过写入PLLCR寄存器的DIV位为某一数值N，则表示PLL分频功能使能，输出时钟信号频率为CLKIN=OSCCLK×N/2。

锁相环寄存器PLLCR(图3.1.6)是非常重要的寄存器，直接控制系统时钟信号的分频情况，最终决定CPU时钟频率，而作为数字信号处理器，CPU时钟频率则决定系统的运算速度。

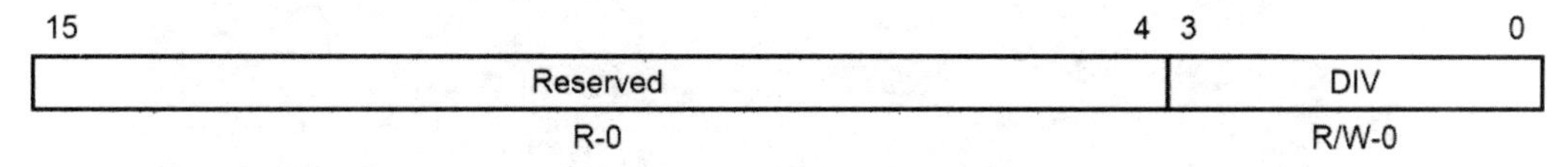

图3.1.6　锁相环寄存器PLLCR

PLLCR寄存器的低4位DIV的功能如下：

当DIV=0000时，CLKIN=OSCCLK/2(缺省状态，PLL使能旁路)

当DIV=0001时，CLKIN=OSCCLK×1/2

当DIV=0010时，CLKIN=OSCCLK×2/2

当 DIV=0011 时,CLKIN=OSCCLK×3/2

当 DIV=0100 时,CLKIN=OSCCLK×4/2

当 DIV=0101 时,CLKIN=OSCCLK×5/2

当 DIV=0110 时,CLKIN=OSCCLK×6/2

当 DIV=0111 时,CLKIN=OSCCLK×7/2

当 DIV=1000 时,CLKIN=OSCCLK×8/2

当 DIV=1001 时,CLKIN=OSCCLK×9/2

当 DIV=1010 时,CLKIN=OSCCLK×10/2

举例:通常 TI28XDSP 芯片系统配置 30 MHz 晶振,然后设置 PLLCR 寄存器 DIV 位为 0x0A,则系统时钟频率为 CLKIN=OSCCLK×10/2=150 MHz,这也是 TI28XDSP 的最高时钟频率。

下面采用 HIT-2812 演示板来验证时钟部分的相关设置。需要用到的寄存器主要有两个:

一个是 XINTCNF2,位于地址 0x000B34,前面已经介绍过,它控制 XTIMCLK 信号,通过 XTIMCLK 位控制 2 分频,通过 CLKMODE 位控制 XCLKOUT 输出信号的 2 分频。另一个就是 PLLCR 寄存器,位于地址 0x007021,控制 CLKIN 倍频。

通过修改这两个寄存器的值,可以控制时钟信号的频率,通过连接 XCLKOUT 引脚观察示波器输出波形加以验证。图 3.1.7 ~3.1.14 是改变控制寄存器的配置使时钟信号改变的情况。

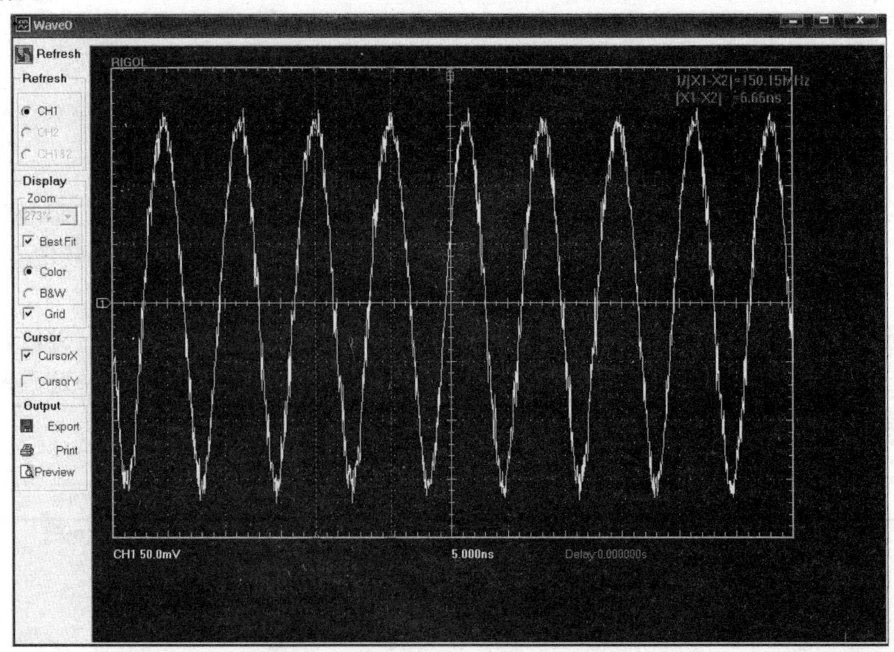

图 3.1.7　150 MHz 时钟信号波形

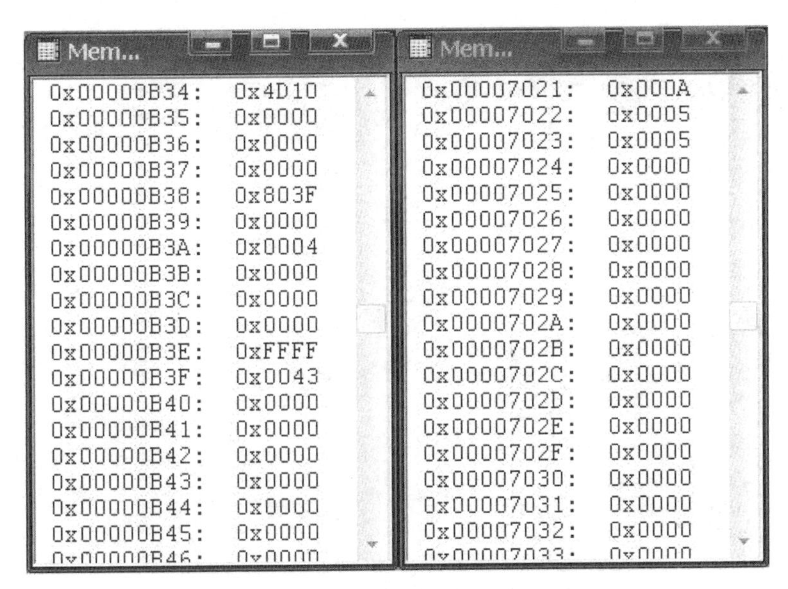

图 3.1.8　150 MHz 时钟时的寄存器配置

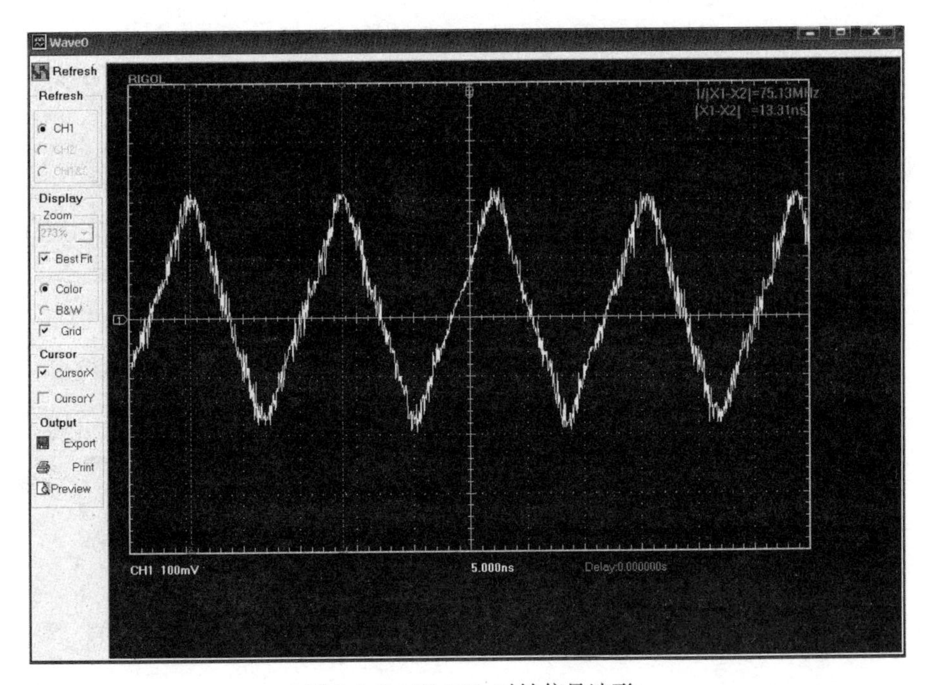

图 3.1.9　75 MHz 时钟信号波形

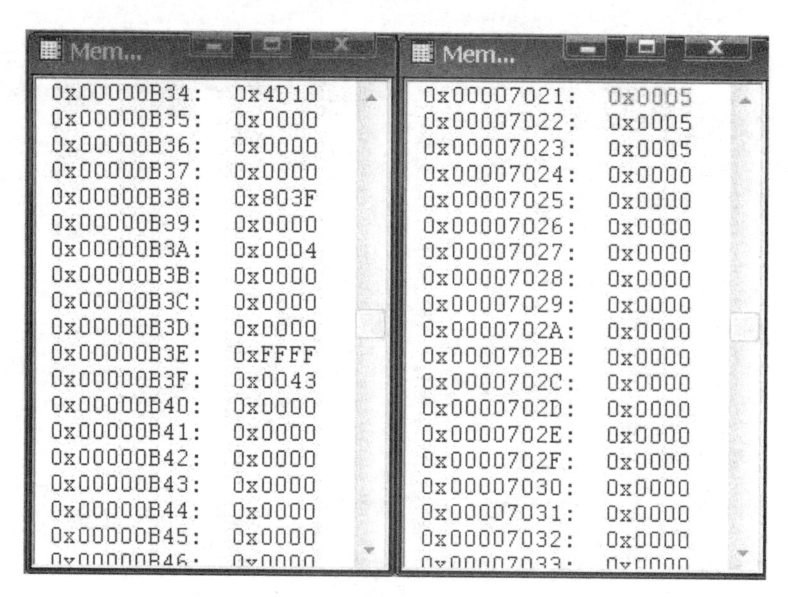

图 3.1.10　75 MHz 时钟时的寄存器配置

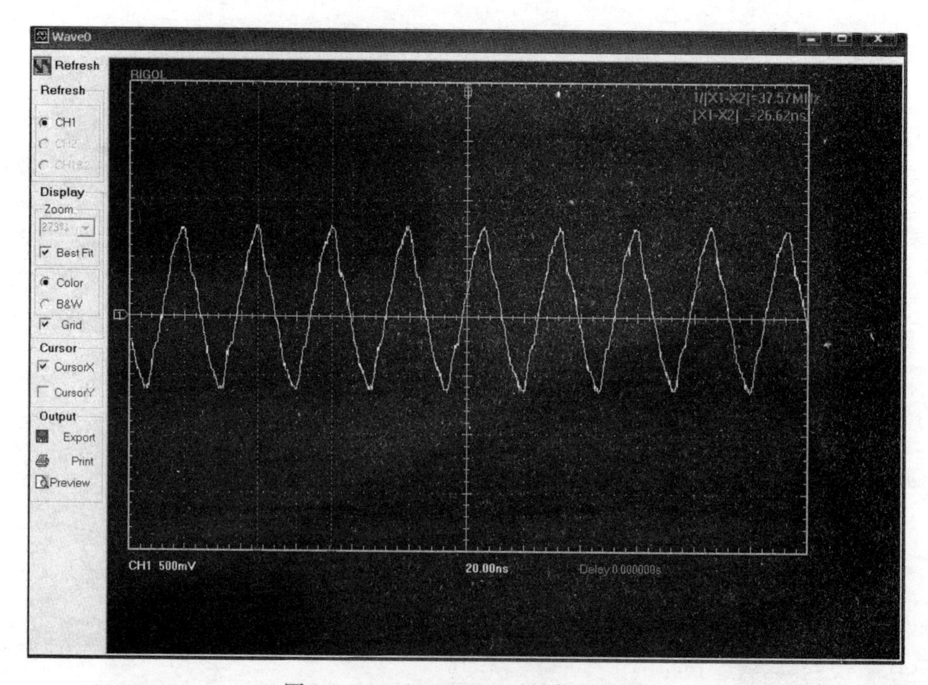

图 3.1.11　37.5 MHz 时钟信号波形

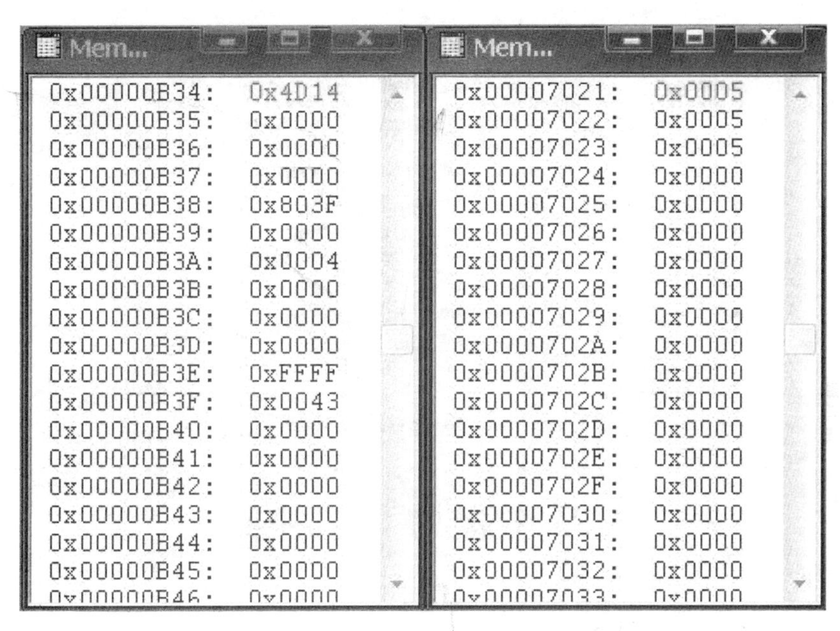

图 3.1.12　37.5 MHz 时钟时的寄存器配置

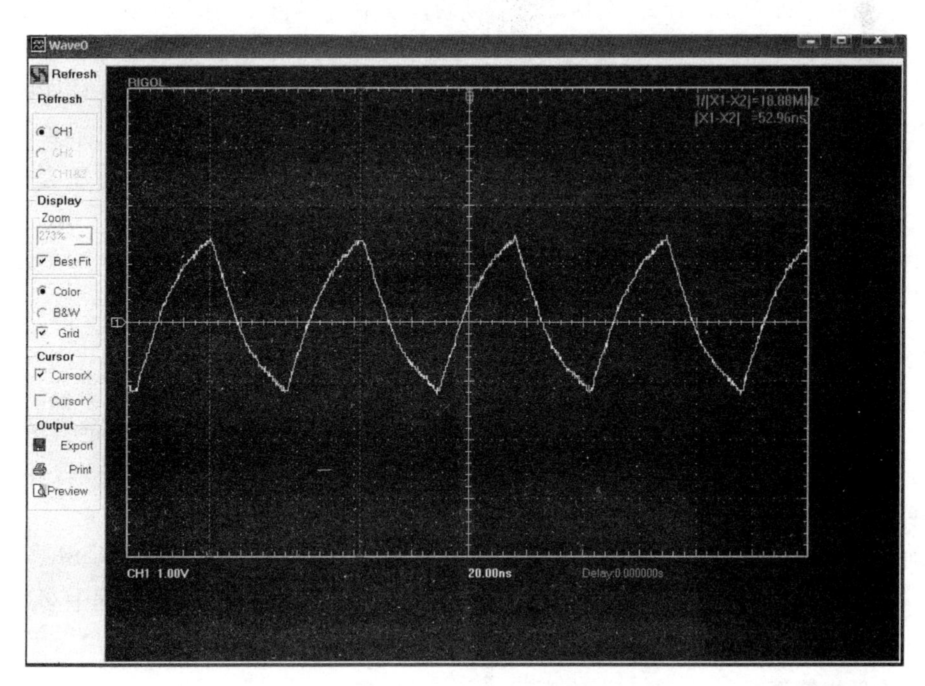

图 3.1.13　18.8 MHz 时钟信号波形

Mem...	
0x00000B34:	0x4D14
0x00000B35:	0x0001
0x00000B36:	0x0000
0x00000B37:	0x0000
0x00000B38:	0x803F
0x00000B39:	0x0000
0x00000B3A:	0x0004
0x00000B3B:	0x0000
0x00000B3C:	0x0000
0x00000B3D:	0x0000
0x00000B3E:	0xFFFF
0x00000B3F:	0x0043
0x00000B40:	0x0000
0x00000B41:	0x0000
0x00000B42:	0x0000
0x00000B43:	0x0000
0x00000B44:	0x0000
0x00000B45:	0x0000

Mem...	
0x00007021:	0x0005
0x00007022:	0x0005
0x00007023:	0x0005
0x00007024:	0x0000
0x00007025:	0x0000
0x00007026:	0x0000
0x00007027:	0x0000
0x00007028:	0x0000
0x00007029:	0x0000
0x0000702A:	0x0000
0x0000702B:	0x0000
0x0000702C:	0x0000
0x0000702D:	0x0000
0x0000702E:	0x0000
0x0000702F:	0x0000
0x00007030:	0x0000
0x00007031:	0x0000
0x00007032:	0x0000

图 3.1.14 18.8 MHz 时钟时的寄存器配置

3.2 DSP 的 CPU 中断

3.2.1 CPU 中断概述

中断是微处理器完成各种任务处理过程中必不可少的重要部分。DSP 中断是指当系统中出现需要立即处理的任务时,DSP 的中断管理机制临时暂停当前正在执行的程序,转而执行预先编制好的中断处理例程(ISR)。这里能够引起中断而且需要立即处理的任务有很多种,通常分为硬件需求和软件需求两类,比如 DSP 外部扩展的 ADC 采样转换结束向 DSP 发送一个中断信号,DSP 响应中断信号进而读取 ADC 转换结果;再比如 DSP 内部可以设定产生定时器中断,根据实际需要,经过一定的时间(比如 1 ms),DSP 就会产生一个定时器中断,用户就可以根据需要安排程序。

由此,CPU 中断可分为两类,一类是软件中断,由软件激发产生(如 INTR 汇编语言指令、TRAP 汇编语言指令、OR IFR 汇编语言指令);另一类是硬件中断,由硬件设备激发产生(如 DSP 中断引脚、外围设备或片内外设等)。

无论是哪种中断信号,都可以分为可屏蔽中断和非屏蔽中断两类。简而言之,可屏蔽中断是指中断信号可以通过设置相应的控制位加以屏蔽关断,当然也可以使能开放,这类中断是否响应,用户可以根据需要灵活处理。非屏蔽中断一旦产生就不能被软件屏蔽,CPU 必须无条件进行处理,所有的软件中断都属于非屏蔽中断。

前面已经谈过,DSP 中断是暂停当前的处理过程转而执行中断处理例程 ISR,中断处理例程 ISR 执行完成之后还要恢复刚刚被暂停的处理过程,显然在这个过程中必须遵循一定的流程顺序。基本的 DSP CPU 中断处理流程如下:

1. 接受中断请求

显然,中断源产生中断请求才可能产生中断信号,如前所述,中断请求可能由软件产生,也可能由硬件产生,这个中断请求会发送到 CPU 中,以要求系统暂停当前的处理过程。

2. 响应中断

CPU响应中断信号，根据中断的类型：对于可屏蔽中断，需要检查对应的中断使能寄存器IER和控制寄存器的中断屏蔽位INTM是否允许该中断进入；对于非屏蔽中断，CPU则会立即响应。

3. 预备执行中断例程及保存相关寄存器内容

这一步还包含以下过程：

(1) 完整执行当前指令，并清除流水线中尚未到达第二阶段的所有指令。这里稍做解释，现代DSP内核一般都采用流水线结构，所谓的流水线结构，简单来说就是指多条指令同时进行操作，因为每条指令被执行都要经过几个步骤，因此，某一时刻，每条流水线上的指令都是其要被执行过程中的某个阶段，则多条流水线共同运行的结果就是指令的执行速度被大大提高，也正因为如此，当中断信号产生时，可能会有指令正处于流水线的某一阶段，TI的DSP在这里规定，尚未到达第二阶段的所有指令将被清空。

(2) 自动保存上下文，即把与系统相关的重要寄存器内容保存到堆栈，包括寄存器ST0、T、AL、AH、PL、PH、AR0、AR1、DP、ST1、DBGSTAT、PC、IER。自动保存上下文的目的是为了中断例程执行完毕后恢复现场。

(3) 取回中断向量地址，装入PC，实现中断跳转。

4. 执行中断服务例程

根据预先写好的中断服务例程ISR，进入中断服务过程。

3.2.2　CPU中断向量优先级

TI28XDSP的CPU中断共32个，每个中断向量支持22位的中断向量地址（2^{22} = 4 096K = 4M），即每个CPU中断向量确定一个在DSP可寻址空间的具体地址，即中断服务例程ISR的入口地址。

这32个中断向量在DSP存储空间中是连续分配的，其存储位置由ST1状态寄存器中的VMAP位确定，如果VMAP=0，则32个CPU中断向量的地址表保存在0x000000h开始的地址上，如果VMAP=1，则32个CPU中断向量的地址表保存在0x3FFFC0h开始的地址上。每个中断向量地址低16位保存在LSB中，高16位保存在MSB中。

每个CPU中断向量都有固定的优先级，用来保证多个中断同时进入时的响应顺序，显然优先级最高的中断向量最先被响应，复位向量RESET在CPU中断中具有最高优先级。具体见表3.2.1。

表 3.2.1 中断向量和优先级

名称	地址(VMAP=0)	地址(VMAP=1)	优先级	功能
RESET	00 0000	3F FFC0	1(最高)	复位
INT1	00 0002	3F FFC2	5	可屏蔽中断 1
INT2	00 0004	3F FFC4	6	可屏蔽中断 2
INT3	00 0006	3F FFC6	7	可屏蔽中断 3
INT4	00 0008	3F FFC8	8	可屏蔽中断 4
INT5	00 000A	3F FFCA	9	可屏蔽中断 5
INT6	00 000C	3F FFCC	10	可屏蔽中断 6
INT7	00 000E	3F FFCE	11	可屏蔽中断 7
INT8	00 0010	3F FFD0	12	可屏蔽中断 8
INT9	00 0012	3F FFD2	13	可屏蔽中断 9
INT10	00 0014	3F FFD4	14	可屏蔽中断 10
INT11	00 0016	3F FFD6	15	可屏蔽中断 11
INT12	00 0018	3F FFD8	16	可屏蔽中断 12
INT13	00 001A	3F FFDA	17	可屏蔽中断 13
INT14	00 001C	3F FFDC	18	可屏蔽中断 14
DLOGINT	00 001E	3F FFDE	19	可屏蔽 data log 中断
RTOSINT	00 0020	3F FFE0	4	可屏蔽实时操作系统中断
系统保留	00 0022	3F FFE2	2	系统保留
NMI	00 0024	3F FFE4	3	非屏蔽中断
ILLEGAL	00 0026	3F FFE6	—	非法指令陷阱
USER1	00 0028	3F FFE8	—	用户定义软件中断
USER2	00 002A	3F FFEA	—	用户定义软件中断
USER3	00 002C	3F FFEC	—	用户定义软件中断
USER4	00 002E	3F FFEE	—	用户定义软件中断
USER5	00 0030	3F FFF0	—	用户定义软件中断
USER6	00 0032	3F FFF2	—	用户定义软件中断
USER7	00 0034	3F FFF4	—	用户定义软件中断
USER8	00 0036	3F FFF6	—	用户定义软件中断
USER9	00 0038	3F FFF8	—	用户定义软件中断
USER10	00 003A	3F FFFA	—	用户定义软件中断
USER11	00 003C	3F FFFC	—	用户定义软件中断
USER12	00 003E	3F FFFE	—	用户定义软件中断

3.2.3　CPU 中断标志寄存器

如前文所述,DSP 的 CPU 中断可分为可屏蔽中断和非屏蔽中断。例如,DSP 的 CPU 中断向量表中,INT1 ~ INT14 就属于可屏蔽中断。可屏蔽中断的处理过程包括:中断信号送入 CPU 后,需要检测中断标志寄存器 IFR、中断控制寄存器 IER、中断全局屏蔽位 INTM 等来确定该中断是否执行。

下面首先介绍中断标志寄存器 IFR(图 3.2.1)。该寄存器的 16 个二进制位对应 16 个可屏蔽中断,若某个 CPU 中断信号产生并等待 CPU 确认,则 IFR 中的对应位置 1,否则对应位为 0。常用一些方法来操作 IFR 寄存器,比如:通过压栈指令 PUSH IFR,可以通过堆栈测试 IFR 的数值,通过 OR IFR 指令来设置 IFR 寄存器位,通过 AND IFR 指令来清除某一中断标志。

15	14	13	12	11	10	9	8
RTOSINT	DLOGINT	INT14	INT13	INT12	INT11	INT10	INT9
R/W-0	R/W-0	R/W-0	R/W-0	R/W-0	R/W-0	R/W-0	R/W-0

7	6	5	4	3	2	1	0
INT8	INT7	INT6	INT5	INT4	INT3	INT2	INT1
R/W-0	R/W-0	R/W-0	R/W-0	R/W-0	R/W-0	R/W-0	R/W-0

图 3.2.1　IFR 寄存器结构

中断标志寄存器 IFR 的各位功能如下:

15 位　RTOSINT　实时操作系统中断信号标志

RTOSINT=0,实时操作系统中断信号未产生

RTOSINT=1,实时操作系统中断信号产生

14 位　DLOGINT　数据装入中断标志

DLOGINT=0,数据装入中断信号未产生

DLOGINT=1,数据装入中断信号产生

13 位 ~0 位　INTx　可屏蔽中断 INTx 标志

INTx=0,可屏蔽中断 INTx 信号未产生

INTx=1,可屏蔽中断 INTx 信号产生

3.2.4　CPU 中断使能寄存器 IER 和调试中断使能寄存器 DBGIER

中断使能寄存器 IER 是 CPU 控制中断管理的重要寄存器,该寄存器的某位置 1,则对应的 CPU 可屏蔽中断使能开启,该中断可以被 CPU 响应。若该位清零,则对应中断被屏蔽,中断信号不会被 CPU 响应。

类似地,可以用一些指令来操作和控制中断使能寄存器 IER(图 3.2.2),可以用 MOV 指令对 IER 寄存器进行读写操作,用 OR IER 指令来设置 IER 寄存器控制位,用 AND IER 指令来清除 IER 寄存器控制位。此外,当一个硬件中断正在执行或正在执行 INTR 指令(软件中断指令)时,相应的 IER 寄存器位被清零。在复位时,IER 中断使能寄存器的各位都被清零,所有 CPU 可屏蔽中断都被关闭。

15	14	13	12	11	10	9	8
RTOSINT	DLOGINT	INT14	INT13	INT12	INT11	INT10	INT9
R/W-0	R/W-0	R/W-0	R/W-0	R/W-0	R/W-0	R/W-0	R/W-0
7	**6**	**5**	**4**	**3**	**2**	**1**	**0**
INT8	INT7	INT6	INT5	INT4	INT3	INT2	INT1
R/W-0	R/W-0	R/W-0	R/W-0	R/W-0	R/W-0	R/W-0	R/W-0

图 3.2.2　IER 寄存器结构

中断使能寄存器 IER 的各位功能如下：

15 位　RTOSINT　　实时操作系统中断使能位
RTOSINT=0,实时操作系统中断关闭
RTOSINT=1,实时操作系统中断使能

14 位　DLOGINT　　数据装入中断使能位
DLOGINT=0,数据装入中断关闭
DLOGINT=1,数据装入中断使能

13 位~0 位　INTx　　可屏蔽中断 INTx 使能位
INTx=0,可屏蔽中断 INTx 关闭
INTx=1,可屏蔽中断 INTx 使能

调试中断使能寄存器 DBGIER(图 3.2.3)的功能和 IER 类似,不同的是该寄存器应用于调试状态下,只有当 CPU 处于实时仿真模式下并且暂停时,该寄存器才可以使用。

15	14	13	12	11	10	9	8
RTOSINT	DLOGINT	INT14	INT13	INT12	INT11	INT10	INT9
R/W-0	R/W-0	R/W-0	R/W-0	R/W-0	R/W-0	R/W-0	R/W-0
7	**6**	**5**	**4**	**3**	**2**	**1**	**0**
INT8	INT7	INT6	INT5	INT4	INT3	INT2	INT1
R/W-0	R/W-0	R/W-0	R/W-0	R/W-0	R/W-0	R/W-0	R/W-0

图 3.2.3　DBGIER 寄存器结构

调试中断使能寄存器 DBGIER 的各位功能如下：

15 位　RTOSINT　　实时操作系统中断使能位
RTOSINT=0,实时操作系统中断关闭
RTOSINT=1,实时操作系统中断使能

14 位　DLOGINT　　数据装入中断使能位
DLOGINT=0,数据装入中断关闭
DLOGINT=1,数据装入中断使能

13 位~0 位　INTx　　可屏蔽中断 INTx 使能位
INTx=0,可屏蔽中断 INTx 关闭
INTx=1,可屏蔽中断 INTx 使能

3.2.5　可屏蔽中断的处理过程

由前文所述,CPU中断分为可屏蔽中断和非屏蔽中断,两类中断的处理过程存在异同点,本节将简述可屏蔽中断的处理过程(详细过程请参阅TI文档)。

基本处理过程如图3.2.4所示。对各步骤解释如下:

(1)中断请求发送到CPU,产生中断请求的可能是如下事件之一:INT1～INT14中的某个产生中断信号输入;或CPU仿真逻辑向CPU发送DLOGINT和RTOSINT信号;或通过OR IFR指令操作IFR中断标志寄存器以产生中断信号。

(2)设置中断标志寄存器IFR的相应标志位,当在第1步中测试到一个有效的中断信号时,则在IFR寄存器中的相应标志位置1,等待CPU的处理。

(3)确认中断是否被使能。确定该中断信号能否被使能,需要两个条件同时具备:①中断使能寄存器IER中相应位置1;②状态寄存器ST1中的全局中断屏蔽位INTM为0。当这两个条件具备时,则该中断被CPU确认,此时其他中断信号将不再被响应,直到下面步骤(13)。

(4)清除中断标志寄存器IFR相应位。在中断被确认后,相应的IFR位立即被清除。此时如果该中断信号再次进入(即中断信号仍为低),则相应的IFR位会再次置位,但该中断不会再次被响应。

(5)清空流水线。所有流水线中没有到达第2阶段的指令都被清除。

(6)程序指针PC被增1操作(以保证获得正确的返回地址),然后PC值被保存。

(7)取回中断向量地址。该地址指向中断服务例程ISR的入口。

(8)堆栈指针SP被增1操作,产生正确的堆栈空位地址,以执行自动保存上下文的操作。

(9)执行自动保存上下文操作。该操作完成中断处理的现场保护工作,把相关的CPU寄存器压入堆栈存储保护。

(10)清除中断使能寄存器IER的相应控制位,该操作会阻止相同中断的再次进入。

(11)设置全局中断屏蔽位INTM和DBGM,该操作是全局屏蔽可屏蔽中断信号,以防止其他中断信号影响ISR的执行;类似地,设置DBGM位也是为了防止调试事件影响ISR的正常执行。如果需要在ISR中响应这些信号的操作,则要清除这两个控制位。此外,在这步操作中,还要清除LOOP、EALLOW、IDLESTAT标志位。

(12)中断向量地址(ISR入口地址)赋值给PC。

(13)程序跳转至ISR,执行中断服务例程。

(14)中断服务例程ISR执行结束,跳转回入口点之后的地址,继续执行被中断前的程序。

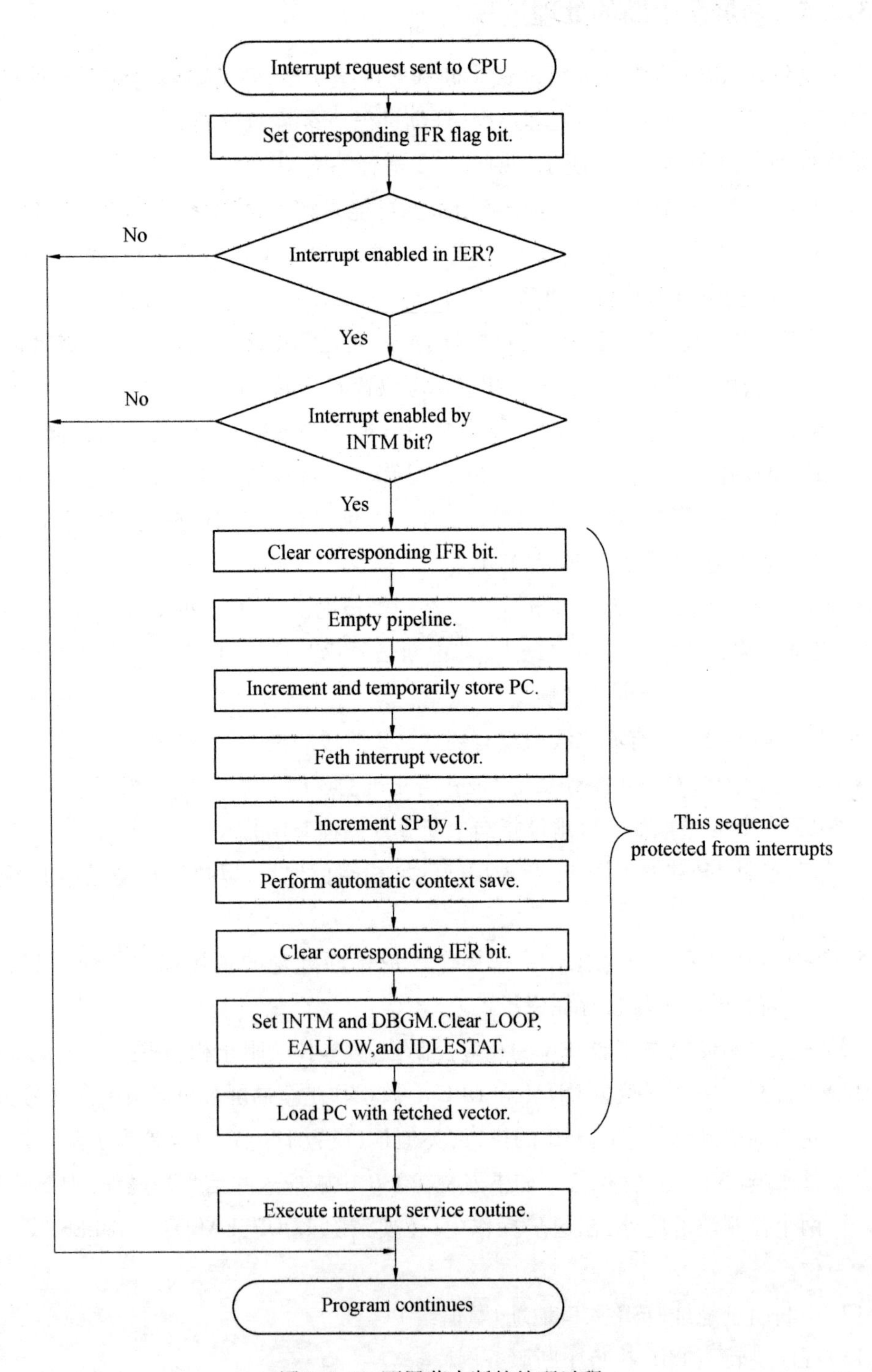

图 3.2.4 可屏蔽中断的处理过程

3.2.6　非屏蔽中断类型

非屏蔽中断就是不能被各类标志位屏蔽，一旦产生非屏蔽中断信号，该中断一定被响应。TI28XDSP 的非屏蔽中断包括 4 类：

(1)软件中断(由 INTR 和 TRAP 软件中断指令产生的软中断)。

(2)非屏蔽硬件中断 NMI。

(3)系统硬件复位 RS。

(4)非法指令陷阱。

1. 软件中断

软件中断是通过指令 INTR 或 TRAP 产生的软中断，INTR 指令用来产生 INT1 ~ INT14、DLOGINT、RTOSINT、NMI 这一类软件中断。

TRAP 指令则可以用来产生 32 个 CPU 中断中的任何一个。如执行指令 TRAP #1，则 INT1 中断服务例程被执行。类似地，TRAP #0 也可以执行中断服务例程 INT0，实际上就是复位向量 RESET，但该指令并不能完全执行系统复位程序。

TRAP 指令产生中断的服务过程可参见图 3.2.5 所示的流程图，详细内容可参阅 TI 相关文档。

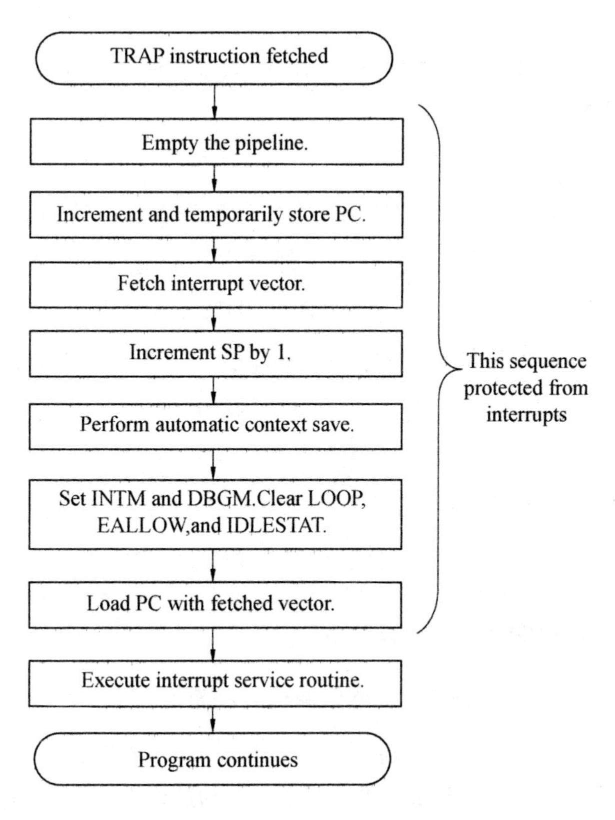

图 3.2.5　非屏蔽中断的处理过程

2. 非屏蔽硬件中断 NMI

非屏蔽硬件中断 NMI 是直接连接在 DSP 的 NMI 引脚上的外部中断，当 DSP 采集到 NMI 引脚上产生的中断信号时，DSP 立刻进入 NMI 中断的处理例程 ISR，该中断不能被屏蔽。

3. 系统硬件复位 RS

硬件复位 RS 是 DSP 中一个很重要的中断，当 DSP 系统每次上电后都要执行硬件复位中断服务程序，该操作会使 DSP 系统在复位后处于确知的状态中。当硬件复位 RESET 信号产生时，当前 DSP 的所有操作都被废弃，同时系统流水线被清空，DSP 的 CPU 寄存器按规则进行复位和赋值，并执行中断服务例程。

4. 非法指令陷阱

DSP 运行过程中，当产生非法指令时，系统会产生非法指令陷阱，当产生非法指令陷阱时，返回地址会被保存在堆栈中，使用者可以通过该地址查询非法指令产生的地址和原因。详细内容可参阅 TI 文档。

3.3　DSP 片内外设的中断扩展管理(PIE)

在前节已经介绍了 DSP 的 CPU 中断处理的基本内容。TI28XDSP 的中断处理除了有 CPU 中断级别外，更重要的是 DSP 的片内外设中断扩展管理(PIE)层次。简言之，DSP 等微处理器采用中断处理这种形式来协调各个部分之间的通信和数据传输，在 DSP 中，中断主要用来处理外设与 CPU 的数据交换等任务，TI28XDSP 是一种复杂的面向控制的数字信号处理器，片内含有大量外设，同时片上还有多个外部扩展中断，大量的中断源处理仅仅依靠 CPU 层次是难以很好完成的，因此 TI28XDSP 增加了 PIE 部分，即片内外设中断扩展管理，PIE 部分共支持 96 个中断源，96 个中断分为 12 组，每组包含 8 个中断，12 组中断分别对应至 DSP 的 CPU 内部的 12 条中断线(即 INT1 ~ INT12)，96 个中断都有相应的中断向量支持，通过 PIE 部分的协调，使各中断得到有效的管理。

3.3.1　PIE 部分概述

PIE 部分是 TI28XDSP 用来管理系统中断信号的核心部分，每个中断源信号都要经过外设级别、PIE 级别和 CPU 级别之后才能被 DSP 响应，多级配合的 PIE 实现大量中断源信号的有效管理是 DSP 的一个重要特点。PIE 部分的结构图如图 3.3.1 所示。

TI28XDSP 采用以 PIE 为核心的中断管理方式：外部中断(包括片上外设中断、外部中断)通过外设级别处理产生相应的中断申请信号 INTx. y，该信号进入 PIE 部分的中断标

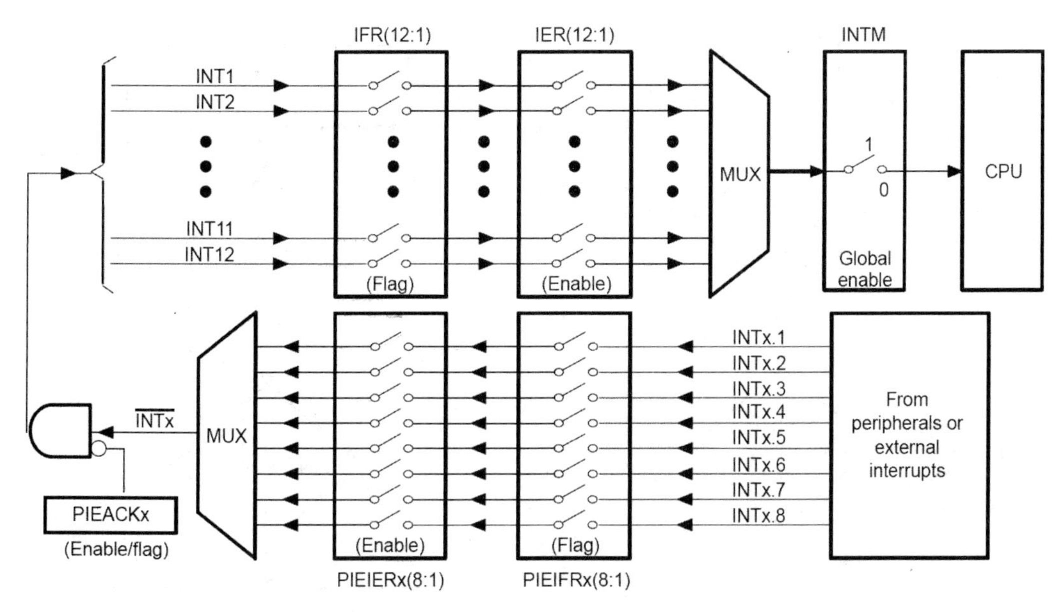

图 3.3.1　PIE 管理结构图

志寄存器 PIEIFRx. y,产生相应的中断标志,通过 PIE 部分的中断使能寄存器 PIEIERx. y 控制该中断是否进入 CPU 级别,同一组 8 个中断信号汇总为一个 CPU 中断 INTx,进入中断处理的 CPU 级别。类似地,也要经过中断标志寄存器 IFR 来标志中断信号产生,经过中断使能寄存器 IER 来确认相应中断是否使能,最后通过全局中断使能标志位 INTM 来全局使能或屏蔽中断,如果该标志位使能,则中断信号将最终被 CPU 响应,相应中断的 ISR 被执行。PIE 中断响应流程如图 3.3.2 所示。

以 PIE 部分为核心的 DSP 中断处理流程分为以下 3 个级别:

(1)外部设备级:当一个外部设备产生中断时,与该中断相关联的中断标志 IF 置位,如果相应的中断使能位 IE 也已经置位,则外设会向 PIE 发送中断请求。

(2)PIE 级:PIE 管理 8×12=96 个中断源,即每组共 8 个外设中断成为一个 PIE 中断组,并汇集为一个 CPU 中断(共 INT1 ~ INT12 共 12 组)送至 DSP 的 CPU。对于 PIE 组中的每一个中断信号,都有相应的中断标志位 PIEIFRx. y 和中断使能位 PIEIERx. y,用来控制第 x 组中第 y 个 PIE 中断的中断标志和中断使能。同时在 PIE 级别中断处理还要结合 PIE 应答位 PIEACKx 来实现中断的开放和关断。

(3)CPU 级:在 CPU 级别里,由 PIE 汇集来的 INT1 ~ INT12 及其他中断信号还要通过中断标志寄存器 IFR 的标志和中断使能寄存器 IER 的使能,以及全局中断使能位 INTM 的置位使能,最终才能得到 DSP 的 CPU 响应。

当一个中断被响应时,相应的中断向量地址被取回(中断向量地址取自 PIE 部分),中断服务例程 ISR 被执行。

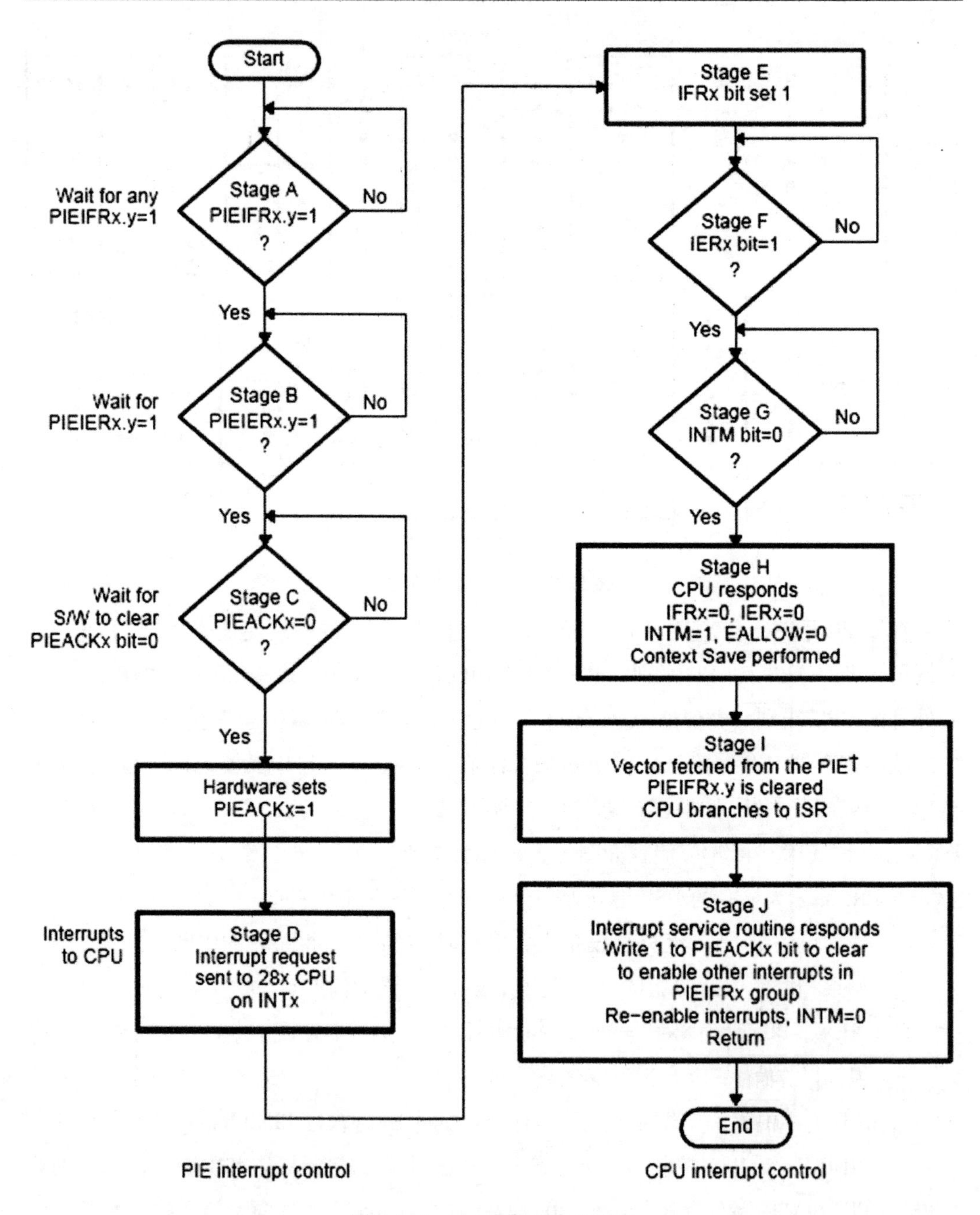

图 3.3.2　PIE 中断响应流程图

3.3.2　PIE 中断处理结构

PIE 中断处理为层次结构，整合 TI28XDSP 的外设中断管理和 CPU 中断管理的各个部分。PIE 中断结构图如图 3.3.3 所示。

当使用 PIE 管理 DSP 的中断时，中断向量地址取自 PIE 部分，相关设置见表 3.3.1。

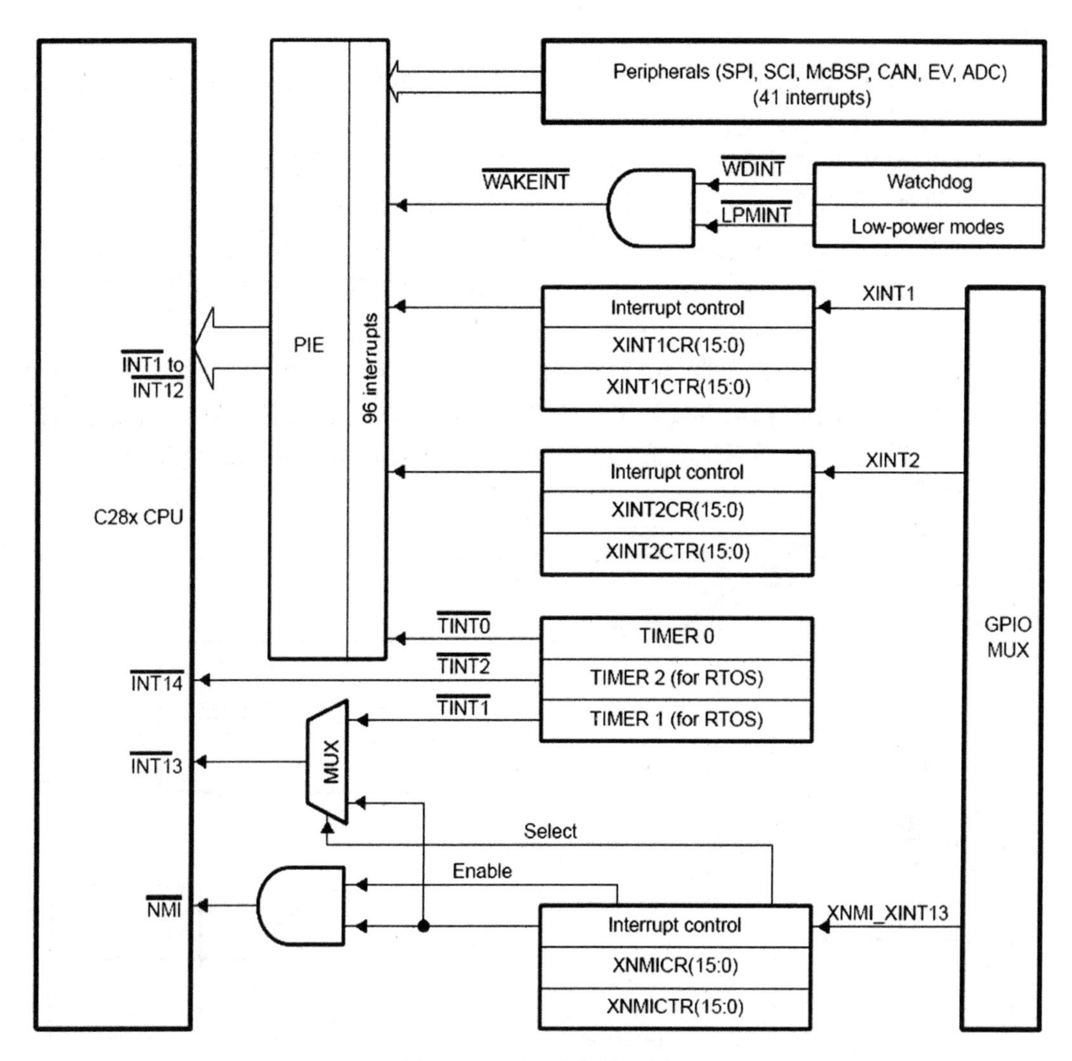

图 3.3.3　PIE 中断结构图

表 3.3.1　中断向量映射表

向量表	存储位置	地址	VMAP	M0M1MAP	MP/MC	ENPIE
M1 向量	M1 块	0x000000 ~ 0x00003F	0	0	X	X
M0 向量	M0 块	0x000000 ~ 0x00003F	0	1	X	X
BROM 向量	ROM 块	0x3FFFC0 ~ 0x3FFFFF	1	X	0	0
XINTF 向量	XINTF 7 区	0x3FFFC0 ~ 0x3FFFFF	1	X	1	0
PIE 向量	PIE 块	0x000D00 ~ 0x000DFF	1	X	X	1

注:X 代表任意值。

需要注意的是:M0 向量和 M1 向量保留用于 TI 的测试模式,当使用其他向量时,M0/M1 向量的存储器地址可自由使用。

与中断向量表的映射相关的控制位包括:VMAP、M0M1MAP、MP/MC、ENPIE。分述如下：

(1)VMAP 位：系统状态寄存器 ST1 中的控制位，复位后缺省值为 1，正常情况下的 DSP 操作不需更改。

(2)M0M1MAP 位：系统状态寄存器 ST1 中的控制位，复位后缺省值为 1，正常情况下的 DSP 操作也不需要更改，该位清零只用于 TI 测试。

(3)MP/MC 位：该控制位在前文已经介绍过，是一个重要的 DSP 控制位，该控制位在 XINTCNF2 寄存器中，该位上电复位后的状态由外部引脚确定，对于没有相关引脚的 DSP 芯片（如 2810），由系统内部拉低。

(4)ENPIE 位：控制寄存器 PIECTRL 中的控制位。该位控制 PIE 部分的使能，显然对于绝大多数情况，需要使用 PIE 来管理控制中断，因此该位需置 1，需要注意的是，该位上电复位后缺省值为 0（即 PIE 部分无效），所以需要修改该位为 1。

系统复位后相关中断处理流程如图 3.3.4 所示。

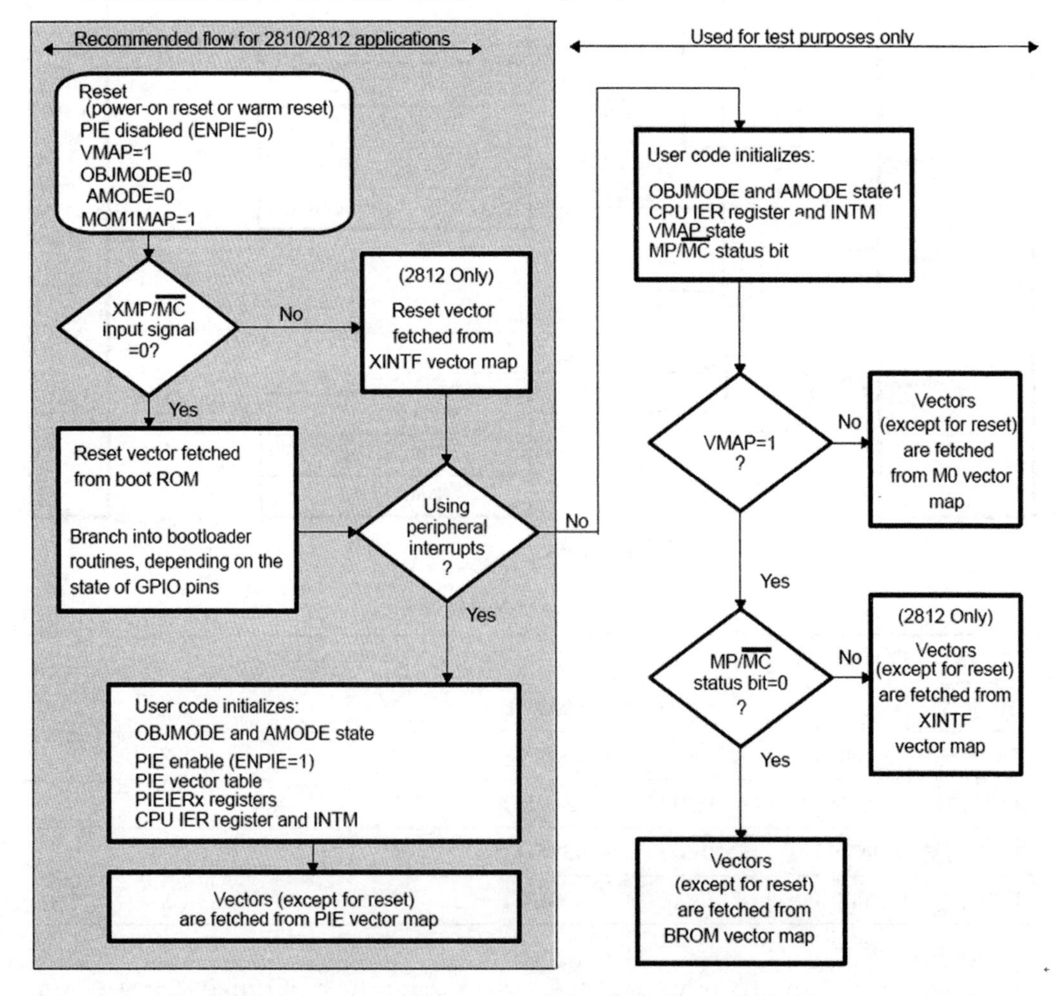

图 3.3.4 RESET 流程图

3.3.3 PIE 中断处理流程

前文已经简单介绍过 PIE 管理的中断处理流程,包括外设级别、PIE 级别和 CPU 级别 3 个层次。外设级别相关内容详见各外设章节部分,这里不再赘述。PIE 级别和 CPU 级别处理流程如图 3.3.5 所示。

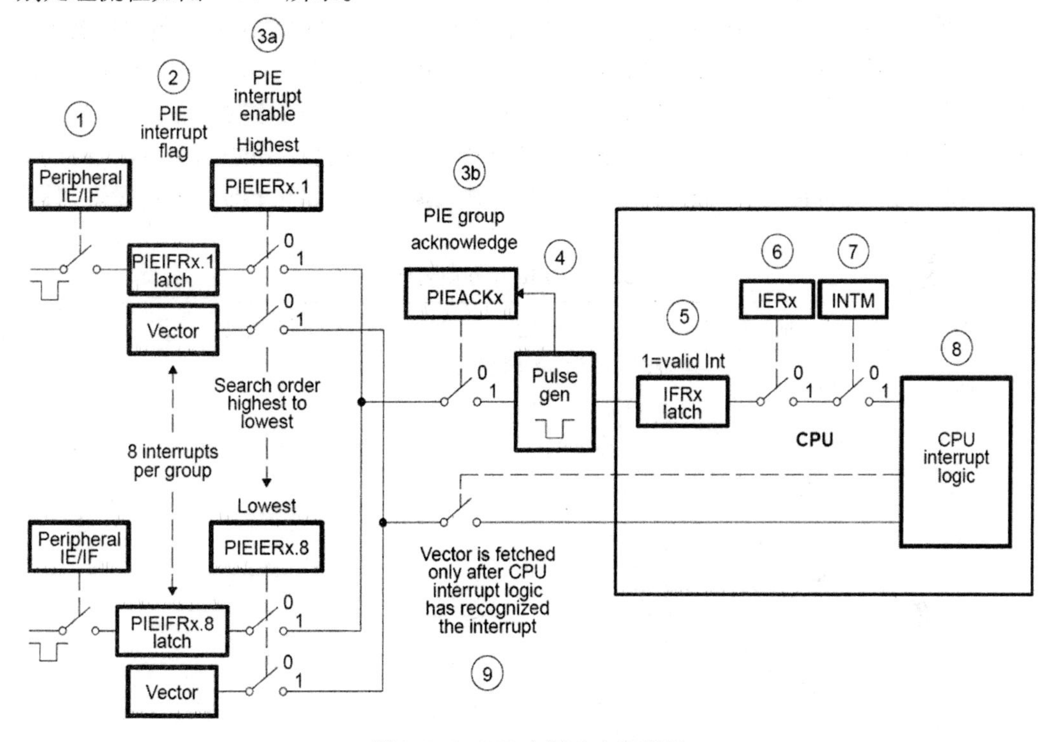

图 3.3.5　PIE 中断响应流程图

图 3.3.5 对 PIE 管理的中断处理流程做了详细说明,下面对各步骤加以解释:

(1)当某一外设产生中断信号时,根据其中断标志(IF)及中断使能(IE)的情况,该中断满足条件后会被送入 PIE 部分。

(2)中断信号进入 PIE,会根据中断源的分组(x=1~12)及其在该组内的顺序(y=1~8)来产生相应的 PIE 中断标志 PIEIFRx.y。

(3a)在这个步骤里,需要判断两个条件是否同时满足来决定发送中断信号到 DSP 的 CPU,条件 1,相应的中断使能寄存器 PIEIERx.y 已经置位;条件 2,相应组的 PIE 应答位 PIEACKx 已经被清零。

(3b~4)当在(3a)中的两条件同时满足时,中断信号被送往 CPU。系统硬件会产生一个脉冲置位 PIEACKx,同组的 PIE 中断信号也可以被送至 CPU。

(5)相应的 CPU 中断标志位 IFRx 置位,标志中断进入。

(6)检测相应的中断使能位 IERx 是否置位。

(7)检测全局中断使能位 INTM 是否置位。

(8)上述条件均满足,则 CPU 响应中断,进入中断处理逻辑,响应的中断向量地址被取回，ISR 被执行。

(9)CPU 会重新清除 PIE 应答位 PIEACKx，以等待其他中断进入。

3.3.4　PIE 中断向量表

每个中断都有相对应的中断处理程序 ISR，ISR 的入口地址即为中断向量，对于一系列的中断向量一般都保存在一段连续的存储器空间中，TI28XDSP 的 PIE 中断向量表也是如此，其保存地址位于外设帧 0(Peripheral Frame 0)，起始地址 0D00h 连续的 256×16SARAM 块。每两个字保存一个 22 位的 ISR 入口地址。(需要注意：前文已经讲过，TI28XDSP 在上电复位后 PIE 部分是不使能的，PIE 中断向量表占用的存储空间可以用来存取其他数据，通常情况下，需要使能 PIE 部分，并根据需要初始化 PIE 中断向量表)具体见表 3.3.2。

表 3.3.2　PIE 中断向量表

名称	地址	功能	CPU 优先级	PIE 组内优先级
RESET	0x000D00	RESET 向量始终取地址 0x3FFFC0	1	—
INT1	0x000D02	未使用	5	—
INT2	0x000D04	未使用	6	—
INT3	0x000D06	未使用	7	—
INT4	0x000D08	未使用	8	—
INT5	0x000D0A	未使用	9	—
INT6	0x000D0C	未使用	10	—
INT7	0x000D0E	未使用	11	—
INT8	0x000D10	未使用	12	—
INT9	0x000D12	未使用	13	—
INT10	0x000D14	未使用	14	—
INT11	0x000D16	未使用	15	—
INT12	0x000D18	未使用	16	—
INT13	0x000D1A	扩展中断 13(INT13)或 CPU Timer 1(用于 TI/RTOS)	17	—
INT14	0x000D1C	CPU Timer 2(用于 TI/RTOS)	18	—
DATALOG	0x000D1E	CPU Data loading 中断	19	—
RTOSINT	0x000D20	CPU Real-time OS 中断	4	—
EMUINT	0x000D22	CPU 仿真器中断	2	—
NMI	0x000D24	非屏蔽中断	3	—
ILLEGAL	0x000D26	非法操作	—	—

续表 3.3.2

名称	地址	功能	CPU 优先级	PIE 组内优先级
USER1	0x000D28	用户自定义中断	—	—
USER2	0x000D2A	用户自定义中断	—	—
USER3	0x000D2C	用户自定义中断	—	—
USER4	0x000D2E	用户自定义中断	—	—
USER5	0x000D30	用户自定义中断	—	—
USER6	0x000D32	用户自定义中断	—	—
USER7	0x000D34	用户自定义中断	—	—
USER8	0x000D36	用户自定义中断	—	—
USER9	0x000D38	用户自定义中断	—	—
USER10	0x000D3A	用户自定义中断	—	—
USER11	0x000D3C	用户自定义中断	—	—
USER12	0x000D3E	用户自定义中断	—	—
PIE 1 组中断向量(汇入 CPU INT1)				
INT1.1	0x000D40	PDPINTA(EVA)	5	1
INT1.2	0x000D42	PDPINTB(EVB)	5	2
INT1.3	0x000D44	保留	5	3
INT1.4	0x000D46	XINT1	5	4
INT1.5	0x000D48	XINT2	5	5
INT1.6	0x000D4A	ADCINT	5	6
INT1.7	0x000D4C	TINT0(CPU-Timer0)	5	7
INT1.8	0x000D4E	WAKEINT(LPM/WD)	5	8
PIE 2 组中断向量(汇入 CPU INT2)				
INT2.1	0x000D50	CMP1INT(EVA)	6	1
INT2.2	0x000D52	CMP2INT(EVA)	6	2
INT2.3	0x000D54	CMP3INT(EVA)	6	3
INT2.4	0x000D56	T1PINT(EVA)	6	4
INT2.5	0x000D58	T1CINT(EVA)	6	5
INT2.6	0x000D5A	T1UFINT(EVA)	6	6
INT2.7	0x000D5C	T1OFINT(EVA)	6	7
INT2.8	0x000D5E	保留	6	8

续表 3.3.2

名称	地址	功能	CPU 优先级	PIE 组内优先级
PIE 3 组中断向量(汇入 CPU INT3)				
INT3.1	0x000D60	T2PINT(EVA)	7	1
INT3.2	0x000D62	T2CINT(EVA)	7	2
INT3.3	0x000D64	T2UFINT(EVA)	7	3
INT3.4	0x000D66	T2OFINT(EVA)	7	4
INT3.5	0x000D68	CAPINT1(EVA)	7	5
INT3.6	0x000D6A	CAPINT2(EVA)	7	6
INT3.7	0x000D6C	CAPINT3(EVA)	7	7
INT3.8	0x000D6E	保留	7	8
PIE 4 组中断向量(汇入 CPU INT4)				
INT4.1	0x000D70	CMP4INT(EVB)	8	1
INT4.2	0x000D72	CMP5INT(EVB)	8	2
INT4.3	0x000D74	CMP6INT(EVB)	8	3
INT4.4	0x000D76	T3PINT(EVB)	8	4
INT4.5	0x000D78	T3CINT(EVB)	8	5
INT4.6	0x000D7A	T3UFINT(EVB)	8	6
INT4.7	0x000D7C	T3OFINT(EVB)	8	7
INT4.8	0x000D7E	保留	8	8
PIE 5 组中断向量(汇入 CPU INT5)				
INT5.1	0x000D80	T4PINT(EVB)	9	1
INT5.2	0x000D82	T4CINT(EVB)	9	2
INT5.3	0x000D84	T4UFINT(EVB)	9	3
INT5.4	0x000D86	T4OFINT(EVB)	9	4
INT5.5	0x000D88	CAPINT4(EVB)	9	5
INT5.6	0x000D8A	CAPINT5(EVB)	9	6
INT5.7	0x000D8C	CAPINT6(EVB)	9	7
INT5.8	0x000D8E	保留	9	8
PIE 6 组中断向量(汇入 CPU INT6)				
INT6.1	0x000D90	SPIRXINTA(SPI)	10	1
INT6.2	0x000D92	SPITXINTA(SPI)	10	2
INT6.3	0x000D94	保留	10	3

续表 3.3.2

名称	地址	功能	CPU 优先级	PIE 组内优先级
INT6.4	0x000D96	保留	10	4
INT6.5	0x000D98	MPINT(McBSP)	10	5
INT6.6	0x000D9A	MXINT(McBSP)	10	6
INT6.7	0x000D9C	保留	10	7
INT6.8	0x000D9E	保留	10	8
PIE 7 组中断向量(汇入 CPU INT7)保留未用				
PIE 8 组中断向量(汇入 CPU INT8)保留未用				
PIE 9 组中断向量(汇入 CPU INT9)				
INT9.1	0x000DC0	SCIRXINTA(SCI-A)	13	1
INT9.2	0x000DC2	SCITXINTA(SCI-A)	13	2
INT9.3	0x000DC4	SCIRXINTB(SCI-B)	13	3
INT9.4	0x000DC6	SCITXINTB(SCI-B)	13	4
INT9.5	0x000DC8	ECAN0INT(ECAN)	13	5
INT9.6	0x000DCA	ECAN1INT(ECAN)	13	6
INT9.7	0x000DCC	保留	13	7
INT9.8	0x000DCE	保留	13	8
PIE 10 组中断向量(汇入 CPU INT10)保留未用				
PIE 11 组中断向量(汇入 CPU INT11)保留未用				
PIE 12 组中断向量(汇入 CPU INT12)保留未用				

表 3.3.2 对每一个 PIE 中断向量都做了详细罗列,读者在具体编程时,也可以参阅表 3.3.3 的 PIE 中断向量汇总表,来初步规划中断向量的使用。

表 3.3.3 PIE 中断向量汇总表

CPU Interrupts	PIE Interrupts							
	INTx.8	INTx.7	INTx.6	INTx.5	INTx.4	INTx.3	INTx.2	INTx.1
INT1.y	$\overline{\text{WAKEINT}}$ (LPM/WD)	TINT0 (TIMER 0)	ADCINT (ADC)	XINT2	XINT1	Reserved	PDPINTB (EV-B)	PDPINTA (EV-A)
INT2.y	Reserved	T1OFINT (EV-A)	T1UFINT (EV-A)	T1CINT (EV-A)	T1PINT (EV-A)	CMP3INT (EV-A)	CMP2INT (EV-A)	CMP1INT (EV-A)
INT3.y	Reserved	CAPINT3 (EV-A)	CAPINT2 (EV-A)	CAPINT1 (EV-A)	T2OFINT (EV-A)	T2UFINT (EV-A)	T2CINT (EV-A)	T2PINT (EV-A)
INT4.y	Reserved	T3OFINT (EV-B)	T3UFINT (EV-B)	T3CINT (EV-B)	T3PINT (EV-B)	CMP6INT (EV-B)	CMP5INT (EV-B)	CMP4INT (EV-B)

续表 3.3.3

CPU Interrupts	PIE Interrupts							
	INTx.8	INTx.7	INTx.6	INTx.5	INTx.4	INTx.3	INTx.2	INTx.1
INT5.y	Reserved	CAPINT6 (EV-B)	CAPINT5 (EV-B)	CAPINT4 (EV-B)	T4OFINT (EV-B)	T4UFINT (EV-B)	T4CINT (EV-B)	T4PINT (EV-B)
INT6.y	Reserved	Reserved	MXINT (McBSP)	MRINT (McBSP)	Reserved	Reserved	SPITXINTA (SPI)	SPIRXINTA (SPI)
INT7.y	Reserved	Reserved	Reserved	Reserved	Reserved	Reserved	Reserved	Reserved
INT8.y	Reserved	Reserved	Reserved	Reserved	Reserved	Reserved	Reserved	Reserved
INT9.y	Reserved	Reserved	ECAN1INT (CAN)	ECANOINT (CAN)	SCITXINTB (SCI-B)	SCIRXINTB (SCI-B)	SCITXINTB (SCI-A)	SCIRXINTA (SCI-A)
INT10.y	Reserved	Reserved	Reserved	Reserved	Reserved	Reserved	Reserved	Reserved
INT11.y	Reserved	Reserved	Reserved	Reserved	Reserved	Reserved	Reserved	Reserved
INT12.y	Reserved	Reserved	Reserved	Reserved	Reserved	Reserved	Reserved	Reserved

3.3.5 PIE 中断相关寄存器

PIE 部分存在各种控制寄存器(这些寄存器都是 16 位),这些寄存器协调管理整个 DSP 的中断事务,PIE 中断相关寄存器见表 3.3.4。

表 3.3.4　PIE 寄存器表

名称	地址	功能
PIECTRL	0x000CE0	PIE 控制寄存器
PIEACK	0x000CE1	PIE 中断应答寄存器
PIEIER1	0x000CE2	PIE 1 组中断使能寄存器
PIEIFR1	0x000CE3	PIE 1 组中断标志寄存器
PIEIER2	0x000CE4	PIE 2 组中断使能寄存器
PIEIFR2	0x000CE5	PIE 2 组中断标志寄存器
PIEIER3	0x000CE6	PIE 3 组中断使能寄存器
PIEIFR3	0x000CE7	PIE 3 组中断标志寄存器
PIEIER4	0x000CE8	PIE 4 组中断使能寄存器
PIEIFR4	0x000CE9	PIE 4 组中断标志寄存器

续表 3.3.4

名称	地址	功能
PIEIER5	0x000CEA	PIE 5 组中断使能寄存器
PIEIFR5	0x000CEB	PIE 5 组中断标志寄存器
PIEIER6	0x000CEC	PIE 6 组中断使能寄存器
PIEIFR6	0x000CED	PIE 6 组中断标志寄存器
PIEIER7	0x000CEE	PIE 7 组中断使能寄存器
PIEIFR7	0x000CEF	PIE 7 组中断标志寄存器
PIEIER8	0x000CF0	PIE 8 组中断使能寄存器
PIEIFR8	0x000CF1	PIE 8 组中断标志寄存器
PIEIER9	0x000CF2	PIE 9 组中断使能寄存器
PIEIFR9	0x000CF3	PIE 9 组中断标志寄存器
PIEIER10	0x000CF4	PIE 10 组中断使能寄存器
PIEIFR10	0x000CF5	PIE 10 组中断标志寄存器
PIEIER11	0x000CF6	PIE 11 组中断使能寄存器
PIEIFR11	0x000CF7	PIE 11 组中断标志寄存器
PIEIER12	0x000CF8	PIE 12 组中断使能寄存器
PIEIFR12	0x000CF9	PIE 12 组中断标志寄存器

1. PIE 控制寄存器(PIECTRL)

PIE 控制寄存器控制 PIE 中断管理部分的使能，同时还标志 PIE 向量的地址。寄存器结构如图 3.3.6 所示。

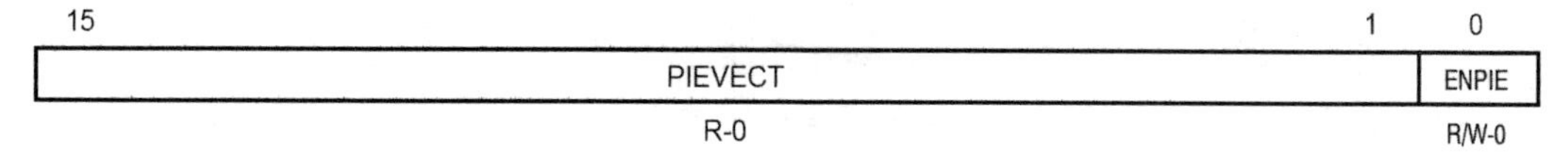

图 3.3.6　PIE 控制寄存器(PIECTRL)

该寄存器位于地址 CE0 处，包括 ENPIE 位和 PIEVECT 位。

位 15 ~ 位 1：PIEVECT，这些位标志从 PIE 向量表取回的向量地址。

位 0：　ENPIE，PIE 中断管理部分使能位，该位置 1，PIE 使能，所有中断向量取自 PIE 向量表；该位置 0，PIE 无效，中断向量取自引导 ROM 或 XINTF7 区外部接口(需要注意，不论 PIE 是否使能，复位向量 RESET 总是取自引导 ROM 或 XINTF7 区)。

2. PIE 中断应答寄存器(PIEACKx)

PIE 中断应答寄存器配合 PIE 中断管理部分完成 PIE 中断应答位的管理控制。

该寄存器位于地址 CE1 处，包括 PIEACK 位。

位 11 ~ 位 0：PIEACK，共 12 位，位 0 ~ 位 11 分别对应 INT1 ~ INT12。该位置 1 表示同

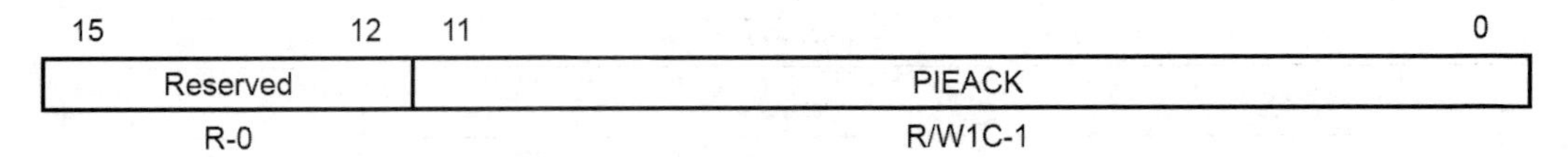

图 3.3.7 PIE 中断应答寄存器(PIEACKx)

组 PIE 中断中有尚未处理完成的中断,该位为 0,则表示没有未处理的 PIE 中断,该寄存器位为写 1 清零。

3. PIE 中断标志寄存器(PIEIFRx)

PIE 中断标志寄存器用来标志相应的 PIE 中断,PIE 中断分为 12 组,对应的 PIEIFR 寄存器为 12 个,每个 PIEIFR 寄存器使用低 8 位标志每组中的每个 PIE 中断。具体结构如图 3.3.8 所示。

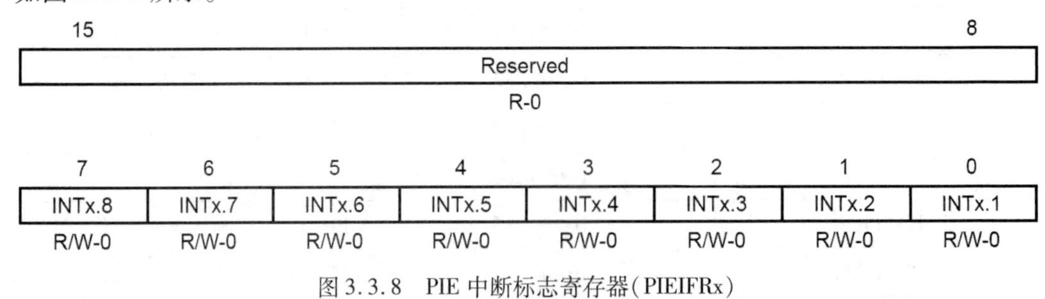

图 3.3.8 PIE 中断标志寄存器(PIEIFRx)

位 7:PIE 中断标志位,该位标志 INTx.8 中断是否产生。该位置 1 表示该中断信号产生,当中断处理完成或向该位写 0 时,该位清零。

位 6:PIE 中断标志位,该位标志 INTx.7 中断是否产生。该位置 1 表示该中断信号产生,当中断处理完成或向该位写 0 时,该位清零。

位 5:PIE 中断标志位,该位标志 INTx.6 中断是否产生。该位置 1 表示该中断信号产生,当中断处理完成或向该位写 0 时,该位清零。

位 4:PIE 中断标志位,该位标志 INTx.5 中断是否产生。该位置 1 表示该中断信号产生,当中断处理完成或向该位写 0 时,该位清零。

位 3:PIE 中断标志位,该位标志 INTx.4 中断是否产生。该位置 1 表示该中断信号产生,当中断处理完成或向该位写 0 时,该位清零。

位 2:PIE 中断标志位,该位标志 INTx.3 中断是否产生。该位置 1 表示该中断信号产生,当中断处理完成或向该位写 0 时,该位清零。

位 1:PIE 中断标志位,该位标志 INTx.2 中断是否产生。该位置 1 表示该中断信号产生,当中断处理完成或向该位写 0 时,该位清零。

位 0:PIE 中断标志位,该位标志 INTx.1 中断是否产生。该位置 1 表示该中断信号产生,当中断处理完成或向该位写 0 时,该位清零。

4. PIE 中断使能寄存器(PIEIERx)

PIE 中断使能寄存器用来使能相应的 PIE 中断,PIE 中断分为 12 组,对应的 PIEIER 寄存器为 12 个,每个 PIEIER 寄存器使用低 8 位分别使能每组中的每个 PIE 中断。具体结构如图 3.3.9 所示。

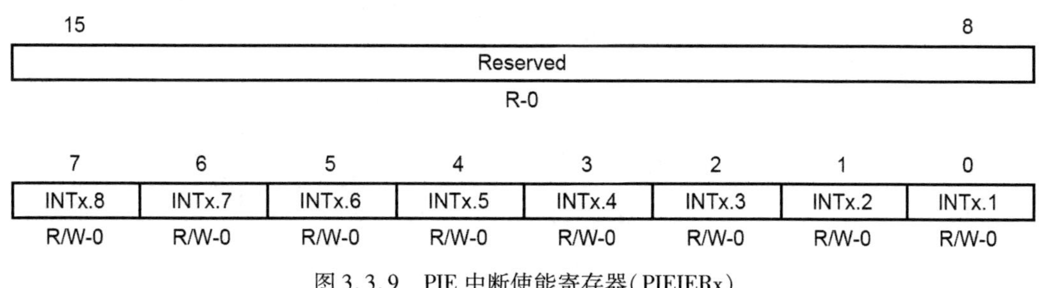

图 3.3.9　PIE 中断使能寄存器(PIEIERx)

位 7:PIE 中断使能位,该位用来使能 INTx.8 中断。该位置 1 表示该中断被使能,该位清零,标志该中断被禁止。

位 6:PIE 中断使能位,该位用来使能 INTx.7 中断。该位置 1 表示该中断被使能,该位清零,标志该中断被禁止。

位 5:PIE 中断使能位,该位用来使能 INTx.6 中断。该位置 1 表示该中断被使能,该位清零,标志该中断被禁止。

位 4:PIE 中断使能位,该位用来使能 INTx.5 中断。该位置 1 表示该中断被使能,该位清零,标志该中断被禁止。

位 3:PIE 中断使能位,该位用来使能 INTx.4 中断。该位置 1 表示该中断被使能,该位清零,标志该中断被禁止。

位 2:PIE 中断使能位,该位用来使能 INTx.3 中断。该位置 1 表示该中断被使能,该位清零,标志该中断被禁止。

位 1:PIE 中断使能位,该位用来使能 INTx.2 中断。该位置 1 表示该中断被使能,该位清零,标志该中断被禁止。

位 0:PIE 中断使能位,该位用来使能 INTx.1 中断。该位置 1 表示该中断被使能,该位清零,标志该中断被禁止。

3.3.6　外部中断控制寄存器

在 TI28XDSP 系列中有部分型号 DSP(如 TMS320F2812)支持 3 个外部可屏蔽中断:XINT1、XINT2、XINT13(XNMI),因为存在芯片外的中断扩展引脚,因此这 3 个中断在实际应用中也被广泛使用,配合相关控制寄存器,可以对每个中断的触发方式和计数形式进行配置。

1. XINT1 控制寄存器(XINT1CR)

XINT1 控制寄存器用来控制外部中断 XINT1 的特性。该寄存器位于地址 0x007070h 处。结构如图 3.3.10 所示。

位 2:Polarity,触发方式设置位,该位控制 XINT1 中断信号产生于上升还是下降沿。该位清零,在下降沿产生中断信号;该位置 1,在上升沿产生中断信号。

位 0:中断使能位,该位决定 XINT1 是否使能。该位置 1,XINT1 使能;该位清零,则 XINT1 无效。

2. XINT2 控制寄存器(XINT2CR)

XINT2 控制寄存器用来控制外部中断 XINT2 的特性。该寄存器位于地址 0x007071h

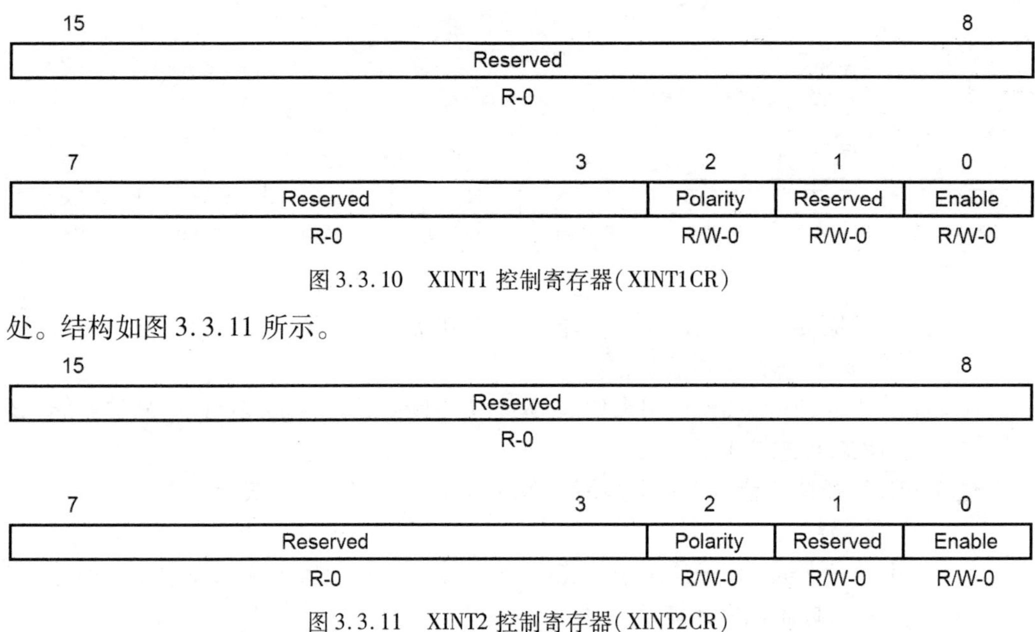

图 3.3.10　XINT1 控制寄存器(XINT1CR)

处。结构如图 3.3.11 所示。

图 3.3.11　XINT2 控制寄存器(XINT2CR)

位 2:Polarity,触发方式设置位,该位控制 XINT2 中断信号产生于上升还是下降沿。该位清零,在下降沿产生中断信号;该位置 1,在上升沿产生中断信号。

位 0:中断使能位,该位决定 XINT2 是否使能。该位置 1,XINT2 使能;该位清零,则 XINT2 无效。

3. NMI 控制寄存器(XNMICR)

NMI 控制寄存器用来控制外部中断 XINT13(XNMI)的特性。该寄存器位于地址 0x007077h 处。具体结构如图 3.3.12 所示。

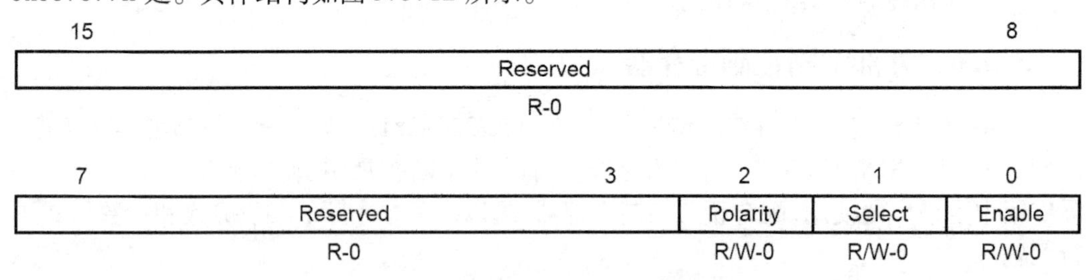

图 3.3.12　NMI 控制寄存器(XNMICR)

位 2:Polarity,触发方式设置位,该位控制 XINT2 中断信号产生于上升还是下降沿。该位清零,在下降沿产生中断信号;该位置 1,在上升沿产生中断信号。

位 1:Select,中断连接选择位,该位决定哪个信号连接到 XINT13。该位清零,定时器 1(Timer 1)连接到 XINT13;该位置 1,XNMI 连接到 XINT13。

位 0:中断使能位,该位决定 XINT2 是否使能。该位置 1,XINT2 使能;该位清零,则 XINT2 无效。

4. XINT1 计数器寄存器(XINT1CTR)

每个外部中断都可以作为一个 16 位的计数器来使用,当检测到一个中断信号,该计数器就复位为 0，计数器的计数脉冲来自系统时钟 SYSCLKOUT，因此使用这个功能能够对中断相关时间进行精确计算。下面介绍外中断的计数器寄存器。

XINT1 计数器寄存器（XINT1CTR）位于地址 0x007078h 处（图 3.3.13）。

15 ~ 0
INTCTR[15:0]
R-0

图 3.3.13　XINT1 计数器寄存器（XINT1CTR）

位 15 ~ 位 0：INTCTR，中断计数器。为 16 位计数器，计数脉冲来自 SYSCLKOUT。当系统检测到一个有效中断时，该计数器复位为 0，然后根据 SYSCLKOUT 进行计数，直到检测到下一个有效中断。该计数器是自由运行计数器，累加至最大值后将重新从 0 开始计数。

5. XINT2 计数器寄存器（XINT2CTR）

XINT2 计数器寄存器（XINT2CTR）位于地址 0x007079h 处（图 3.3.14）。

15 ~ 0
INTCTR[15:0]
R-0

图 3.3.14　XINT2 计数器寄存器（XINT2CTR）

位 15 ~ 位 0：INTCTR，中断计数器。为 16 位计数器，计数脉冲来自 SYSCLKOUT。当系统检测到一个有效中断时，该计数器复位为 0，然后根据 SYSCLKOUT 进行计数，直到检测到下一个有效中断。该计数器是自由运行计数器，累加至最大值后将重新从 0 开始计数。

6. NMI 计数器寄存器（XNMICTR）

NMI 计数器寄存器（XNMICTR）位于地址 0x00707Fh 处（图 3.3.15）。

15 ~ 0
INTCTR[15:0]
R-0

图 3.3.15　NMI 计数器寄存器（XNMICTR）

位 15 ~ 位 0：INTCTR，中断计数器。为 16 位计数器，计数脉冲来自 SYSCLKOUT。当系统检测到一个有效中断时，该计数器复位为 0，然后根据 SYSCLKOUT 进行计数，直到检测到下一个有效中断。该计数器是自由运行计数器，累加至最大值后将重新从 0 开始计数。

3.4　CPU 定时器

C28XCPU 内部含有 3 个 32 位定时器（TIMER0/1/2），其中 TIMER1 和 TIMER2 用于实时操作系统，TIMER0 可供用户使用。

与 CPU 定时器 TIMERx 相关的控制寄存器包括：TIMERxTIM，TIMERxTIMH，TIMERx-

PRD,TIMERxPRDH,TIMERxTCR,TIMERxTPR,TIMERxTPRH。

CPU 内部的 32 位定时器工作原理图如图 3.4.1 所示。该定时器计数时钟来自 SYSCLKOUT 信号,当每次定时器复位或系统复位时,寄存器 TDDRH:TDDR 值装入寄存器 PSCH:PSC 中,寄存器 PRDH:PRD 值装入寄存器 TIMH:TIM 中,定时器启动后,每一个 SYSCLKOUT 时钟信号到来,寄存器 PSCH:PSC 值会减 1,直到该寄存器值为 0,如图3.4.1 所示,此时,寄存器 PSCH:PSC 会输出一个定时脉冲,而寄存器 TIMH:TIM 值会减 1,即每一个完整的寄存器 TDDRH:TDDR 定时周期结束后,寄存器 TIMH:TIM 值会减 1,直到该寄存器值为 0,输出 TINT 定时器中断信号。

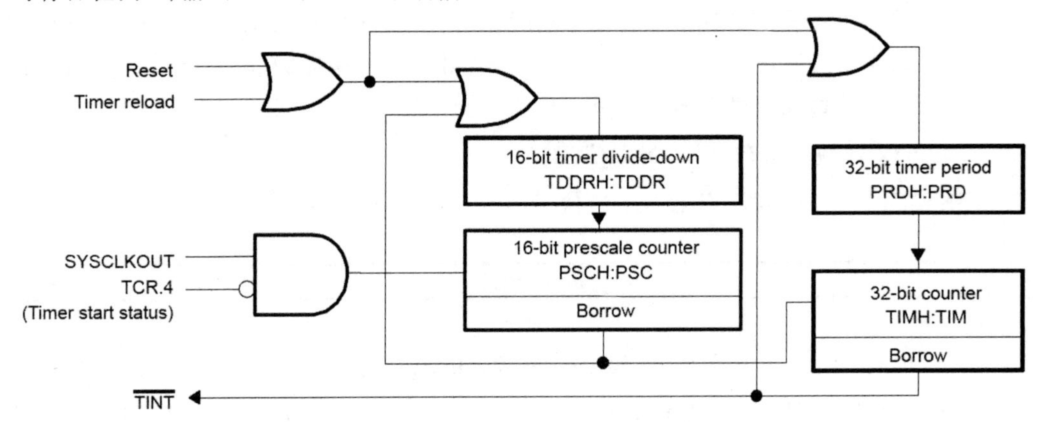

图 3.4.1　CPU 定时器功能结构图

图 3.4.2 为 CPU 定时器的中断信号关系图。可见 CPU-TIMER0 产生 TINT0 中断信号,并入 PIE 部分统一管理。

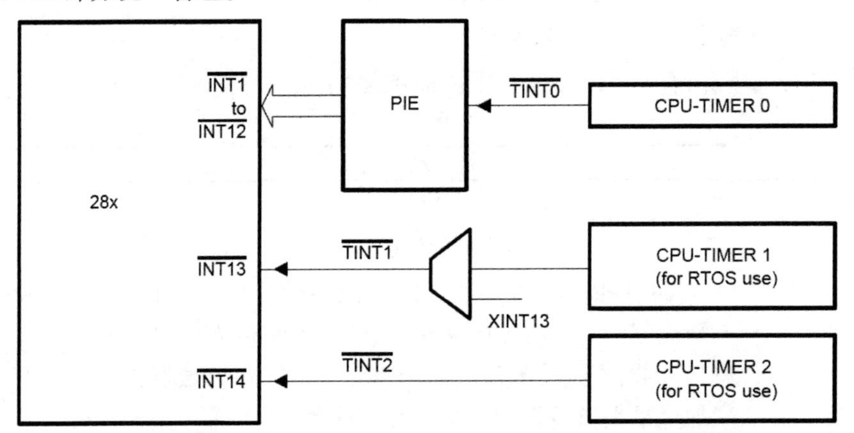

图 3.4.2　CPU 定时器中断结构图

下面介绍 CPU 定时器的相关寄存器。CPU 定时器包括 TIMER0/1/2,由于用户只能使用 TIMER0,所以这里仅介绍 TIMER0 的相关寄存器。从表 3.4.1 CPU 定时器寄存器汇总表可见,TIMER0/1/2 的寄存器配置是完全类似的,包含:计数寄存器 TIMERxTIM、TIMERxTIMH;周期寄存器 TIMERxPRD、TIMERxPRDH;预分频寄存器 TIMERxTPR、TIMERxTPRH;控制寄存器 TIMERxTCR。

表 3.4.1　CPU 定时器寄存器表

名称	地址	功能
TIMER0TIM	0x000C00	CPU 定时器 0 低 16 位计数寄存器
TIMER0TIMH	0x000C01	CPU 定时器 0 高 16 位计数寄存器
TIMER0PRD	0x000C02	CPU 定时器 0 低 16 位周期寄存器
TIMER0PRDH	0x000C03	CPU 定时器 0 高 16 位周期寄存器
TIMER0TCR	0x000C04	CPU 定时器 0 控制寄存器
TIMER0TPR	0x000C06	CPU 定时器 0 低 16 位预分频寄存器
TIMER0TPRH	0x000C07	CPU 定时器 0 高 16 位预分频寄存器
TIMER1TIM	0x000C08	CPU 定时器 1 低 16 位计数寄存器
TIMER1TIMH	0x000C09	CPU 定时器 1 高 16 位计数寄存器
TIMER1PRD	0x000C0A	CPU 定时器 1 低 16 位周期寄存器
TIMER1PRDH	0x000C0B	CPU 定时器 1 高 16 位周期寄存器
TIMER1TCR	0x000C0C	CPU 定时器 1 控制寄存器
TIMER1TPR	0x000C0E	CPU 定时器 1 低 16 位预分频寄存器
TIMER1TPRH	0x000C0F	CPU 定时器 1 高 16 位预分频寄存器
TIMER2TIM	0x000C10	CPU 定时器 2 低 16 位计数寄存器
TIMER2TIMH	0x000C11	CPU 定时器 2 高 16 位计数寄存器
TIMER2PRD	0x000C12	CPU 定时器 2 低 16 位周期寄存器
TIMER2PRDH	0x000C13	CPU 定时器 2 高 16 位周期寄存器
TIMER2TCR	0x000C14	CPU 定时器 2 控制寄存器
TIMER2TPR	0x000C16	CPU 定时器 2 低 16 位预分频寄存器
TIMER2TPRH	0x000C17	CPU 定时器 2 高 16 位预分频寄存器

1. 计数寄存器 TIMERxTIM、TIMERxTIMH(图 3.4.3)

15 ～ 0
TIM
R/W-0

15 ～ 0
TIMH
R/W-0

图 3.4.3　计数寄存器 TIMERxTIM、TIMERxTIMH

TIMERxTIM、TIMERxTIMH 作为计数寄存器，TIMERxTIM 保存计数值的低 16 位，TIMERxTIMH 保存计数值的高 16 位，当 TIMERxTIM、TIMERxTIMH 值递减为 0 时，会重装 TIMERxPRD、TIMERxPRDH 值。

2. 周期寄存器 TIMERxPRD、TIMERxPRDH(图 3.4.4)

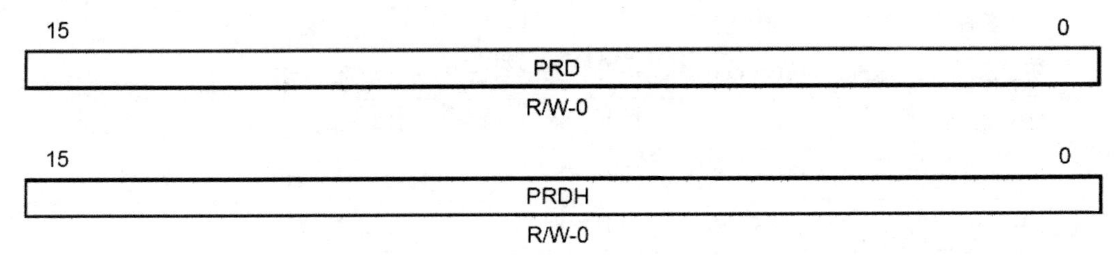

图 3.4.4　周期寄存器 TIMERxPRD、TIMERxPRDH

TIMERxPRD、TIMERxPRDH 作为周期寄存器,TIMERxPRD 保存周期值的低 16 位,TIMERxPRDH 保存周期值的高 16 位,该值作为每次 CPU 定时器重装时的初始值。

3. 预分频寄存器 TIMERxTPR、TIMERxTPRH(图 3.4.5)

15～8	7～0
PSC	TDDR
R-0	R/W-0

15～8	7～0
PSCH	TDDRH
R-0	R/W-0

图 3.4.5　预分频寄存器 TIMERxTPR、TIMERxTPRH

如前文所述,CPU 定时器为 2 级递减计数形式,第 1 级计数由 TDDRH:TDDR 寄存器和 PSCH:PSC 寄存器共同组成,前者 TDDRH:TDDR 完成由 SYSCLKOUT 信号驱动的递减计数,后者 PSCH:PSC 保存第 1 级计数的周期值,该值在每次 TDDRH:TDDR 递减为 0 或 CPU 定时器重装时载入。需要注意的是:这里 TIMERxTPR、TIMERxTPRH 寄存器的高、低 8 位分别组成 TDDRH:TDDR 寄存器和 PSCH:PSC 寄存器。

4. 控制寄存器 TIMERxTCR(图 3.4.6)

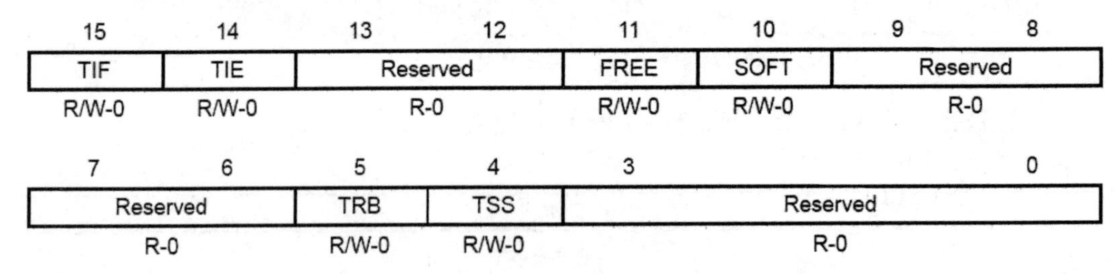

图 3.4.6　控制寄存器 TIMERxTCR

该寄存器控制 CPU 定时器的各工作状态。各位功能如下:

位 15:TIF,CPU 定时器中断标志位。当定时器计数递减为 0 时,该位置 1;通过向该位写 1 可以使该位清零。

位 14:TIE,CPU 定时器中断使能位。该位置 1,则使能 CPU 定时器中断,当定时器递减为 0 时,将产生中断请求。

位 11～位 10:CPU 定时器的仿真模式位。该位确定当产生高级语言调试断点时的定时器停止状态。

FREE　SOFT：

FREE	SOFT	
0	0	在下一次 TIMH：TIM 的递减计数后停止(Hard stop)
0	1	在 TIMH：TIM 的递减计数到 0 后停止(Soft stop)
1	0	不停止，正常运行
1	1	不停止，正常运行

位 5：TRB，CPU 定时器重装位。向该位写 1 重装定时器，即寄存器 TDDRH：TDDR 值装入寄存器 PSCH：PSC 中，寄存器 PRDH：PRD 值装入寄存器 TIMH：TIM 中。

位 4：TSS，CPU 定时器停止状态位。该位用来标志 CPU 定时器的运行/停止状态。该位置 1，停止 CPU 定时器；该位清零，启动 CPU 定时器。

3.5　看门狗模块

看门狗模块(Watchdog Block)是系统可靠性设计的重要组成部分，因为任何微处理器系统都难以完全避免由于外界干扰等原因产生的程序锁死或跑飞之类故障，因此必须有一种监控机制，当系统出现问题时能够复位系统、重新开始，而这就是看门狗模块的功能。

TI28XDSP 看门狗的作用如图 3.5.1 所示：看门狗模块接收时钟信号 OSCCLK，使看门狗计数器 WDCNTR 达到最大值并产生看门狗事件($\overline{\mathrm{WDRST}}$看门狗复位或$\overline{\mathrm{WDINT}}$看门狗中断)，要避免看门狗事件发生，可以通过关闭看门狗(通常在调试程序时)或在计数器达到最大值前将 0x55 ~ 0xAA 序列写入看门狗密匙寄存器以复位计数器。显然，当程序锁死或跑飞故障发生时，程序将不能按时把 0x55 ~ 0xAA 序列写入看门狗密匙寄存器以复位计数器，就会使看门狗复位系统，解除故障。

通过 SCSR 寄存器可以设置看门狗计数器达到最大值时发生$\overline{\mathrm{WDRST}}$看门狗复位或$\overline{\mathrm{WDINT}}$看门狗中断。下面分别叙述：

(1)$\overline{\mathrm{WDRST}}$看门狗复位。看门狗计数器达到最大值时，$\overline{\mathrm{WDRST}}$信号将复位($\overline{\mathrm{XRS}}$)引脚拉低 512 个 OSCCLK 周期，系统复位。

(2)$\overline{\mathrm{WDINT}}$看门狗中断。看门狗计数器达到最大值时，将使$\overline{\mathrm{WDINT}}$信号为低电平 512 个 OSCCLK，并触发 WAKEINT 中断。看门狗中断信号可以使系统从 IDLE 和 STANDBY 低功耗模式中被唤醒。

下面介绍看门狗寄存器。

1. 看门狗计数寄存器 WDCNTR(图 3.5.2)

位 7 ~ 位 0：WDCNTR，看门狗计数器当前值。此 8 位计数器按看门狗时钟(WDCLK)频率递增计数，如果计数溢出，则看门狗复位。在复位前可通过把0x55 ~ 0xAA 序列写入看门狗密匙寄存器以复位该计数器。

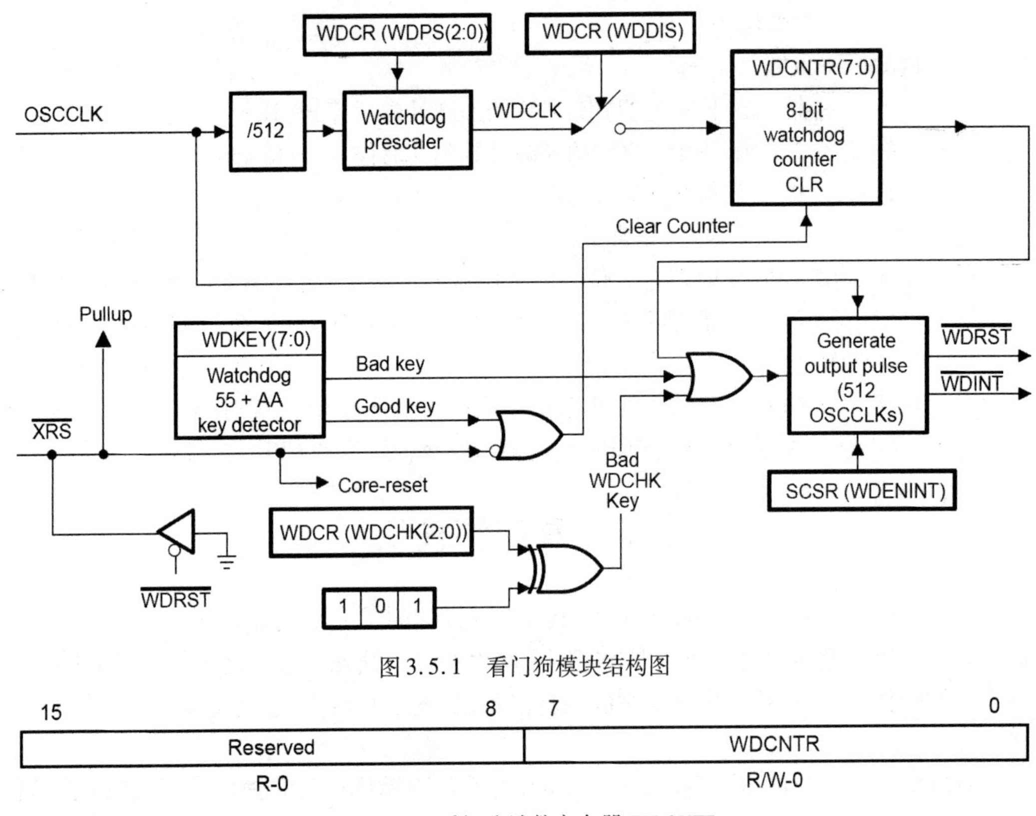

图 3.5.1 看门狗模块结构图

15 — 8	7 — 0
Reserved	WDCNTR
R-0	R/W-0

图 3.5.2 看门狗计数寄存器 WDCNTR

2. 看门狗密匙寄存器 WDKEY(图 3.5.3)

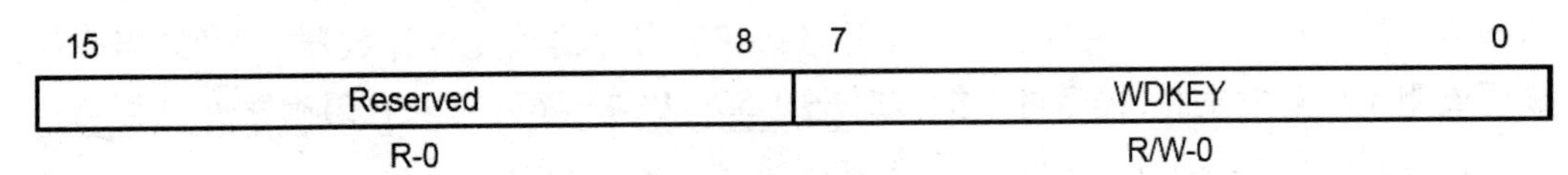

15 — 8	7 — 0
Reserved	WDKEY
R-0	R/W-0

图 3.5.3 看门狗密匙寄存器 WDKEY

位 7 ~ 位 0:WDKEY,看门狗复位密匙。向该位置写入 0x55 ~ 0xAA 序列,将清除看门狗计数寄存器 WDCNTR 计数值,写入其他任何值都会直接产生看门狗事件。

3. 看门狗控制寄存器 WDCR(图 3.5.4)

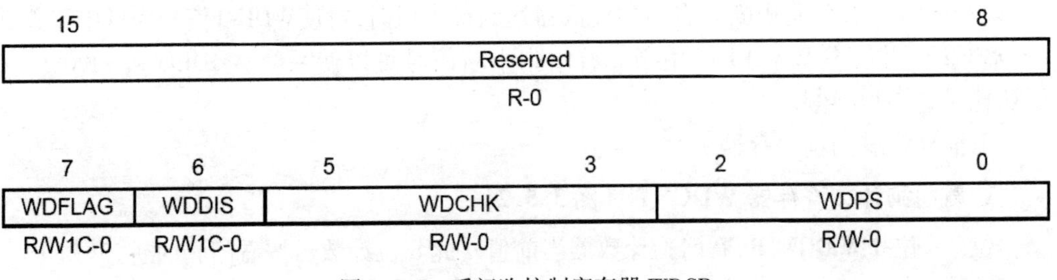

15 — 8
Reserved
R-0

7	6	5 — 3	2 — 0
WDFLAG	WDDIS	WDCHK	WDPS
R/W1C-0	R/W1C-0	R/W-0	R/W-0

图 3.5.4 看门狗控制寄存器 WDCR

位 7：WDFLAG，看门狗复位状态标志位。该位为 1，说明产生看门狗复位条件。该位通过写 1 清零。

位 6：WDDIS，看门狗屏蔽位。向该位写 1 则屏蔽看门狗功能，向该位写 0 则使能看门狗功能。需要注意：只有当 SCSR 寄存器的 WDOVERRIDE 位为 1 时，才可以修改该位状态。系统复位后缺省状态下，看门狗功能是使能的。

位 5 ~ 位 3：WDCHK，看门狗检查位。这 3 位任何时候只能写入 1、0、1，写入其他数值都会产生看门狗复位。

位 2 ~ 位 0：WDPS，看门狗时钟位。这 3 位确定看门狗时钟的分频情况。具体如下：

000：WDCLK = OSCCLK/512/1

001：WDCLK = OSCCLK/512/1

010：WDCLK = OSCCLK/512/2

011：WDCLK = OSCCLK/512/4

100：WDCLK = OSCCLK/512/8

101：WDCLK = OSCCLK/512/16

110：WDCLK = OSCCLK/512/32

111：WDCLK = OSCCLK/512/64

4. 系统控制及状态寄存器 SCSR

该寄存器位于地址 0x007022 处，结构如图 3.5.5 所示。

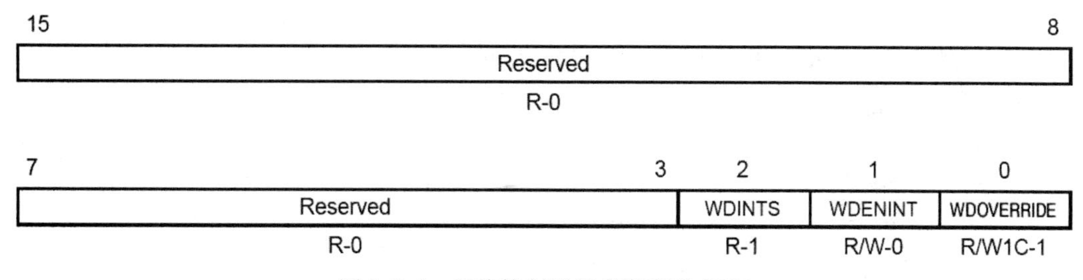

图 3.5.5　系统控制及状态寄存器 SCSR

位 2：WDINTS，看门狗中断状态位。该位反映看门狗模块 $\overline{\text{WDINT}}$ 信号状态。

位 1：WDENINT，该位为 1，看门狗中断信号 $\overline{\text{WDINT}}$ 使能，看门狗复位信号 $\overline{\text{WDRST}}$ 关闭；该位为 0，看门狗中断信号 $\overline{\text{WDINT}}$ 关闭，看门狗复位信号 $\overline{\text{WDRST}}$ 使能。

位 0：WDOVERRIDE，该位为 1，允许用户更改看门狗控制寄存器 WDCR 中的看门狗屏蔽位 WDDIS；该位为 0，则不允许用户更改看门狗控制寄存器 WDCR 中的看门狗屏蔽位 WDDIS 状态。该位写 1 清零。

3.6　演示程序

本章的演示程序 Time 是用来示范 CPU 定时器 Timer 0 以及 DSP PIE 部分的使用方法。通过 PIE 管理 CPU 的定时器中断，通过程序的控制，使其在每一次中断发生时，对演示验证板上的 4 个 LED 灯做一次累加操作。

在 Time. prj 工程中,包含很多文件。这里介绍其中的主要部分。

首先是 DSP281x_SysCtrl. h 头文件,该文件定义了 DSP 中与系统控制相关的数据结构,下面引用该文件中的前面一部分。

```
#ifndef DSP281x_SYS_CTRL_H
#define DSP281x_SYS_CTRL_H
#ifdef __cplusplus
extern "C"{
#endif

// High speed peripheral clock register bit
struct HISPCP_BITS  {
    Uint16 HSPCLK:3;
    Uint16 rsvd1:13;
};
union HISPCP_REG {
    Uint16              all;
    struct HISPCP_BITS  bit;
};

// Low speed peripheral clock register bit definitions:
struct LOSPCP_BITS  {
    Uint16 LSPCLK:3;
    Uint16 rsvd1:13;
};
union LOSPCP_REG {
    Uint16              all;
    struct LOSPCP_BITS  bit;
};

// Peripheral clock control register bit definitions:
struct PCLKCR_BITS  {
    Uint16 EVAENCLK:1;
    Uint16 EVBENCLK:1;
    Uint16 rsvd1:1;
    Uint16 ADCENCLK:1;
    Uint16 rsvd2:4;
    Uint16 SPIENCLK:1;
    Uint16 rsvd3:1;
```

```
    Uint16 SCIAENCLK:1;
    Uint16 SCIBENCLK:1;
    Uint16 MCBSPENCLK:1;
    Uint16 rsvd4:1;
    Uint16 ECANENCLK:1;
};
union PCLKCR_REG {
    Uint16                  all;
    struct PCLKCR_BITS   bit;
};

// PLL control register bit
struct PLLCR_BITS {
    Uint16 DIV:4;
    Uint16 rsvd1:12;
};
union PLLCR_REG {
    Uint16                  all;
    struct PLLCR_BITS   bit;
};
//上面的定义形式在其他头文件中已经见过,这里定义了低速外设时钟寄存器数据
//结构、高速外设时钟寄存器数据结构、PLL控制寄存器数据结构。下面的内容省略
//有兴趣的读者请参考源文件
```

接下来是DSP281x_CpuTimers.h头文件,该文件定义了CPU定时器相关的数据结构、宏定义、函数等。下面引用该文件。文件中数据结构的定义形式和其他头文件类似,这里不再赘述。

```
#ifndef DSP281x_CPU_TIMERS_H
#define DSP281x_CPU_TIMERS_H
#ifdef __cplusplus
extern "C"{
#endif

// TCR: Control register bit definitions
struct   TCR_BITS {
    Uint16      rsvd1:4;
    Uint16      TSS:1;
    Uint16      TRB:1;
```

```
    Uint16      rsvd2:4;
    Uint16      SOFT:1;
    Uint16      FREE:1;
    Uint16      rsvd3:2;
    Uint16      TIE:1;
    Uint16      TIF:1;
};
union TCR_REG {
    Uint16              all;
    struct TCR_BITS     bit;
};

// TPR: Pre-scale low bit
struct  TPR_BITS {
    Uint16      TDDR:8;
    Uint16      PSC:8;
};
union TPR_REG {
    Uint16              all;
    struct TPR_BITS     bit;
};

// TPRH: Pre-scale high bit definitions:
struct  TPRH_BITS {
    Uint16      TDDRH:8;
    Uint16      PSCH:8;
};
union TPRH_REG {
    Uint16              all;
    struct TPRH_BITS bit;
};

// TIM, TIMH: Timer register
struct TIM_REG {
    Uint16   LSW;
    Uint16   MSW;
};
union TIM_GROUP {
```

```
    Uint32              all;
    struct TIM_REG    half;
};

// PRD, PRDH: Period register
struct PRD_REG {
    Uint16   LSW;
    Uint16   MSW;
};
union PRD_GROUP {
    Uint32              all;
    struct PRD_REG    half;
};

// CPU Timer Register File:
struct CPUTIMER_REGS {
    union TIM_GROUP TIM;    // Timer counter register
    union PRD_GROUP PRD;    // Period register
    union TCR_REG    TCR;    // Timer control register
    Uint16 rsvd1; // reserved
    union TPR_REG    TPR;// Timer pre-scale low
    union TPRH_REG    TPRH;// Timer pre-scale high
};

// CPU Timer Support Variables:
struct CPUTIMER_VARS {
    volatile struct   CPUTIMER_REGS   *RegsAddr;
    Uint32       InterruptCount;
    float    CPUFreqInMHz;
    float    PeriodInUSec;
};

// Function prototypes and external definitions
void InitCpuTimers(void);
void ConfigCpuTimer(struct CPUTIMER_VARS *Timer, float Freq, float Period);

extern volatile struct CPUTIMER_REGS CpuTimer0Regs;
extern struct CPUTIMER_VARS CpuTimer0;
```

```
// Start Timer:
#define StartCpuTimer0()    CpuTimer0Regs.TCR.bit.TSS = 0

// Stop Timer:
#define StopCpuTimer0()     CpuTimer0Regs.TCR.bit.TSS = 1

// Reload Timer With period Value:
#define ReloadCpuTimer0() CpuTimer0Regs.TCR.bit.TRB = 1

// Read 32-Bit Timer Value:
#define ReadCpuTimer0Counter() CpuTimer0Regs.TIM.all

// Read 32-Bit Period Value:
#define ReadCpuTimer0Period() CpuTimer0Regs.PRD.all

#ifdef __cplusplus
}
#endif
#endif
```

接下来是 DSP281x_PieCtrl.h 头文件,该文件定义了 DSP 的 PIE 相关寄存器的数据结构,下面引用该文件。文件中数据结构的定义形式和其他头文件类似,这里不再赘述。

```
#ifndef DSP281x_PIE_CTRL_H
#define DSP281x_PIE_CTRL_H
#ifdef __cplusplus
extern "C"{
#endif

// PIE Control Register bit
// PIECTRL: Register bit
struct PIECTRL_BITS {
   Uint16   ENPIE:1;
   Uint16   PIEVECT:15;
};
union PIECTRL_REG {
   Uint16                  all;
```

```
    struct PIECTRL_BITS   bit;
};
// PIEIER: Register bit
struct PIEIER_BITS {
    Uint16 INTx1:1;
    Uint16 INTx2:1;
    Uint16 INTx3:1;
    Uint16 INTx4:1;
    Uint16 INTx5:1;
    Uint16 INTx6:1;
    Uint16 INTx7:1;
    Uint16 INTx8:1;
    Uint16 rsvd:8;
};
union PIEIER_REG {
    Uint16                all;
    struct PIEIER_BITS    bit;
};

// PIEIFR: Register bit
struct PIEIFR_BITS {
    Uint16 INTx1:1;
    Uint16 INTx2:1;
    Uint16 INTx3:1;
    Uint16 INTx4:1;
    Uint16 INTx5:1;
    Uint16 INTx6:1;
    Uint16 INTx7:1;
    Uint16 INTx8:1;
    Uint16 rsvd:8;
};
union PIEIFR_REG {
    Uint16                all;
    struct PIEIFR_BITS    bit;
};

// PIEACK: Register bit
struct PIEACK_BITS {
```

```
    Uint16 ACK1:1;              // 0    Acknowledge PIE interrupt group 1
    Uint16 ACK2:1;              // 1    Acknowledge PIE interrupt group 2
    Uint16 ACK3:1;              // 2    Acknowledge PIE interrupt group 3
    Uint16 ACK4:1;              // 3    Acknowledge PIE interrupt group 4
    Uint16 ACK5:1;              // 4    Acknowledge PIE interrupt group 5
    Uint16 ACK6:1;              // 5    Acknowledge PIE interrupt group 6
    Uint16 ACK7:1;              // 6    Acknowledge PIE interrupt group 7
    Uint16 ACK8:1;              // 7    Acknowledge PIE interrupt group 8
    Uint16 ACK9:1;              // 8    Acknowledge PIE interrupt group 9
    Uint16 ACK10:1;             // 9    Acknowledge PIE interrupt group 10
    Uint16 ACK11:1;             // 10   Acknowledge PIE interrupt group 11
    Uint16 ACK12:1;             // 11   Acknowledge PIE interrupt group 12
    Uint16 rsvd:4;
};
union PIEACK_REG {
    Uint16                all;
    struct PIEACK_BITS    bit;
};

// PIE Control Register File
struct PIE_CTRL_REGS {
    union PIECTRL_REG PIECRTL;      // PIE control register
    union PIEACK_REG   PIEACK;      // PIE acknowledge
    union PIEIER_REG   PIEIER1;     // PIE INT1 IER register
    union PIEIFR_REG   PIEIFR1;     // PIE INT1 IFR register
    union PIEIER_REG   PIEIER2;     // PIE INT2 IER register
    union PIEIFR_REG   PIEIFR2;     // PIE INT2 IFR register
    union PIEIER_REG   PIEIER3;     // PIE INT3 IER register
    union PIEIFR_REG   PIEIFR3;     // PIE INT3 IFR register
    union PIEIER_REG   PIEIER4;     // PIE INT4 IER register
    union PIEIFR_REG   PIEIFR4;     // PIE INT4 IFR register
    union PIEIER_REG   PIEIER5;     // PIE INT5 IER register
    union PIEIFR_REG   PIEIFR5;     // PIE INT5 IFR register
    union PIEIER_REG   PIEIER6;     // PIE INT6 IER register
    union PIEIFR_REG   PIEIFR6;     // PIE INT6 IFR register
    union PIEIER_REG   PIEIER7;     // PIE INT7 IER register
    union PIEIFR_REG   PIEIFR7;     // PIE INT7 IFR register
    union PIEIER_REG   PIEIER8;     // PIE INT8 IER register
```

```
    union PIEIFR_REG   PIEIFR8;       // PIE INT8 IFR register
    union PIEIER_REG   PIEIER9;       // PIE INT9 IER register
    union PIEIFR_REG   PIEIFR9;       // PIE INT9 IFR register
    union PIEIER_REG   PIEIER10;      // PIE INT10 IER register
    union PIEIFR_REG   PIEIFR10;      // PIE INT10 IFR register
    union PIEIER_REG   PIEIER11;      // PIE INT11 IER register
    union PIEIFR_REG   PIEIFR11;      // PIE INT11 IFR register
    union PIEIER_REG   PIEIER12;      // PIE INT12 IER register
    union PIEIFR_REG   PIEIFR12;      // PIE INT12 IFR register
};

#define PIEACK_GROUP1    0x0001;
#define PIEACK_GROUP2    0x0002;
#define PIEACK_GROUP3    0x0004;
#define PIEACK_GROUP4    0x0008;
#define PIEACK_GROUP5    0x0010;
#define PIEACK_GROUP6    0x0020;
#define PIEACK_GROUP7    0x0040;
#define PIEACK_GROUP8    0x0080;
#define PIEACK_GROUP9    0x0100;
#define PIEACK_GROUP10   0x0200;
#define PIEACK_GROUP11   0x0400;
#define PIEACK_GROUP12   0x0800;

// PIE Control Registers External References & Function Declarations:
extern volatile struct PIE_CTRL_REGS PieCtrlRegs;
#ifdef __cplusplus
}
#endif
#endif
```

接下来是 DSP281x_PieVect.h 头文件，该文件定义了 DSP 的 PIE 中断向量表的相关寄存器数据结构，下面引用该文件。文件中数据结构的定义形式和其他头文件类似，这里不再赘述。

```
#ifndef DSP281x_PIE_VECT_H
#define DSP281x_PIE_VECT_H
#ifdef __cplusplus
```

```
extern "C"{
#endif

// PIE Interrupt Vector Table
// Create a user type called PINT (pointer to interrupt)
typedef interrupt void( * PINT)(void);

// Define Vector Table:
struct PIE_VECT_TABLE {
        PINT     PIE1_RESERVED;
        PINT     PIE2_RESERVED;
        PINT     PIE3_RESERVED;
        PINT     PIE4_RESERVED;
        PINT     PIE5_RESERVED;
        PINT     PIE6_RESERVED;
        PINT     PIE7_RESERVED;
        PINT     PIE8_RESERVED;
        PINT     PIE9_RESERVED;
        PINT     PIE10_RESERVED;
        PINT     PIE11_RESERVED;
        PINT     PIE12_RESERVED;
        PINT     PIE13_RESERVED;
// Non-Peripheral Interrupts:
        PINT     XINT13;        // XINT13
        PINT     TINT2;         // CPU-Timer2
        PINT     DATALOG;       // Datalogging interrupt
        PINT     RTOSINT;       // RTOS interrupt
        PINT     EMUINT;        // Emulation interrupt
        PINT     XNMI;          // Non-maskable interrupt
        PINT     ILLEGAL;       // Illegal operation TRAP
        PINT     USER1;         // User Defined trap 1
        PINT     USER2;         // User Defined trap 2
        PINT     USER3;         // User Defined trap 3
        PINT     USER4;         // User Defined trap 4
        PINT     USER5;         // User Defined trap 5
        PINT     USER6;         // User Defined trap 6
        PINT     USER7;         // User Defined trap 7
        PINT     USER8;         // User Defined trap 8
```

```
        PINT    USER9;      // User Defined trap 9
        PINT    USER10;     // User Defined trap 10
        PINT    USER11;     // User Defined trap 11
        PINT    USER12;     // User Defined trap 12

// Group 1 PIE Peripheral Vectors:
        PINT    PDPINTA;    // EV-A
        PINT    PDPINTB;    // EV-B
        PINT    rsvd1_3;
        PINT    XINT1;
        PINT    XINT2;
        PINT    ADCINT;     // ADC
        PINT    TINT0;      // Timer 0
        PINT    WAKEINT;    // WD
// Group 2 PIE Peripheral Vectors:
        PINT    CMP1INT;    // EV-A
        PINT    CMP2INT;    // EV-A
        PINT    CMP3INT;    // EV-A
        PINT    T1PINT;     // EV-A
        PINT    T1CINT;     // EV-A
        PINT    T1UFINT;    // EV-A
        PINT    T1OFINT;    // EV-A
        PINT    rsvd2_8;
// Group 3 PIE Peripheral Vectors:
        PINT    T2PINT;     // EV-A
        PINT    T2CINT;     // EV-A
        PINT    T2UFINT;    // EV-A
        PINT    T2OFINT;    // EV-A
        PINT    CAPINT1;    // EV-A
        PINT    CAPINT2;    // EV-A
        PINT    CAPINT3;    // EV-A
        PINT    rsvd3_8;
// Group 4 PIE Peripheral Vectors:
        PINT    CMP4INT;    // EV-B
        PINT    CMP5INT;    // EV-B
        PINT    CMP6INT;    // EV-B
        PINT    T3PINT;     // EV-B
        PINT    T3CINT;     // EV-B
```

```
        PINT    T3UFINT;     // EV-B
        PINT    T3OFINT;     // EV-B
        PINT    rsvd4_8;
// Group 5 PIE Peripheral Vectors:
        PINT    T4PINT;      // EV-B
        PINT    T4CINT;      // EV-B
        PINT    T4UFINT;     // EV-B
        PINT    T4OFINT;     // EV-B
        PINT    CAPINT4;     // EV-B
        PINT    CAPINT5;     // EV-B
        PINT    CAPINT6;     // EV-B
        PINT    rsvd5_8;
// Group 6 PIE Peripheral Vectors:
        PINT    SPIRXINTA;   // SPI-A
        PINT    SPITXINTA;   // SPI-A
        PINT    rsvd6_3;
        PINT    rsvd6_4;
        PINT    MRINTA;      // McBSP-A
        PINT    MXINTA;      // McBSP-A
        PINT    rsvd6_7;
        PINT    rsvd6_8;
// Group 7 PIE Peripheral Vectors:
        PINT    rsvd7_1;
        PINT    rsvd7_2;
        PINT    rsvd7_3;
        PINT    rsvd7_4;
        PINT    rsvd7_5;
        PINT    rsvd7_6;
        PINT    rsvd7_7;
        PINT    rsvd7_8;
// Group 8 PIE Peripheral Vectors:
        PINT    rsvd8_1;
        PINT    rsvd8_2;
        PINT    rsvd8_3;
        PINT    rsvd8_4;
        PINT    rsvd8_5;
        PINT    rsvd8_6;
        PINT    rsvd8_7;
```

```
        PINT        rsvd8_8;
// Group 9 PIE Peripheral Vectors:
        PINT        RXAINT;         // SCI-A
        PINT        TXAINT;         // SCI-A
        PINT        RXBINT;         // SCI-B
        PINT        TXBINT;         // SCI-B
        PINT        ECAN0INTA;      // eCAN
        PINT        ECAN1INTA;      // eCAN
        PINT        rsvd9_7;
        PINT        rsvd9_8;
// Group 10 PIE Peripheral Vectors:
        PINT        rsvd10_1;
        PINT        rsvd10_2;
        PINT        rsvd10_3;
        PINT        rsvd10_4;
        PINT        rsvd10_5;
        PINT        rsvd10_6;
        PINT        rsvd10_7;
        PINT        rsvd10_8;
// Group 11 PIE Peripheral Vectors:
        PINT        rsvd11_1;
        PINT        rsvd11_2;
        PINT        rsvd11_3;
        PINT        rsvd11_4;
        PINT        rsvd11_5;
        PINT        rsvd11_6;
        PINT        rsvd11_7;
        PINT        rsvd11_8;
// Group 12 PIE Peripheral Vectors:
        PINT        rsvd12_1;
        PINT        rsvd12_2;
        PINT        rsvd12_3;
        PINT        rsvd12_4;
        PINT        rsvd12_5;
        PINT        rsvd12_6;
        PINT        rsvd12_7;
        PINT        rsvd12_8;
};
```

```
// PIE Interrupt Vector Table External References & Function Declarations:
extern struct PIE_VECT_TABLE PieVectTable;

#ifdef __cplusplus
}
#endif
#endif
```

接下来是 DSP281x_SysCtrl. c 文件,该文件完成 DSP 的初始化功能,包括定义初始化需要的数据类型和初始化函数。下面引用该文件。

```
#include "DSP281x_Device.h"
#include "DSP281x_Examples.h"

// Functions that will be run from RAM need to be assigned to
// a different section.  This section will then be mapped to a load and
// run address using the linker cmd file.

#pragma CODE_SECTION(InitFlash, "ramfuncs");

//-------------------------------------------------------------------------
// InitSysCtrl:
//-------------------------------------------------------------------------
// This function initializes the System Control registers to a known state.
// - Disables the watchdog
// - Set the PLLCR for proper SYSCLKOUT frequency
// - Set the pre-scaler for the high and low frequency peripheral clocks
// - Enable the clocks to the peripherals

void InitSysCtrl(void)
{
   // Disable the watchdog
   DisableDog();
   // Initialize the PLLCR to 0xA
   InitPll(0xa);
   // Initialize the peripheral clocks
   InitPeripheralClocks();
```

```
}
// This function initializes the Flash Control registers
// This function MUST be executed out of RAM
void InitFlash(void)
{
   EALLOW;
   //Enable Flash Pipeline mode
   FlashRegs.FOPT.bit.ENPIPE = 1;
   //Set the Random Waitstate for the Flash
   FlashRegs.FBANKWAIT.bit.RANDWAIT = 5;
   //Set the Paged Waitstate for the Flash
   FlashRegs.FBANKWAIT.bit.PAGEWAIT = 5;
   //Set number of cycles to transition from sleep to standby
   FlashRegs.FSTDBYWAIT.bit.STDBYWAIT = 0x01FF;
   //Set number of cycles to transition from standby to active
   FlashRegs.FACTIVEWAIT.bit.ACTIVEWAIT = 0x01FF;
   EDIS;
   asm("RPT #7 || NOP");
}

// This function resets the watchdog timer
// Enable this function for using KickDog in the application
void KickDog(void)
{
     EALLOW;
     SysCtrlRegs.WDKEY = 0x0055;
     SysCtrlRegs.WDKEY = 0x00AA;
     EDIS;
}

// This function disables the watchdog timer
void DisableDog(void)
{
     EALLOW;
     SysCtrlRegs.WDCR= 0x0068;
     EDIS;
}
```

```
// This function initializes the PLLCR register

void InitPll( Uint16 val)
{
    volatile Uint16 iVol;
    if ( SysCtrlRegs. PLLCR. bit. DIV ! = val)
    {
        EALLOW;
        SysCtrlRegs. PLLCR. bit. DIV = val;
        EDIS;
        DisableDog( ) ;
        for( iVol= 0; iVol< ( (131072/2)/12 ) ; iVol++)
        {
        }
    }
}
// This function initializes the clocks to the peripheral modules
void InitPeripheralClocks( void)
{
    EALLOW;
// HISPCP/LOSPCP prescale register settings, normally it will be set to default values
    SysCtrlRegs. HISPCP. all = 0x0001;
    SysCtrlRegs. LOSPCP. all = 0x0002;
// Peripheral clock enables set for the selected peripherals
    SysCtrlRegs. PCLKCR. bit. EVAENCLK=1;
    SysCtrlRegs. PCLKCR. bit. EVBENCLK=1;
    SysCtrlRegs. PCLKCR. bit. SCIAENCLK=1;
    SysCtrlRegs. PCLKCR. bit. SCIBENCLK=1;
    SysCtrlRegs. PCLKCR. bit. MCBSPENCLK=1;
    SysCtrlRegs. PCLKCR. bit. SPIENCLK=1;
    SysCtrlRegs. PCLKCR. bit. ECANENCLK=1;
    SysCtrlRegs. PCLKCR. bit. ADCENCLK=1;
    EDIS;
}
```

接下来是 DSP281x_CpuTimers. c 文件,该文件完成 CPU 定时器的初始化功能,包括定义初始化需要的数据类型和初始化函数等。下面引用该文件。

```
#include "DSP281x_Device. h"
```

```
#include "DSP281x_Examples.h"

struct CPUTIMER_VARS CpuTimer0;
// This function initializes all three CPU timers to a known state.
void InitCpuTimers(void)
{
// Initialize address pointers to respective timer registers:
CpuTimer0.RegsAddr = &CpuTimer0Regs;
// Initialize timer period to maximum:
CpuTimer0Regs.PRD.all   = 0xFFFFFFFF;
// Initialize pre-scale counter to divide by 1 (SYSCLKOUT):
CpuTimer0Regs.TPR.all   = 0;
CpuTimer0Regs.TPRH.all = 0;
// Make sure timer is stopped:
CpuTimer0Regs.TCR.bit.TSS = 1;
// Reload all counter register with period value:
CpuTimer0Regs.TCR.bit.TRB = 1;
// Reset interrupt counters:
CpuTimer0.InterruptCount = 0;
}

// This function initializes the selected timer to the period specified
// by the "Freq"and "Period"parameters. The "Freq"is entered as "MHz"
// and the period in "uSeconds". The timer is held in the stopped state
// after configuration.

void ConfigCpuTimer(struct CPUTIMER_VARS *Timer, float Freq, float Period)
{
Uint32 temp;
// Initialize timer period:
Timer->CPUFreqInMHz = Freq;
Timer->PeriodInUSec = Period;
temp = (long) (Freq * Period);
Timer->RegsAddr->PRD.all = temp;
// Set pre-scale counter to divide by 1 (SYSCLKOUT):
Timer->RegsAddr->TPR.all  = 0;
Timer->RegsAddr->TPRH.all  = 0;
// Initialize timer control register:
```

```
Timer->RegsAddr->TCR.bit.TSS = 1;
Timer->RegsAddr->TCR.bit.TRB = 1;
Timer->RegsAddr->TCR.bit.SOFT = 1;
Timer->RegsAddr->TCR.bit.FREE = 1;
Timer->RegsAddr->TCR.bit.TIE = 1;
Timer->InterruptCount = 0;
}
```

接下来是 DSP281x_PieCtrl.c 文件,该文件完成 DSP 的 PIE 控制功能,包括定义 PIE 控制需要的数据类型和函数等。下面引用该文件。

```
#include "DSP281x_Device.h"
#include "DSP281x_Examples.h"

// This function initializes the PIE control registers to a known state.
void InitPieCtrl(void)
{
    // Disable Interrupts at the CPU level:
    DINT;
    // Disable the PIE
    PieCtrlRegs.PIECRTL.bit.ENPIE = 0;
// Clear all PIEIER registers:
PieCtrlRegs.PIEIER1.all = 0;
PieCtrlRegs.PIEIER2.all = 0;
PieCtrlRegs.PIEIER3.all = 0;
PieCtrlRegs.PIEIER4.all = 0;
PieCtrlRegs.PIEIER5.all = 0;
PieCtrlRegs.PIEIER6.all = 0;
PieCtrlRegs.PIEIER7.all = 0;
PieCtrlRegs.PIEIER8.all = 0;
PieCtrlRegs.PIEIER9.all = 0;
PieCtrlRegs.PIEIER10.all = 0;
PieCtrlRegs.PIEIER11.all = 0;
PieCtrlRegs.PIEIER12.all = 0;
// Clear all PIEIFR registers:
PieCtrlRegs.PIEIFR1.all = 0;
PieCtrlRegs.PIEIFR2.all = 0;
PieCtrlRegs.PIEIFR3.all = 0;
```

```
PieCtrlRegs.PIEIFR4.all = 0;
PieCtrlRegs.PIEIFR5.all = 0;
PieCtrlRegs.PIEIFR6.all = 0;
PieCtrlRegs.PIEIFR7.all = 0;
PieCtrlRegs.PIEIFR8.all = 0;
PieCtrlRegs.PIEIFR9.all = 0;
PieCtrlRegs.PIEIFR10.all = 0;
PieCtrlRegs.PIEIFR11.all = 0;
PieCtrlRegs.PIEIFR12.all = 0;
}

// This function enables the PIE module and CPU interrupts
void EnableInterrupts()
{
    // Enable the PIE
    PieCtrlRegs.PIECRTL.bit.ENPIE = 1;
    // Enables PIE to drive a pulse into the CPU
    PieCtrlRegs.PIEACK.all = 0xFFFF;
    // Enable Interrupts at the CPU level
    EINT;
}
```

接下来是 DSP281x_PieVect.c 文件，该文件完成 DSP 的 PIE 中断向量表的控制功能，包括定义 PIE 中断向量表控制需要的数据类型和函数等。下面引用该文件。

```
#include "DSP281x_Device.h"
#include "DSP281x_Examples.h"

const struct PIE_VECT_TABLE PieVectTableInit = {
      PIE_RESERVED,   // Reserved space
      PIE_RESERVED,
      PIE_RESERVED,
      PIE_RESERVED,
      PIE_RESERVED,
      PIE_RESERVED,
      PIE_RESERVED,
      PIE_RESERVED,
      PIE_RESERVED,
```

```
        PIE_RESERVED,
        PIE_RESERVED,
        PIE_RESERVED,
        PIE_RESERVED,
// Non-Peripheral Interrupts
        INT13_ISR,       // XINT13 or CPU-Timer 1
        INT14_ISR,       // CPU-Timer2
        DATALOG_ISR,     // Datalogging interrupt
        RTOSINT_ISR,     // RTOS interrupt
        EMUINT_ISR,      // Emulation interrupt
        NMI_ISR,         // Non-maskable interrupt
        ILLEGAL_ISR,     // Illegal operation TRAP
        USER1_ISR,       // User Defined trap 1
        USER2_ISR,       // User Defined trap 2
        USER3_ISR,       // User Defined trap 3
        USER4_ISR,       // User Defined trap 4
        USER5_ISR,       // User Defined trap 5
        USER6_ISR,       // User Defined trap 6
        USER7_ISR,       // User Defined trap 7
        USER8_ISR,       // User Defined trap 8
        USER9_ISR,       // User Defined trap 9
        USER10_ISR,      // User Defined trap 10
        USER11_ISR,      // User Defined trap 11
        USER12_ISR,      // User Defined trap 12
// Group 1 PIE Vectors
        PDPINTA_ISR,     // EV-A
        PDPINTB_ISR,     // EV-B
        rsvd_ISR,
        XINT1_ISR,
        XINT2_ISR,
        ADCINT_ISR,      // ADC
        TINT0_ISR,       // Timer 0
        WAKEINT_ISR,     // WD
// Group 2 PIE Vectors
        CMP1INT_ISR,     // EV-A
        CMP2INT_ISR,     // EV-A
        CMP3INT_ISR,     // EV-A
        T1PINT_ISR,      // EV-A
```

```
        T1CINT_ISR,         // EV-A
        T1UFINT_ISR,        // EV-A
        T1OFINT_ISR,        // EV-A
        rsvd_ISR,
// Group 3 PIE Vectors
        T2PINT_ISR,         // EV-A
        T2CINT_ISR,         // EV-A
        T2UFINT_ISR,        // EV-A
        T2OFINT_ISR,        // EV-A
        CAPINT1_ISR,        // EV-A
        CAPINT2_ISR,        // EV-A
        CAPINT3_ISR,        // EV-A
        rsvd_ISR,
// Group 4 PIE Vectors
        CMP4INT_ISR,        // EV-B
        CMP5INT_ISR,        // EV-B
        CMP6INT_ISR,        // EV-B
        T3PINT_ISR,         // EV-B
        T3CINT_ISR,         // EV-B
        T3UFINT_ISR,        // EV-B
        T3OFINT_ISR,        // EV-B
        rsvd_ISR,
// Group 5 PIE Vectors
        T4PINT_ISR,         // EV-B
        T4CINT_ISR,         // EV-B
        T4UFINT_ISR,        // EV-B
        T4OFINT_ISR,        // EV-B
        CAPINT4_ISR,        // EV-B
        CAPINT5_ISR,        // EV-B
        CAPINT6_ISR,        // EV-B
        rsvd_ISR,
// Group 6 PIE Vectors
        SPIRXINTA_ISR,      // SPI-A
        SPITXINTA_ISR,      // SPI-A
        rsvd_ISR,
        rsvd_ISR,
        MRINTA_ISR,         // McBSP-A
```

```
        MXINTA_ISR,       // McBSP-A
        rsvd_ISR,
        rsvd_ISR,
// Group 7 PIE Vectors
        rsvd_ISR,
        rsvd_ISR,
        rsvd_ISR,
        rsvd_ISR,
        rsvd_ISR,
        rsvd_ISR,
        rsvd_ISR,
        rsvd_ISR,
// Group 8 PIE Vectors
        rsvd_ISR,
        rsvd_ISR,
        rsvd_ISR,
        rsvd_ISR,
        rsvd_ISR,
        rsvd_ISR,
        rsvd_ISR,
        rsvd_ISR,
// Group 9 PIE Vectors
        SCIRXINTA_ISR, // SCI-A
        SCITXINTA_ISR, // SCI-A
        SCIRXINTB_ISR, // SCI-B
        SCITXINTB_ISR, // SCI-B
        ECAN0INTA_ISR, // eCAN
        ECAN1INTA_ISR, // eCAN
        rsvd_ISR,
        rsvd_ISR,
// Group 10 PIE Vectors
        rsvd_ISR,
        rsvd_ISR,
        rsvd_ISR,
        rsvd_ISR,
        rsvd_ISR,
        rsvd_ISR,
```

```
        rsvd_ISR,
        rsvd_ISR,
// Group 11 PIE Vectors
        rsvd_ISR,
        rsvd_ISR,
        rsvd_ISR,
        rsvd_ISR,
        rsvd_ISR,
        rsvd_ISR,
        rsvd_ISR,
        rsvd_ISR,
// Group 12 PIE Vectors
        rsvd_ISR,
        rsvd_ISR,
        rsvd_ISR,
        rsvd_ISR,
        rsvd_ISR,
        rsvd_ISR,
        rsvd_ISR,
        rsvd_ISR,
};

// This function initializes the PIE vector table to a known state.
// This function must be executed after boot time.
void InitPieVectTable(void)
{
int16i;
Uint32 *Source = (void *) &PieVectTableInit;
Uint32 *Dest = (void *) &PieVectTable;
EALLOW;
for(i=0; i < 128; i++)
   *Dest++ = *Source++;
EDIS;

// Enable the PIE Vector Table
PieCtrlRegs.PIECRTL.bit.ENPIE = 1;
}
```

注意:上面列举了 time. prj 工程中包含的部分文件,这些文件中所定义的数据结构和函数都是采用 C 语言进行 DSP 编程必须要了解的内容,读者需要认真阅读和理解它们的含义。这些部分初看似乎内容较多、比较繁杂,但通过细心的学习,会发现其中的关联和妙处,从而更好地掌握 DSP 的编程技巧。

```
//利用定时器中断控制小灯的逐个亮灭
#include "DSP281x_Device. h"
#include "DSP281x_Examples. h"
interrupt void cpu_timer0_isr(void);
int i;
void main(void)
{
  int j=1;
  InitSysCtrl();//初始化系统控制
  DINT;//关中断
  InitPieCtrl();//初始化 pie 寄存器
  IER = 0x0000;//禁止所有的中断
  IFR = 0x0000;
  EALLOW;
  GpioMuxRegs. GPBMUX. all=0xfff0;
  GpioMuxRegs. GPBDIR. all=0x000f;
  GpioMuxRegs. GPBQUAL. all=0x0000;
  EDIS;
  InitPieVectTable();//初始化 pie 中断向量表
  EALLOW;
  PieVectTable. TINT0 = &cpu_timer0_isr;//指定中断服务子程序
  EDIS;
  CpuTimer0. RegsAddr = &CpuTimer0Regs;
  CpuTimer0Regs. PRD. all   = 0x002fffff;
  CpuTimer0Regs. TPR. all   = 16;
  CpuTimer0Regs. TIM. all   = 0;
  CpuTimer0Regs. TPRH. all = 0;
  CpuTimer0Regs. TCR. bit. TSS = 1; // Make sure timer is stopped:
  CpuTimer0Regs. TCR. bit. SOFT = 1;
  CpuTimer0Regs. TCR. bit. FREE = 1;
  CpuTimer0Regs. TCR. bit. TRB = 1; // Reload all counter register with period value:
  CpuTimer0Regs. TCR. bit. TIE = 1;
```

```
    CpuTimer0.InterruptCount = 0;
    StartCpuTimer0();//启动定时器 0
    IER |= M_INT1;// Enable CPU INT1 which is connected to CPU-Timer 0
    PieCtrlRegs.PIEIER1.bit.INTx7 = 1; // Enable TINT0 in the PIE: Group 1 interrupt 7
    EINT;// Enable Global interrupt INTM
    i=0;
      while ( j )
    {GpioDataRegs.GPBDAT.all=0xffff-i;}
}

interrupt void cpu_timer0_isr(void)
{
    PieCtrlRegs.PIEACK.all = PIEACK_GROUP1;
    CpuTimer0Regs.TCR.bit.TIF = 1;
    CpuTimer0Regs.TCR.bit.TRB = 1;
    i++;
    if(i>0xf) i=0;
}
```

图 3.6.1 ~3.6.4 是该演示程序运行情况的图示,供读者参考。

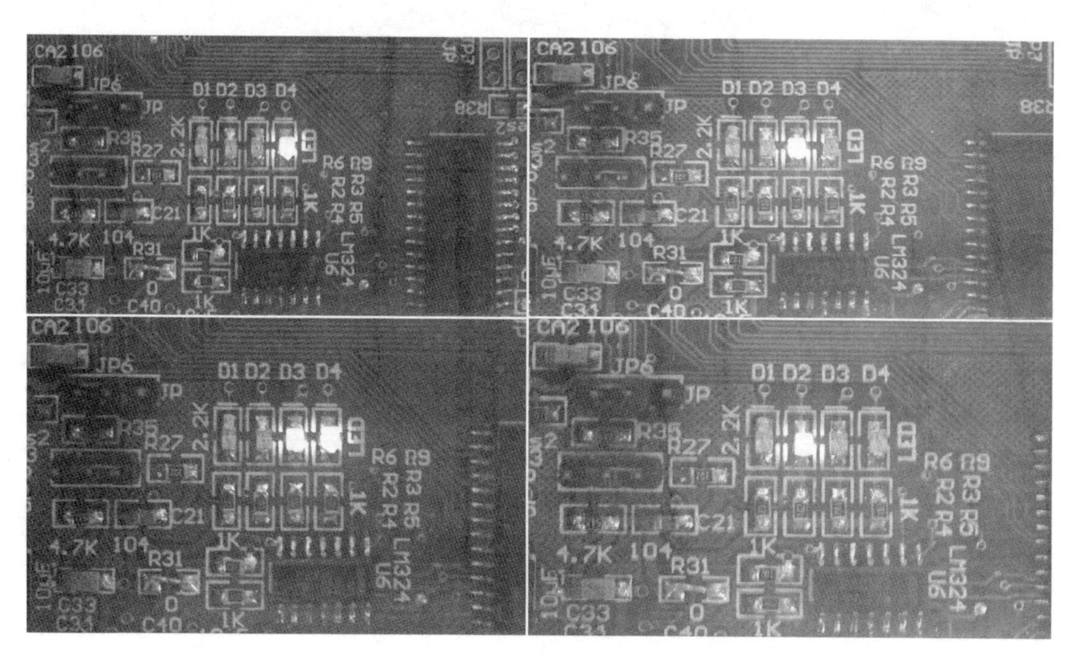

图 3.6.1　输出 0000 ~0100 LED 状态

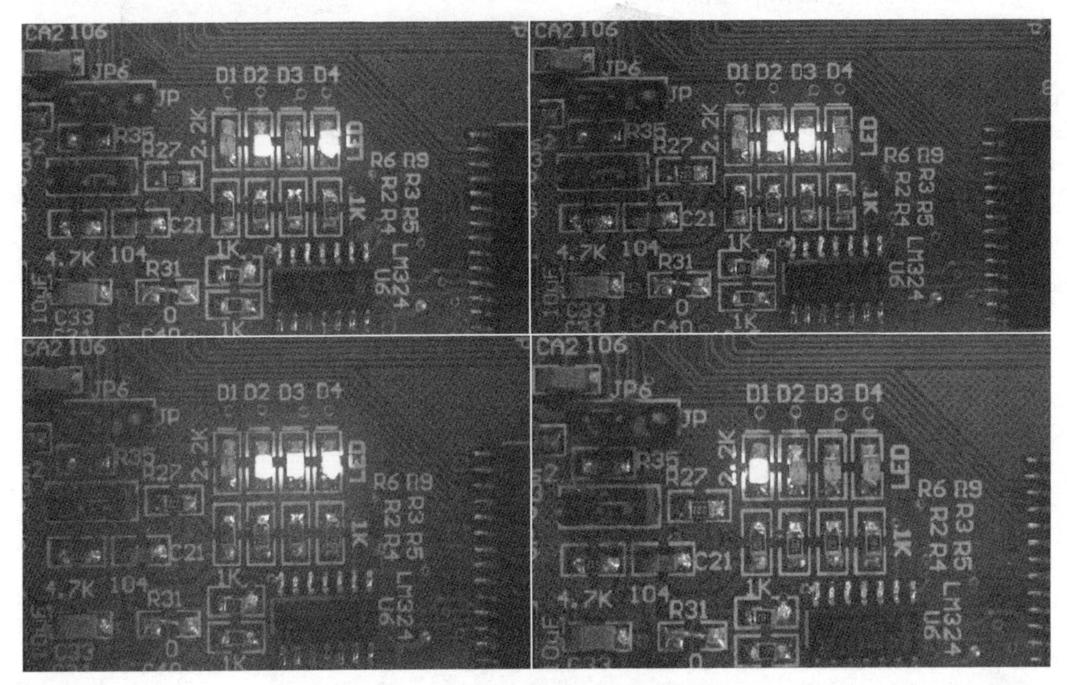

图 3.6.2 输出 0101 ~ 1000 LED 状态

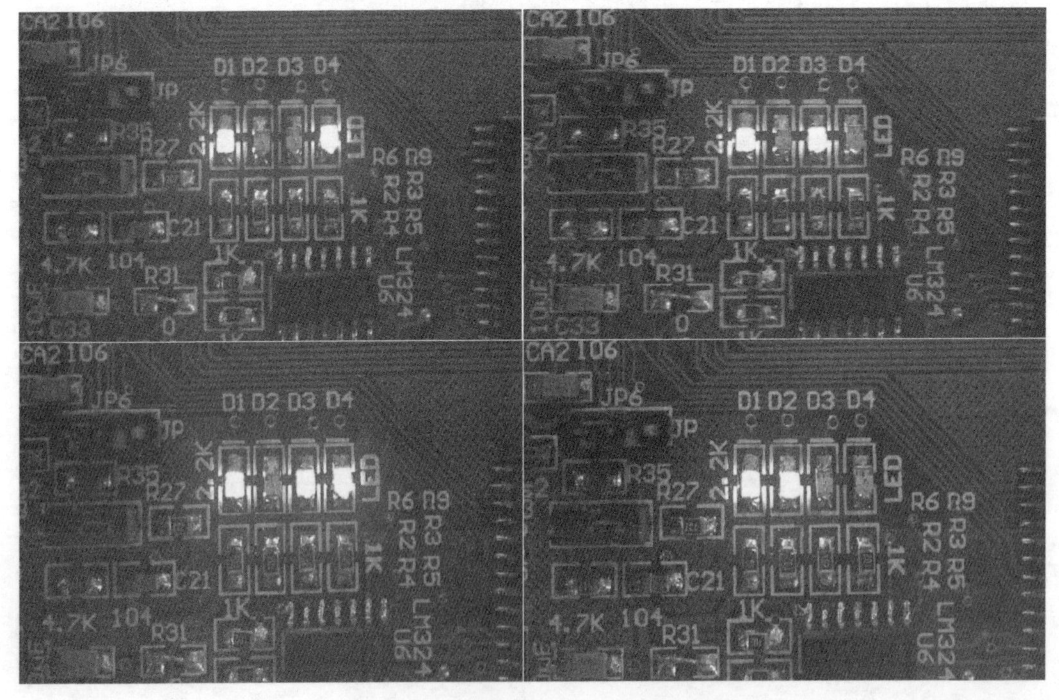

图 3.6.3 输出 1001 ~ 1100 LED 状态

图 3.6.4　输出 1101 ~ 1111 LED 状态

第 4 章　DSP 的存储器

存储器用来保存微处理器工作时需要的数据和程序，而对于使用者而言，从逻辑上讲存储器就是一组可寻址的地址空间，地址空间的结构和长度由处理器的类型决定，对于DSP 来说，典型的存储器结构是哈佛结构，即数据空间与程序空间是分开的独立空间，以此提高寻址性能。存储器空间的大小（也可以叫长度）表示了微处理器的存储能力，当然使用者希望空间越大越好，但限于技术和成本的制约，一般 DSP 的可寻址空间为几十兆（M）以内。TI28XDSP 的寻址空间为 4M，但实际可用的范围只是 4M 空间中的一小部分。从物理结构上讲，DSP 的存储器必然要与实际的物理存储单元对应，所以 DSP 的存储器分为片内存储器和片外存储器两类，例如 TI2812DSP 片内含有 128K 的 FLASH（或 ROM）和 18K 的 RAM，片外则可以根据需要扩展相应的存储器。

4.1　片内存储器

对于 DSP 来说，片内存储器是很重要的存储单元，对于一些不十分复杂的应用，完全可以把系统程序和数据存储在片内存储器中，这样可以大大简化系统设计，并且提高可靠性。

TI28XDSP 的片内存储器和片外存储器都分为程序空间和数据空间两部分，并且不同地址范围的应用存在很大差别，如果读者初次接触可能会觉得这种存储器地址结构比较烦琐和复杂，但这些内容却是 DSP 系统应用的基础，只有正确掌握了存储器的分配和使用规律，才能编写正确的应用程序，因此这部分内容请读者熟记。

具体的片内存储器空间分配如图 4.1.1 所示。这张图表示了 TI28XDSP 的存储空间分配形式，对于其中的地址分段和各部分功能，读者必须做到头脑清晰、心中有数，DSP 应用系统中存储空间的划分、分配和使用是一切工程应用的基础。下面详细叙述 TI28XDSP 的片内存储空间。

4.1.1　SARAM

TI2812DSP 片内含有 18K 的 SARAM，这些存储器被分成 5 块：

（1）M0 和 M1 块。每块的大小为 1K×16 位，M0 块地址为 000000H ~ 0003FFH，M1 块地址为 000400H ~ 0007FFH，显然 M0 和 M1 块位于地址空间的最低端，如图 4.1.1 所示，M0 块的最低端在一定的设置下（VMAP=0）会保存 M0 向量。在图上 M0 和 M1 块横跨数据空间和程序空间，它们既可以作为数据空间（DATA SPACE）保存系统数据，也可以作为程序空间（PROG SPACE）保存应用程序。当然保存程序时，程序的大小不能超过 2K×16 位。需要说明，一般的 DSP 应用程序，习惯性地采用 M1 块的低端 000400H 作为初始堆栈

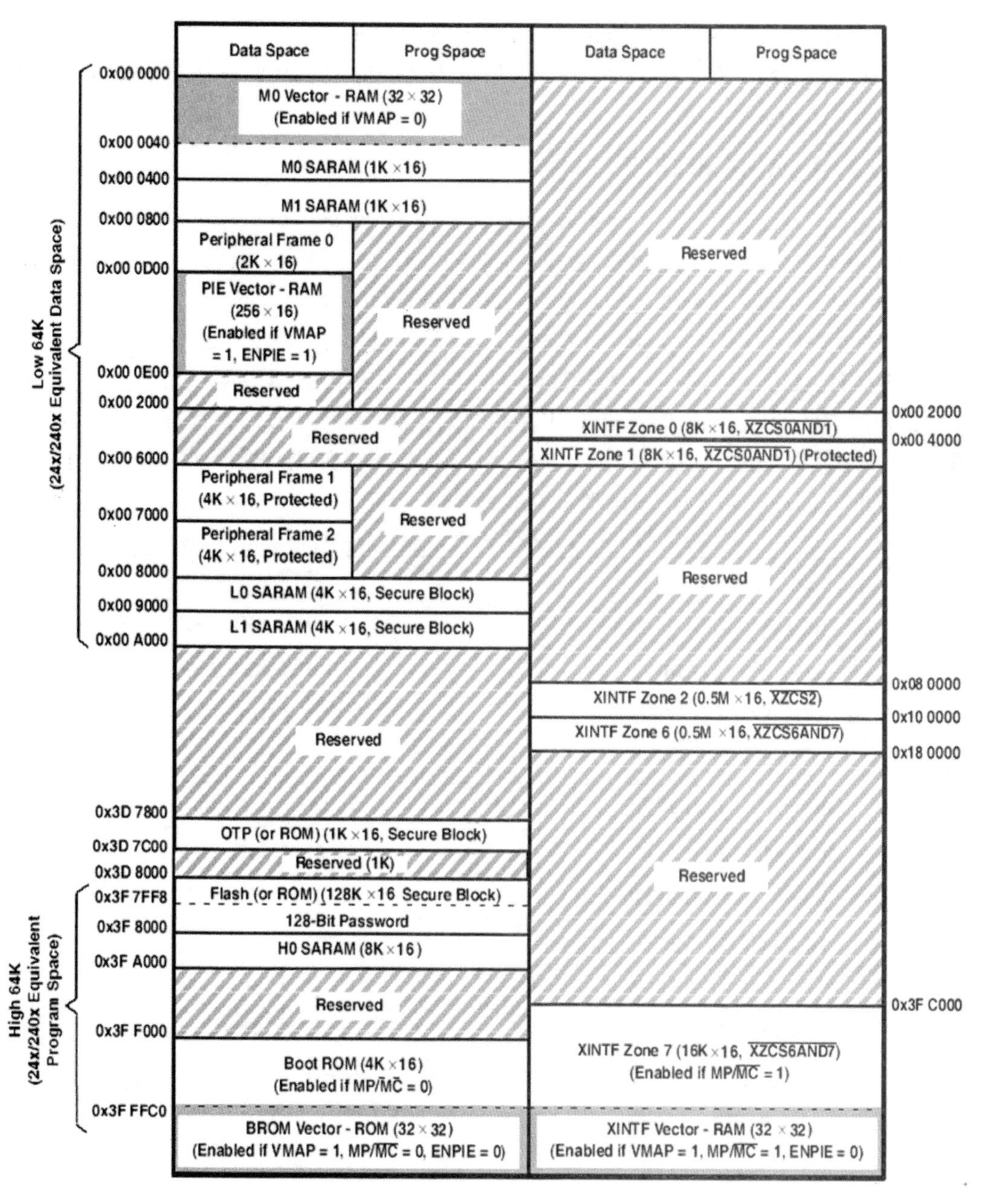

图4.1.1　存储器映射图

地址。

(2)L0和L1块。每块的大小为4K×16位,L0块地址为008000H～008FFFH,L1块地址为009000H～009FFFH,L0和L1块相连构成8K的连续存储空间,同样横跨数据和程序空间,8K存储空间应该说足够调试一些小规模的应用程序,因此L0和L1块经常被映射为程序空间,用来进行一些小程序的调试。同时需要注意,L0和L1块属于受代码安全模块(CSM)保护的部分,为安全块(SECURE BLOCK),保存于安全块中的代码和数据不会被非授权读取,可以有效地防止反向工程之类的行为。

(3)H0 块。该块的大小为 8K×16 位,地址为 3F8000H ~ 3F9FFFH,H0 块和 M0、M1 块都不属于安全块。

4.1.2 FLASH 和 OTP

TI28XDSP 中有一类芯片内部含有 FLASH 存储器,其芯片型号为 TMS320F28X,由于 FLASH 存储器具有可反复电擦写、读写速度较快等优点,因此非常适合小规模产品和实验室研究开发,我们接触的也多为这类含有片内 FLASH 的 DSP 芯片。

以 TI 的 TMS320F2812 芯片为例,该芯片中有 128K×16 位 FLASH 存储器,地址为 3D8000H ~ 3F8000H,和上一节中介绍的 SARAM 类似,FLASH 存储器也可以映射为数据空间或程序空间,通常使用者把 FLASH 存储器定义为程序空间,用来保存应用程序。片内 FLASH 存储器一般分为若干扇区,每一个扇区都可以分别擦除和写入,表 4.1.1 为 TMS320F2812 芯片的 FLASH 扇区地址分配表。

表 4.1.1 FLASH 扇区地址分配表

地址范围	程序和数据空间
0x3D8000 ~ 0x3D9FFF	J 区,8K×16 位
0x3DA000 ~ 0x3DBFFF	I 区,8K×16 位
0x3DC000 ~ 0x3DFFFF	H 区,16K×16 位
0x3E0000 ~ 0x3E3FFF	G 区,16K×16 位
0x3E4000 ~ 0x3E7FFF	F 区,16K×16 位
0x3E8000 ~ 0x3EBFFF	E 区,16K×16 位
0x3EC000 ~ 0x3EFFFF	D 区,16K×16 位
0x3F0000 ~ 0x3F3FFF	C 区,16K×16 位
0x3F4000 ~ 0x3F5FFF	B 区,8K×16 位
0x3F6000 ~ 0x3F7FFF	A 区,8K×16 位
0x3F7F80 ~ 0x3F7FF5	使用代码安全模块时该区域填 0
0x3F7FF6 ~ 0x3F7FF7	Flash 引导的程序进入点(为跳转指令)
0x3F7FF8 ~ 0x3F7FFF	密码(128 位)

从表中可见,F2812 内部 128KFLASH 分为扇区 A ~ B(各 8K×16 位)、扇区 C ~ H(各 16K×16 位)、扇区 I ~ J(各 8K×16 位)共 10 个扇区。需要注意:高端地址 3F7FF8 ~ 3F7FFF 中保存 128 位安全密码,不要写入未知内容,否则将导致芯片内安全区内容无法读出。此外,片内 FLASH 地址 3F7FF6H ~ 3F7FF7H 内保存着一个跳转地址,该地址为芯片从片内 FLASH 存储器引导程序装载时的入口地址。

在 DSP 芯片内,关于 FLASH 存储器读写操作有一组控制寄存器,详细的使用说明读者可参考用户手册,大多数情况下,FLASH 操作都可以采用缺省状态。但 FLASH 存储器的地址范围必须清楚。

片内存储器还包含 OTP(One-Time Programmable),片内 OTP 为 2K×16 位,地址为 3D7800H~3D7FFFH,其中 1K 空间系统厂商保留做测试用,另外 1K 空间可供用户使用,OTP 同样可以映射为数据空间或程序空间,也是安全块,受 CSM 保护。

4.1.3 其他

片内存储器除 SARAM、FLASH 外,还存在一些比较特殊的存储空间,它们都有特定的功能,在 DSP 芯片工作期间发挥重要的作用。

(1)片内 BOOTROM。TI28X 芯片内部含有 4K×16 位的引导 ROM,地址为 3FF000H~3FFFC0H。这段存储空间保存一些重要的程序代码,如系统引导装载例程(Boot Loader)等,还保存厂商的产品信息等一些特征信息,此外还保存着一些重要的数学工具表,如高精度的正弦数据表,这些数学表属于 IQMath 的一部分,应用它们可以完成复杂的数值处理程序。

(2)外设帧 PF(Peripheral Frame)。外设帧是一类特殊的内部存储器空间,它是片上外设(如 A/D、SCI)与系统进行数据交换的接口,各类外设控制寄存器、输入输出寄存器均映射在外设帧 PF 对应的存储空间中,对这些寄存器的访问就是对这些存储空间的访问。外设帧包括 PF0、PF1、PF2,PF0 的大小为 2K×16 位,地址为 000800H~000FFFH,PF1 的大小为 4K×16 位,地址为 006000H~006FFFH,PF2 的大小为 4K×16 位,地址为007000H~007FFFH。

其他,如 CPU 中断向量表,在很多参考资料中也列为 DSP 内部存储空间中的内容,详细内容将在后文详述。

4.2 片外存储器和外部接口 XINTF

由于受到成本限制,DSP 内部只含有一定数量的片内存储器,当需要大量的存储空间时,就需要在 DSP 外部扩展存储器,TI2812DSP 外部有 19 条地址线,内部结构支持 4M 空间寻址,因此可以根据需要外扩存储器。外部存储器通过 XINFT(External Interface)与 DSP 接口,当然 XINTF 也可以和其他外部器件接口。XINTF 整体包括 DSP 的地址总线、数据总线以及若干控制信号线。

4.2.1 基本组成

XINTF 部分共扩展 5 区(图 4.2.1):0 区和 1 区(各 8K×16 位)、2 区和 6 区(各 512K×16 位)、7 区(16K×16 位)。如在本章开始处的 DSP 存储器映射图(图 4.1.1),XINTF 对应的片外存储器部分,类似于片内存储器,也是既可以映射为数据空间,也可以映射为程序空间,地址范围 4M,即 000000H~3FFFFFH,这 4M 空间中只有这 5 区对应的空间可用,其他部分为系统保留。

5 区存储空间的寻址通过地址总线 XA(18:0)、数据总线 XD(15:0)及若干控制总线(如$\overline{XRD}$为读信号线、$\overline{XWE}$为写信号线等)。5 区中每一区都有相应的选通信号,0 区为

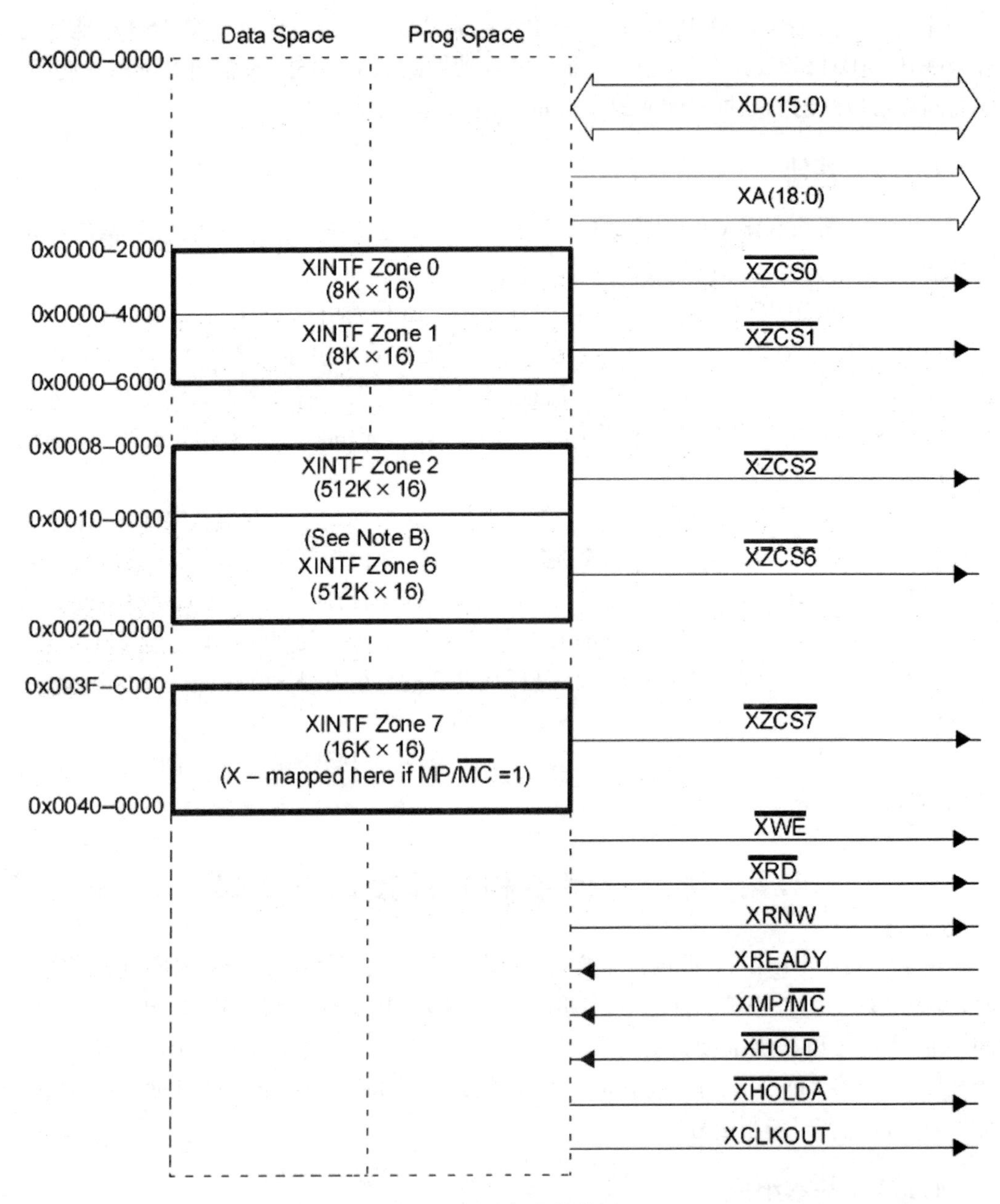

图 4.2.1 XINTF 结构图

$\overline{\text{ZCS0}}$,1 区为$\overline{\text{ZCS1}}$,2 区为$\overline{\text{ZCS2}}$,6 区为$\overline{\text{ZCS6}}$,7 区为$\overline{\text{ZCS7}}$。同时,0 区和 1 区共用选通信号$\overline{\text{XZCS0AND1}}$,6 区和 7 区共用选通信号$\overline{\text{XZCS6AND7}}$,所以最终 5 区共有 3 个选通信号$\overline{\text{XZCS0AND1}}$、$\overline{\text{XZCS2}}$、$\overline{\text{XZCS6AND7}}$。

0 区、1 区、2 区、6 区是始终存在的。7 区是否映射存在,取决于 XMP/$\overline{\text{MC}}$引脚和 XINTCNF2 寄存器的 MP/$\overline{\text{MC}}$位的状态,当 XMP/$\overline{\text{MC}}$引脚为高(上电复位时)或 XINTCNF2

寄存器的 MP/$\overline{MC}$位置 1(上电复位后)时,则 7 区被映射到地址 3FC000H ~ 3FFFFFH。

XINTF 支持的 5 个存储区扩展的外部存储器都可以设置独立的等待状态、选通信号建立时间和保持时间,对于读、写过程同样可以独立设置这些时间。在控制信号中还有 XRADEY 信号,配合 XRADEY 可以和外部慢速设备共同工作,拓展了系统的应用范围。

4.2.2　时钟配置

XINTF 中相关寄存器及存储部分的时钟设置很重要,XINTF 的时钟部分如图 4.2.2 所示。

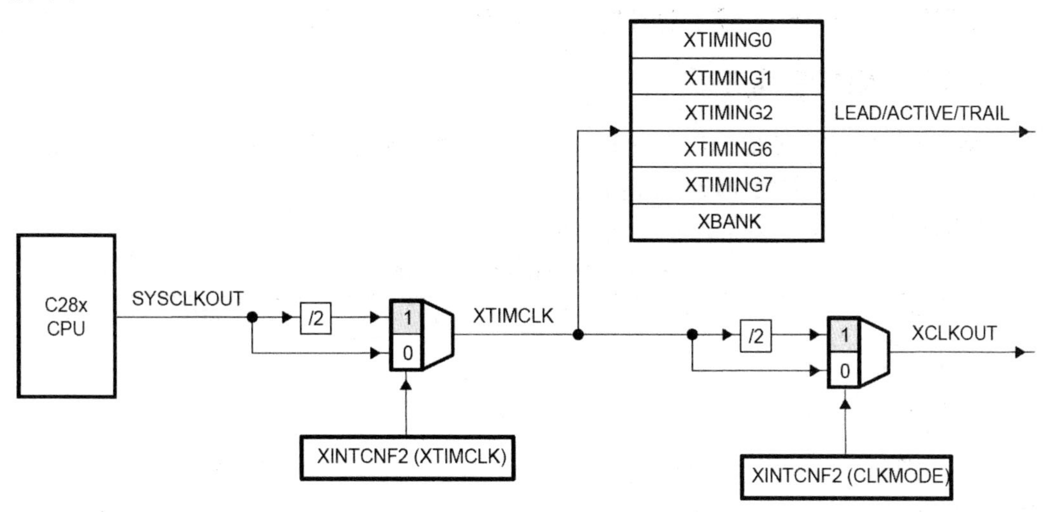

图 4.2.2　XINTF 时钟信号图

XINTF 配置中重要的时序设置,首先与该部分的时钟密切关联。XINTF 中主要有两个时钟信号:XTIMCLK 和 XCLKOUT,XCLKOUT 可以作为 DSP 系统中 DSP 芯片的时钟信号输出,可以用来驱动其他需要时钟信号的外设,另外,XCLKOUT 也可以用作系统调试手段,比如测试一个 DSP 芯片是否完好(如果 XCLKOUT 引脚能够输出设置的时钟频率,就可大致认为 DSP 芯片工作正常)。XTIMCLK 是驱动 XINTF 部分的时钟信号,它取自系统时钟 SYSCLKOUT,由寄存器 XINTCNF2 的 XTIMCLK 位控制是否 2 分频,获得 XTIMCLK 信号。同时,XTIMCLK 信号通过寄存器 XINTCNF2 的 CLKMODE 位控制是否 2 分频产生 XCLKOUT 信号,例如,F2812DSP 外部晶振为 20 MHz,经内部锁相环电路倍频后可以产生 150 MHz 的全速系统时钟频率(SYSCLKOUT),上电后缺省状态下,XCLKOUT 输出时钟信号为:150/4 分频 = 37.5 MHz。

对于 XINTF 的 5 个扩展区的访问都包括 3 个可以配置的过程:引导 LEAD,激活 ACTIVE,收尾 TRAIL。所有的 XINTF 读写过程都包括这 3 个阶段,并且每个阶段需要的时钟周期是可以配置的。

(1)引导阶段(LEAD)。被选区的选通信号置低,地址总线有效,可以在 XTIMING 寄存器中配置引导周期数值,默认值为最大值 6,即读和写的引导阶段都是 6 个 XTIMCLK 周期。

(2)激活阶段(ACTIVE)。激活阶段的选择稍显复杂,如果是读操作,则控制总线上的读信号 XRD 置低,数据锁存进 DSP;如果是写操作,则控制总线上的写信号 XWE 置低,数据被放在数据总线上;激活阶段持续周期的长短还与 XREADY 引脚有关,当 DSP 与慢速外设配合时,可以由慢速外设提供 XREADY 信号,来延长激活阶段时间,所以激活阶段的时间分两类情况:如果采样 XREADY 信号,则通过 XREADY 信号置高来确定激活阶段的时间长短;如果不采样 XREADY 信号,则激活阶段是 1 个 XTIMCLK 周期+XTIMING 寄存器中指定的等待状态数。激活阶段的等待状态默认值是 14 个 XTIMCLK 周期。

(3)收尾阶段(TRAIL)。该阶段中,读、写信号由低回复至高,选通信号仍为低,收尾阶段的周期也由 XTIMING 寄存器控制,默认值为最大值 6 个 XTIMCLK 周期。

4.2.3 XINTF 寄存器

修改 XINTF 寄存器值必须使用运行于 XINTF 之外的代码来实现,因为这些寄存器的修改将影响 XINTF 部分的时钟、定时和时序。

XINTF 寄存器表见表 4.2.1,下面分别加以介绍。

表 4.2.1 XINTF 寄存器表

名称	地址	长度	功能
XTININGO	0x000B20	32 位	XINTF0 区时序寄存器
XTINING1	0x000B22	32 位	XINTF1 区时序寄存器
XTINING2	0x000B24	32 位	XINTF2 区时序寄存器
XTINING6	0x000B2C	32 位	XINTF6 区时序寄存器
XTINING7	0x000B2E	32 位	XINTF7 区时序寄存器
XINTCNF2	0x000B34	32 位	XINTF 配置寄存器
XBANK	0x000B38	16 位	XINTF BANK 寄存器
XREVISION	0x000B3A	16 位	XINTF REVISION 寄存器

1. XINTF 时序寄存器

每个 XINTF 区都有自己的时序寄存器,对应为 XTIMING0、XTIMING1、XTIMING2、XTIMING6、XTIMING7。时序寄存器的结构如图 4.2.3 所示。

X2TIMING:该位决定当前 XINTF 区的时钟分频(相对于 XTIMCLK)。

为 0 时,当前 XINTF 区时钟=XTIMCLK;

为 1 时,当前 XINTF 区时钟=2×XTIMCLK。

XSIZE:这 2 位必须写为 11,其他任何值都可能导致外设接口错误,XSIZE 上电复位即为 11。

READYMODE:设置 XRDAEY 信号的采样方式。如果 XINTF 不对 XREADY 信号采样(USEREADY=0),则可以忽略该位。

为 0 时,XREADY 输入为同步方式;

为 1 时,XREADY 输入为异步方式。

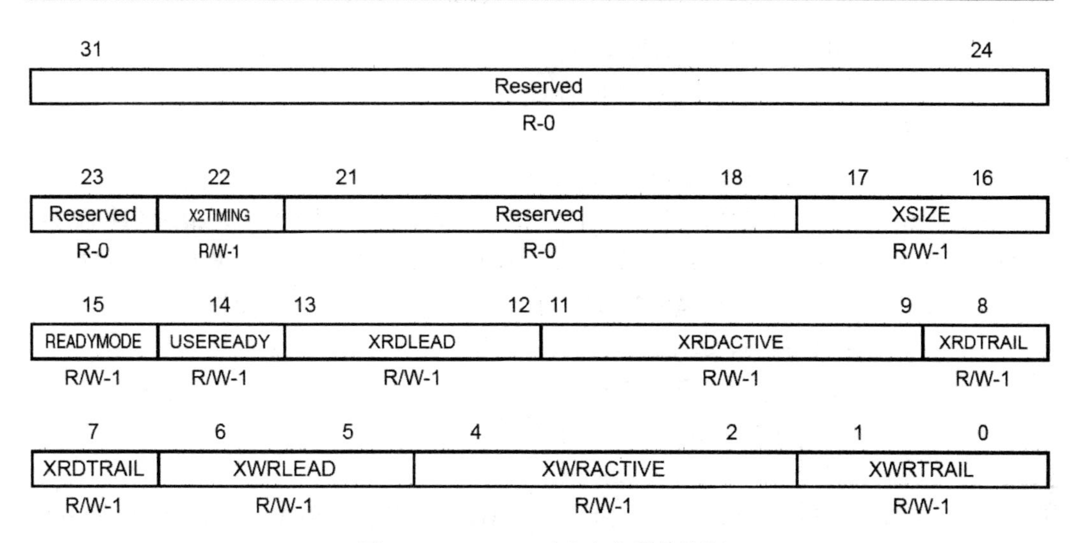

图 4.2.3　XINTF 时序寄存器结构图

USEREADY:确定 XINTF 访问时是否采样 XREADY 信号,以扩展激活阶段的时间。

为 0 时,忽略 XREADY 信号;

为 1 时,采样 XREADY 信号。

XRDLEAD:确定 XINTF 读操作的引导(LEAD)周期,单位为 XTIMCLK,可选的读操作引导周期为 1、2、3 个 XTIMCLK 周期,如果前面的 X2TIMING 控制位置位,则读操作引导周期加倍,即为 2、4、6 个 XTIMCLK 周期。

为 00 时,无效;

为 01 时,1 个 XTIMCLK 周期;

为 10 时,2 个 XTIMCLK 周期;

为 11 时,3 个 XTIMCLK 周期。

XRDACTIVE:确定 XINTF 读操作的激活(ACTIVE)周期,单位为 XTIMCLK,可选的读操作激活周期为 0～7 个 XTIMCLK 周期,如果前面的 X2TIMING 控制位置位,则读操作激活周期加倍,即为 0～14 个 XTIMCLK 周期。激活周期的默认值为 1 个周期,所以总的激活时间为(1+XRDACTIVE)个 XTIMCLK 周期。

为 000 时,0 个 XTIMCLK 周期;

为 001 时,1 个 XTIMCLK 周期;

为 010 时,2 个 XTIMCLK 周期;

为 011 时,3 个 XTIMCLK 周期;

为 100 时,4 个 XTIMCLK 周期;

为 101 时,5 个 XTIMCLK 周期;

为 110 时,6 个 XTIMCLK 周期;

为 111 时,7 个 XTIMCLK 周期。

XRDTRAIL:确定 XINTF 读操作的收尾(TRAIL)周期,单位为 XTIMCLK,可选的读操作收尾周期为 1、2、3 个 XTIMCLK 周期,如果前面的 X2TIMING 控制位置位,则读操作收尾周期加倍,即为 2、4、6 个 XTIMCLK 周期。

为 00 时,0 个 XTIMCLK 周期;

为 01 时,1 个 XTIMCLK 周期;

为 10 时,2 个 XTIMCLK 周期;

为 11 时,3 个 XTIMCLK 周期。

XWRLEAD:确定 XINTF 写操作的引导(LEAD)周期,单位为 XTIMCLK,可选的写操作引导周期为 1、2、3 个 XTIMCLK 周期,如果前面的 X2TIMING 控制位置位,则写操作引导周期加倍,即为 2、4、6 个 XTIMCLK 周期。

为 00 时,无效;

为 01 时,1 个 XTIMCLK 周期;

为 10 时,2 个 XTIMCLK 周期;

为 11 时,3 个 XTIMCLK 周期。

XWRACTIVE:确定 XINTF 写操作的激活(ACTIVE)周期,单位为 XTIMCLK,可选的写操作激活周期为 0~7 个 XTIMCLK 周期,如果前面的 X2TIMING 控制位置位,则写操作激活周期加倍,即为 0~14 个 XTIMCLK 周期。激活周期的默认值为 1 个周期,所以总的激活时间为(1+XWRACTIVE)个 XTIMCLK 周期。

为 000 时,0 个 XTIMCLK 周期;

为 001 时,1 个 XTIMCLK 周期;

为 010 时,2 个 XTIMCLK 周期;

为 011 时,3 个 XTIMCLK 周期;

为 100 时,4 个 XTIMCLK 周期;

为 101 时,5 个 XTIMCLK 周期;

为 110 时,6 个 XTIMCLK 周期;

为 111 时,7 个 XTIMCLK 周期。

XWRTRAIL:确定 XINTF 写操作的收尾(TRAIL)周期,单位为 XTIMCLK,可选的写操作收尾周期为 1、2、3 个 XTIMCLK 周期,如果前面的 X2TIMING 控制位置位,则写操作收尾周期加倍,即为 2、4、6 个 XTIMCLK 周期。

为 00 时,0 个 XTIMCLK 周期;

为 01 时,1 个 XTIMCLK 周期;

为 10 时,2 个 XTIMCLK 周期;

为 11 时,3 个 XTIMCLK 周期。

综上所述,XINTF 访问定时的最快定时有如下两种情况:

a. 不使用 XREADY 信号时,最快定时为引导阶段(LEAD)= 1,激活阶段(ACTIVE)= 0,收尾阶段(TRAIL)= 0。

b. 使用 XREADY 信号时,最快定时为引导阶段(LEAD)= 1,激活阶段(ACTIVE)= 1,收尾阶段(TRAIL)= 0。

2. XINTF 配置寄存器

XINTF 配置寄存器 XINTCNF2 是 DSP 系统中很重要的寄存器,其主要控制位的功能读者应该牢记。XINTCNF2 寄存器地址为 0x0B34。图 4.2.4 中 x 为$\overline{\text{XHOLDA}}$引脚输出值，y 为$\overline{\text{XHOLD}}$引脚输入值，z 为 XMP/$\overline{\text{MC}}$引脚输入值。

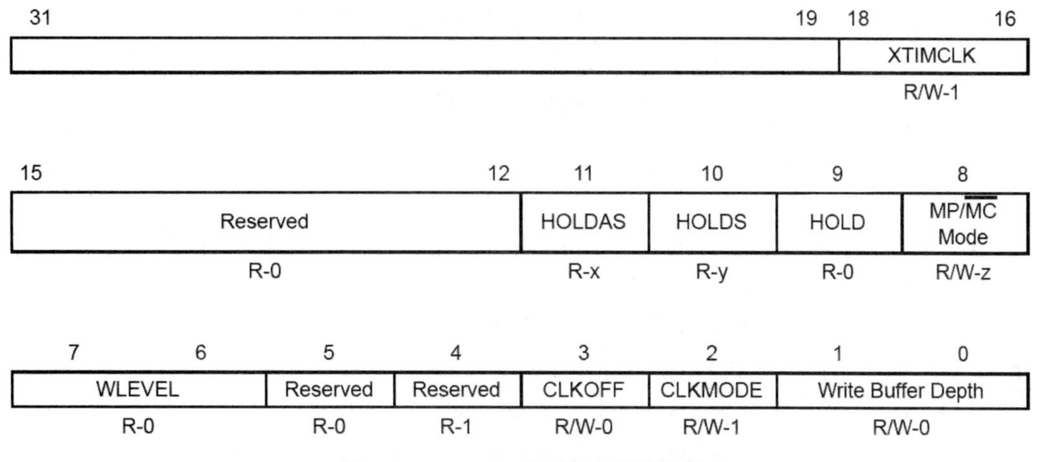

图 4.2.4　XINTF 配置寄存器结构图

各控制位功能如下：

XTIMCLK：确定 XINTF 操作的基本时钟，这一操作影响 XINTF 的所有时钟信号，需要在 XINTF 外部执行。

为 000 时，XTIMCLK＝SYSCLKOUT/1；

为 001 时，XTIMCLK＝SYSCLKOUT/2；

为 010～111 时，保留无效。

HOLDAS：该位反映$\overline{\text{XHOLDA}}$引脚输出信号的状态，用户可以读取该位的状态，以确定 DSP 是否响应外部设备的 DMA 请求。

为 0 时，$\overline{\text{XHOLDA}}$输出信号为低；

为 1 时，$\overline{\text{XHOLDA}}$输出信号为高。

HOLDS：该位反映$\overline{\text{XHOLD}}$引脚输入信号的状态，用户可以读取该位的状态，以确定外部设备是否有 DMA 请求。

为 0 时，$\overline{\text{XHOLD}}$输出信号为低；

为 1 时，$\overline{\text{XHOLD}}$输出信号为高。

HOLD：该位决定是否屏蔽外设对 XINTF 总线的 DMA 请求，即该位置 1 时，DSP 屏蔽了外设直接访问 XINTF 总线的请求；该位置 0 时，DSP 脱开对 XINTF 总线的控制，允许外设进行直接数据传输。

为 0 时，允许外部设备的$\overline{\text{XHOLD}}$请求，并把$\overline{\text{XHOLDA}}$置低；

为 1 时，屏蔽外部设备的$\overline{\text{XHOLD}}$请求，并把$\overline{\text{XHOLDA}}$置高。

MP/$\overline{\text{MC}}$ Mode：这是一个重要的状态位，在 DSP 上电复位后，XMP/$\overline{\text{MC}}$引脚的高低状态直接显示在该位，复位后 XMP/$\overline{\text{MC}}$引脚的状态不再影响该位。上电复位后，用户可以通过程序更改该位的状态，同时也会影响 XMP/$\overline{\text{MC}}$引脚的电平高低。

为 0 时，MC 状态，XINTF7 区被禁止，引导 ROM 使能；

为 1 时，MP 状态，XINTF7 区被使能，引导 ROM 禁止。

WLEVEL：当前写操作缓冲区状态，即当前缓冲区中的数值个数。

为 00 时，写缓冲区为空；

为 01 时，当前写缓冲区有 1 个值；

为 02 时，当前写缓冲区有 2 个值；

为 03 时，当前写缓冲区有 3 个值。

CLKOFF：该位可以关闭 XCLKOUT 信号输出，这样可以节约电源消耗和降低噪声干扰，复位时该位为 0，即 XCLKOUT 输出使能。

为 0 时，XCLKOUT 信号使能；

为 1 时，XCLKOUT 信号被禁止。

CLKMODE：该位控制 XCLKOUT 信号分频功能。

为 0 时，XCLKOUT 频率 = XTIMCLK 频率；

为 1 时，XCLKOUT 频率 = XTIMCLK 频率/2。

Write Buffer Depth：写缓冲区深度，写缓冲区（Write Buffer）允许 DSP 与 XINTF 交换数据时能够连续执行，而无须等待 XINTF 完成写操作。

为 00 时，无写缓冲区；

为 01 时，写缓冲区深度为 1；

为 02 时，写缓冲区深度为 2；

为 03 时，写缓冲区深度为 3。

3. XBANK 寄存器

当 DSP 的数据或程序读写操作需要在 XINTF 的几个区域操作时，就要产生跨越 XINTF 区的操作，即从一个 XINTF 区到另一个 XINTF 区，跨区操作需要外设能够及时释放 XINTF 总线，因此一般需要配置额外的等待周期，所以对于指定的某区需要执行跨区操作，就要设置 XBANK 寄存器，以产生必要的等待状态。

如图 4.2.5 所示，XBANK 寄存器为 16 位寄存器，主要功能如下：

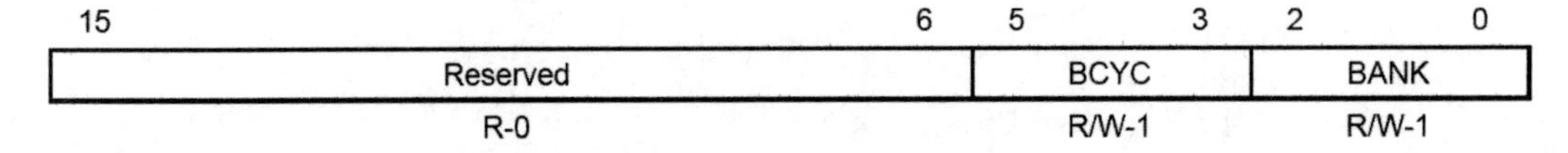

图 4.2.5 XINTF XBANK 寄存器结构图

BCYC：这几位指定执行跨区操作（包括读、写）时，插入的等待周期数，单位为 XTIMCLK，复位后，默认缺省为 7 个 XTIMCLK 周期。

为 000 时，0 个 XTIMCLK 等待周期；

为 001 时，1 个 XTIMCLK 等待周期；

为 010 时，2 个 XTIMCLK 等待周期；

为 011 时，3 个 XTIMCLK 等待周期；

为 100 时,4 个 XTIMCLK 等待周期;

为 101 时,5 个 XTIMCLK 等待周期;

为 110 时,6 个 XTIMCLK 等待周期;

为 111 时,7 个 XTIMCLK 等待周期。

BANK:这几位指定 XINTF 区中哪个区执行跨区域操作功能,复位后缺省为 XINTF 的 7 区。

为 000 时,选择 XINTF 的 0 区;

为 001 时,选择 XINTF 的 1 区;

为 010 时,选择 XINTF 的 2 区;

为 011 时,保留;

为 100 时,保留;

为 101 时,保留;

为 110 时,选择 XINTF 的 6 区;

为 111 时,选择 XINTF 的 7 区。

4. XREVISION 寄存器

如图 4.2.6 所示,该寄存器包含一个唯一的数字,用来标志此芯片产品中使用的 XINTF 版本号。

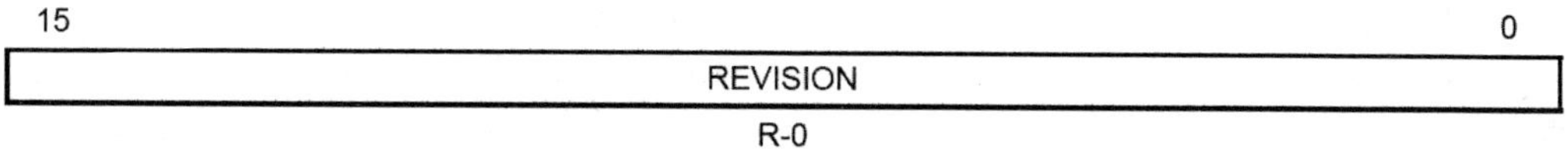

15 ～ 0
REVISION
R-0

图 4.2.6　XINTF XREVISION 寄存器结构图

4.3　演示程序

Memory. c 为 Memory. prj 工程中的源文件,该文件向外扩存储空间中写入 256 个数据,然后再读出数据,并与源数据比较。该程序可用来测试外部存储空间数据读写状态。

```
//向外扩 ram 写入数据再读出,比较两者是否相等,
//可以用 CCS 环境中的 View-Memory 命令查看写入结果。
void error(void);
main()
{
  int i;
  int inp_buffer[0xff];
  int out_buffer[0xff];
  unsigned int * px;
  px=(unsigned int *)0x100000;//写入数据的目标地址,位于外扩存储空间
  for ( i=0;i<0xff;i++ )
```

```
        {
        inp_buffer[i]=i;
        }
    for ( i=0;i<0xff;i++ )
        { *px=inp_buffer[i];
        px++;
        }
        px=(unsigned int *)0x100000;
    for ( i=0;i<0xff;i++)
        {
        out_buffer[i] = *px;
        px++;
        }
    while(1)
    {
    for(i=0;i<0xff;i++)
    {
    if(inp_buffer[i]! =out_buffer[i])
    error();
    }
    i=0;}//可在此加软件断点,观察运行过程
}
void error(void)
{
    while(1){}
}
```

F2812_EzDSP_RAM_lnk.cmd 文件的内容和前面介绍一致,不再重复。在此主要介绍 DSP281x_Headers_nonBIOS.cmd 文件,该文件确定主要的外设控制寄存器在存储空间中的位置。

```
MEMORY
{
PAGE 0:     /* Program Memory */
PAGE 1:     /* Data Memory */

DEV_EMU: origin = 0x000880, length = 0x000180     /* device emulation registers */
```

```
PIE_VECT: origin = 0x000D00, length = 0x000100      /* PIE Vector Table */
FLASH_REGS: origin = 0x000A80, length = 0x000060      /* FLASH registers */
CSM: origin = 0x000AE0, length = 0x000010      /* code security module registers */
XINTF: origin = 0x000B20, length = 0x000020      /* external interface registers */
CPU_TIMER0: origin = 0x000C00, length = 0x000008      /* CPU Timer0 registers */
PIE_CTRL: origin = 0x000CE0, length = 0x000020      /* PIE control registers */
ECANA: origin = 0x006000, length = 0x000040      /* eCAN control and status reg-
isters */
ECANA_LAM: origin = 0x006040, length = 0x000040    /* eCAN local acceptance
masks */
ECANA_MOTS: origin = 0x006080, length = 0x000040 /* eCAN message object time
stamps */
ECANA_MOTO    : origin = 0x0060C0, length = 0x000040   /* eCAN object time-out
registers */
ECANA_MBOX    : origin = 0x006100, length = 0x000100      /* eCAN mailboxes */
SYSTEM: origin = 0x007010, length = 0x000020      /* System control registers */
SPIA: origin = 0x007040, length = 0x000010      /* SPI registers */
SCIA: origin = 0x007050, length = 0x000010      /* SCI-A registers */
XINTRUPT: origin = 0x007070, length = 0x000010      /* external interrupt registers */
GPIOMUX: origin = 0x0070C0, length = 0x000020      /* GPIO mux registers */
GPIODAT: origin = 0x0070E0, length = 0x000020      /* GPIO data registers */
ADC: origin = 0x007100, length = 0x000020      /* ADC registers */
EVA: origin = 0x007400, length = 0x000040      /* Event Manager A registers */
EVB: origin = 0x007500, length = 0x000040      /* Event Manager B registers */
SCIB: origin = 0x007750, length = 0x000010      /* SCI-B registers */
MCBSPA: origin = 0x007800, length = 0x000040      /* McBSP registers */
CSM_PWL: origin = 0x3F7FF8, length = 0x000008      /* CSM password locations */
}
SECTIONS
{
   PieVectTableFile : > PIE_VECT,    PAGE = 1

/*** Peripheral Frame 0 Register Structures ***/
   DevEmuRegsFile: > DEV_EMU, PAGE = 1
```

```
    FlashRegsFile: > FLASH_REGS,PAGE = 1
    CsmRegsFile: > CSM,PAGE = 1
    XintfRegsFile: > XINTF,PAGE = 1
    CpuTimer0RegsFile: > CPU_TIMER0,PAGE = 1
    PieCtrlRegsFile: > PIE_CTRL,PAGE = 1

/* * * Peripheral Frame 1 Register Structures * * */
    SysCtrlRegsFile: > SYSTEM,PAGE = 1
    SpiaRegsFile: > SPIA,PAGE = 1
    SciaRegsFile: > SCIA, PAGE = 1
    XIntruptRegsFile: > XINTRUPT, PAGE = 1
    GpioMuxRegsFile: > GPIOMUX,PAGE = 1
    GpioDataRegsFile: > GPIODAT,PAGE = 1
    AdcRegsFile: > ADC,PAGE = 1
    EvaRegsFile: > EVA,PAGE = 1
    EvbRegsFile: > EVB,PAGE = 1
    ScibRegsFile: > SCIB,PAGE = 1
    McbspaRegsFile: > MCBSPA,PAGE = 1

/* * * Peripheral Frame 2 Register Structures * * */
    ECanaRegsFile: > ECANA,PAGE = 1
    ECanaLAMRegsFile: > ECANA_LAM,PAGE = 1
    ECanaMboxesFile: > ECANA_MBOX,PAGE = 1
    ECanaMOTSRegsFile: > ECANA_MOTS,PAGE = 1
    ECanaMOTORegsFile: > ECANA_MOTO,PAGE = 1

/* * * Code Security Module Register Structures * * */
    CsmPwlFile: > CSM_PWL,PAGE = 1
}
```

程序运行效果如图 4.3.1、图 4.3.2 所示。

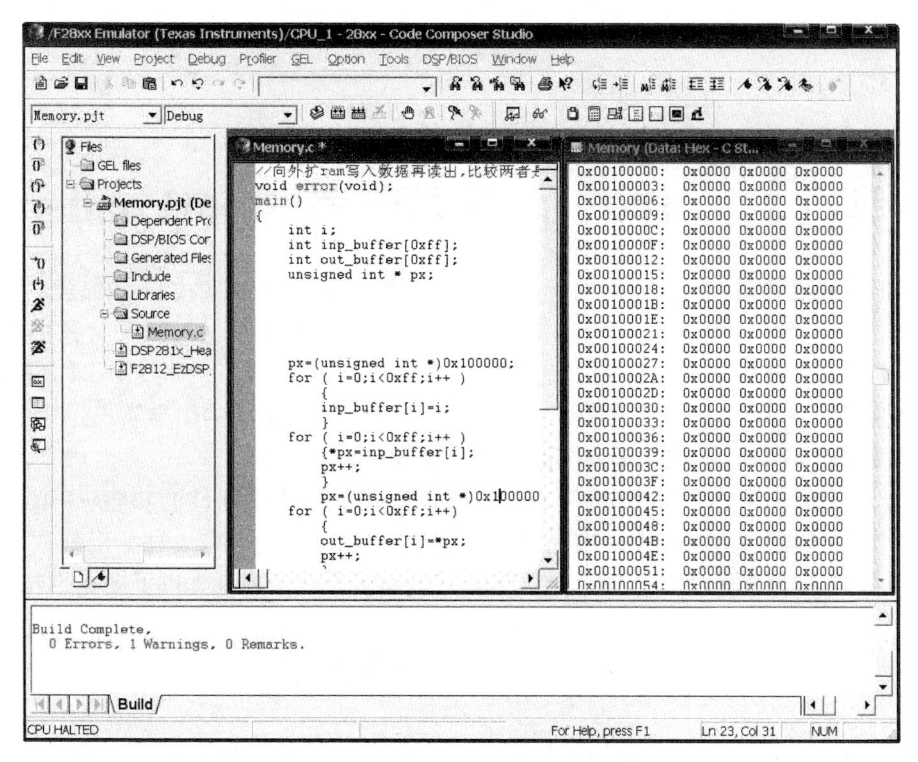

图 4.3.1　程序运行前寄存器数据

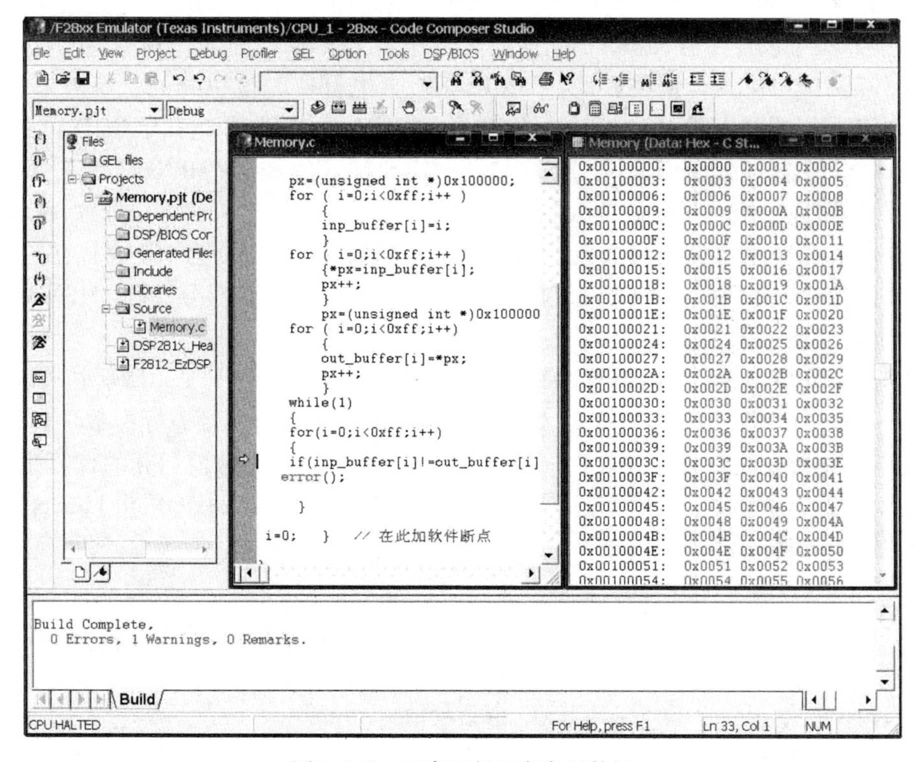

图 4.3.2　程序运行后寄存器数据

第 5 章　DSP 的引导装载 BootLoader

DSP 的引导装载 BootLoader 功能是配合 DSP 来实现系统程序的装入和加载。读者可以回忆曾经学习过的传统 51 系列单片机,51 单片机上加载程序的方式通常是把编译好的程序代码烧写到固定的存储器地址,即可实现程序的引导运行。与之不同,现代 DSP 为了实现高速灵活和多功能的目的,采用了可变形式的多种灵活的引导模式,使用者可以根据需要进行多种配置,以实现系统的引导装载 BootLoader 功能。

此外,TI28XDSP 的引导 ROM 还在一定程度上实现了内核软件的功能(类似于常见计算机外设的固件),BOOTROM 中除包含引导装载程序外,还包含一些标准的数学运算表(如 1/4 周期的 32 位 512 点正弦数据表),这些特性都为使用者提供了极大的方便。

5.1　引导 ROM 概述

TI28XDSP 的引导 ROM 是 4K×16 位存储模块,位于地址 0x3FF000 ~ 0x3FFFFF 处,而且仅当 XINTF 控制寄存器 XINTCNF2 中 MPNMC 位为 0 时,BOOTROM 存储模块才会被映射使能。关于该寄存器状态位的功能前文已经多次叙述,这里稍做重复,MPNMC 位与 DSP 的外部引脚 MP/MC 相关联,对于 2812DSP,上电复位时该引脚的状态被采样进入 XINTCNF2 寄存器的 MPNMC 位,为 1 时表示 XINTF7 区使能,内部引导 ROM 屏蔽;为 0 时表示 XINTF7 区屏蔽,内部引导 ROM 使能。需要注意的是,该 MPNMC 状态位在 DSP 上电复位后可以由用户程序修改,因此通常会出现上电复位时采用 MC 方式,使能引导 ROM 进行系统程序的引导和加载,引导完成后再修改该控制位为 MP 方式,从而使能 XINTF7 区。对于非 2812DSP(如 2811/2810),由于没有 XINTF 部分,因此 MPNMC 控制位在内部被拉低,复位时引导 ROM 使能。

引导 ROM 中包含引导装载程序和数学表等内容。具体如图 5.1.1 所示。

位于地址 0x3FF000 ~ 0x3FFC00 处的 3K 存储空间,这部分保留着标准数学表和一部分保留未使用的空间。数学表可以配合用户程序,简化高精度数值运算的计算工作量。这里仅对正弦表做介绍,其余部分读者请参看 TI 文档(TMS320C28xIQMath Library)。

正弦/余弦表:

地址:0x3FF000 ~ 0x3FF502

长度:644×16 位

格式:Q30 格式(TI 的定点形式浮点数格式,参见 TI 文档)

内容:1/4 周期的 32 位 512 点正弦/余弦数值

地址 0x3FFC00 ~ 0x3FFFC0 处,保存引导装载各功能函数(详细内容后文叙述),以及引导 ROM 版本号和检验和等特征数据。具体见表 5.1.1。

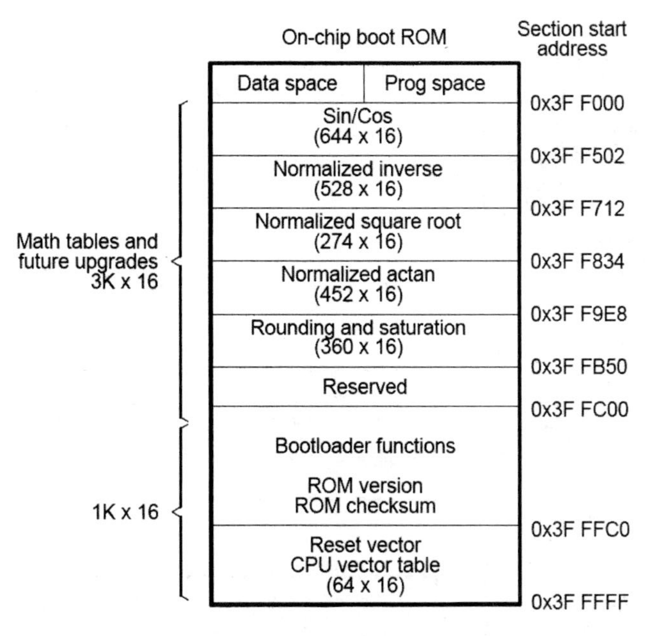

图 5.1.1　引导 ROM 表

表 5.1.1　特征数据表

地址	功能
0x3FFFBA	Boot ROM 版本号
0x3FFFBB	发布日期(MM/YY 形式)
0x3FFFBC	校验和
0x3FFFBD	校验和
0x3FFFBE	校验和
0x3FFFBF	校验和

地址 0x3FFFC0 ~ 0x3FFFFF 处，该地址处保存着包括复位向量在内的 CPU 中断向量表，如前文所述，CPU 中断向量是 DSP 中断处理的最后一个层次，而在实际使用时，除复位向量(RESET)外，这个 CPU 中断向量表中的其他中断向量并未被使用，通常的中断控制流程前文已经叙述过，上电复位后，只有复位向量取自这里，之后 PIE 部分被使能，其他所有的中断向量都取自 PIE 中断向量表。

复位向量 RESET 位于 0x3FFFC0，指向初始化引导函数 Initboot，该函数用于启动引导操作，通过检测通用 I/O 引脚(GPIO)的状态来决定采取何种引导装载模式。

5.2　引导装载 BootLoader

引导装载 BootLoader 功能就是在系统上电复位后，把外部的程序和数据通过不同的形式引导装载到 DSP 内部或 XINTF 存储器中，由此功能，系统程序和数据可以保存在外部的非易失性低速器件中，而在使用时才装入 DSP 系统内部高速运行。这种方式为系统设计提供了更多灵活的选择。

图 5.2.1 简要说明了 BootLoader 的基本过程。

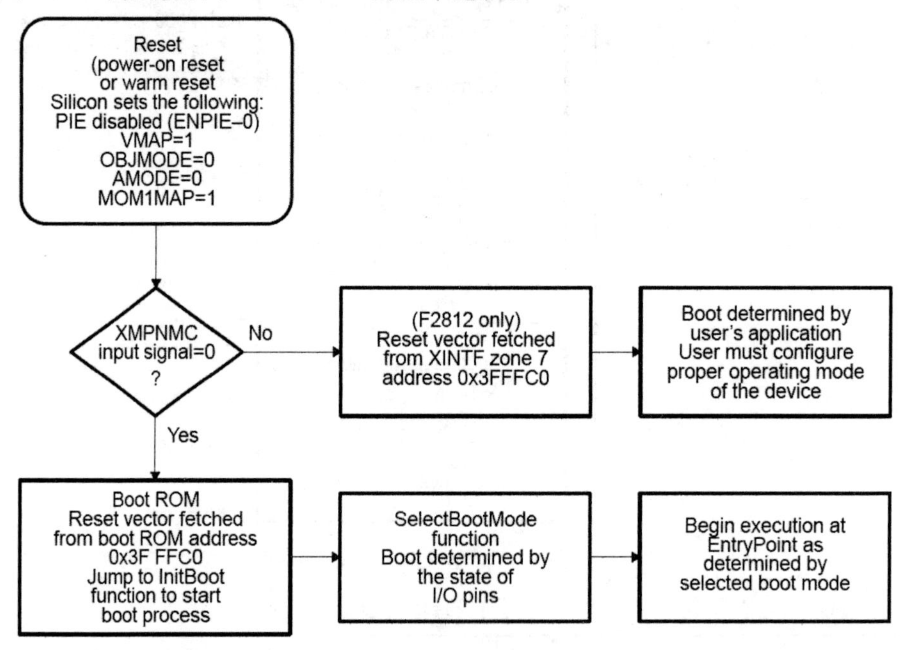

图 5.2.1 引导装载流程图

上电复位后,外部引脚 MP/MC 被采样,确定 MPNMC 状态位的取值。如果 MPNMC = 1,则 BOOTROM 被屏蔽,此时 RESET 向量取自 XINTF7 区地址 0x3FFFC0(此时,用户必须保证此处有合适的程序代码),接下来的引导过程需要用户来进行合适而准确的相关操作(如我们所想,这种方式通常是不采用的)。

如果 MPNMC = 0,则 BOOTROM 使能,相应的引导过程开始进行:RESET 向量取自 BOOTROM 地址 0x3FFFC0,并从这里跳转到初始化函数 InitBoot,接着 InitBoot 调用 Select-BootMode 函数,根据相关 GPIO 引脚状态,决定采用何种引导装载模式,最后根据不同的引导模式跳转到相应的引导程序入口处,执行引导加载过程。

TI281XDSP 的引导装载模式由 4 个 GPIO 引脚来确定,具体见表 5.2.1。

表 5.2.1 GPIO 引脚状态表

GPIOF4	GPIOF12	GPIOF3	GPIOF2	功能选择
1	X	X	X	跳转到 Flash 入口地址 0x3F7FF6
0	1	X	X	调用 SPI_Boot 从外部 SPI EEPROM 引导
0	0	1	1	调用 SCI_Boot 从 SCI-A 引导
0	0	1	0	跳转到 H0 SARAM 地址 0x3F8000
0	0	0	1	跳转到 OTP 地址 0x3F7800
0	0	0	0	调用 Parallel_Boot 从 GPIOB 引导

引导装载的具体流程如图 5.2.2 所示,DSP 系统上电复位后,执行初始化引导函数

InitBoot,并由该函数调用选择引导模式函数SelectBootMode,读取相应的GPIO引脚状态以确定采用的引导模式。根据引导模式的不同判断是否执行引导装载过程(注意:BootLoader,在这里是指狭义的引导装载,即通过外部端口,把系统程序从外部设备加载到内部存储器的过程。而在本章中很多时候所说的引导装载则是指广义的引导装载:即DSP上电复位后的系统程序加载过程,既包括从外部引导,也包括从内部RAM、FLASH等位置的引导。所以读者要注意区别,以免引起混淆)。如果需要执行BootLoader,则调用相应的SCI、SPI、Parallel I/O引导加载程序,如果不需执行BootLoader,则直接跳转到相应入口地址,然后调用退出引导过程函数ExitBoot,完成引导加载过程,开始执行系统程序。

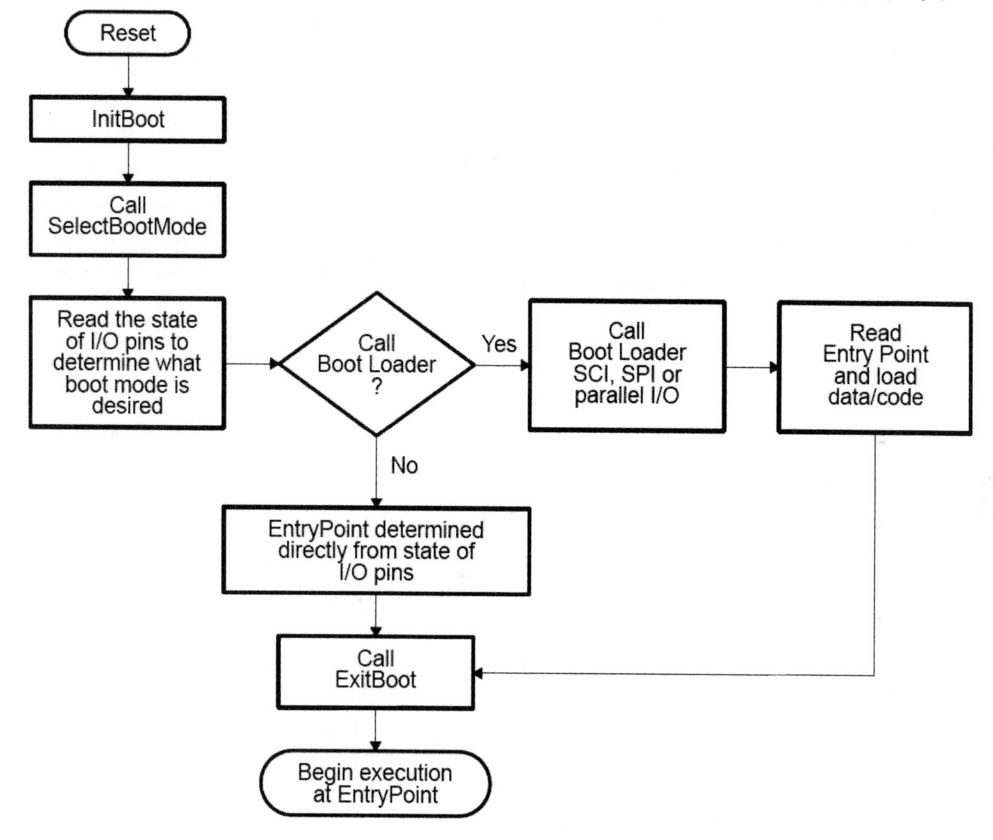

图5.2.2　引导流程图

下面简要介绍各引导过程。

1. FLASH 引导

FLASH引导是最常用的引导模式,基于TI28XDSP的系统设计,最简洁的引导方案就是把系统程序烧写入DSP内部FLASH,在上电复位后从内部FLASH引导,从而简化了系统设计。内部FLASH也能提供很高的读写速度,能满足绝大部分应用的要求。

FLASH引导流程如图5.2.3所示。

当系统从FLASH引导时,加载过程很简单,系统跳转到0x3F7FF6,该处为FLASH引导入口点,为使引导正确进行,需要在此处放置一条跳转分支指令,使程序流程调转入FLASH程序入口点。需要注意的是:并非如我们通常想象的,程序就存储在以0x3F7FF6

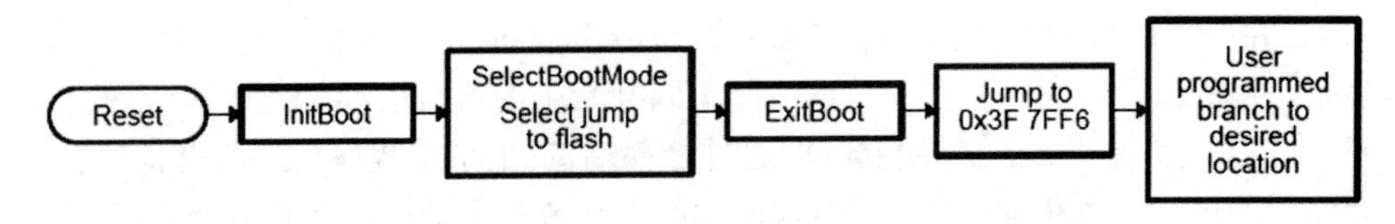

图 5.2.3 FLASH 引导流程图

开始的地址空间中,实际上地址 0x3F7FF6 后紧接着是 128 位代码安全模块(CSM)密码的存储位置,正常情况下,不可以在其中存储数据或程序,否则将产生系统加密问题,这一点也需要用户注意。因此总结 FLASH 引导的重点是:FLASH 引导入口地址 0x3F7FF6 处保存跳转分支指令,使引导过程跳转到最终的实际引导位置。

2. SARAM 引导

该引导模式是从内部 SARAM 的 H0 块进行引导加载,H0 块位于地址 0x3F8000 开始的 8K×16 位地址处,从该处引导的基本流程如图 5.2.4 所示。

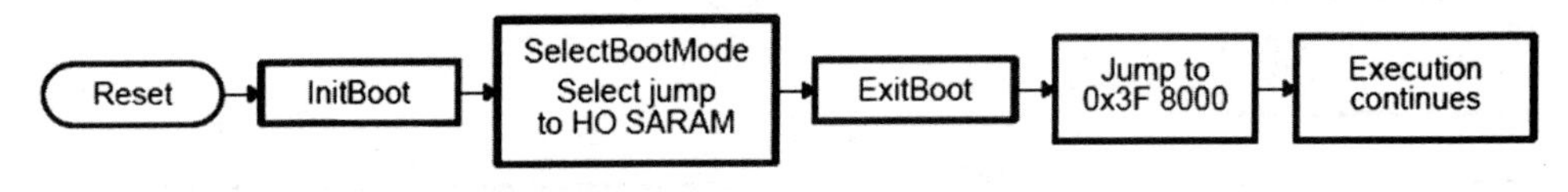

图 5.2.4 SARAM 引导流程图

3. OTP 引导

TI28XDSP 内部含有 2K×16 位的一次编程只读存储器 OTP,位于 0x3D7800 开始的地址处,其中 1K×16 位为 TI 保留测试用,另外 1K 可供用户使用,用户可以把相关的引导程序存储在这里来进行加载引导。具体流程如图 5.2.5 所示。

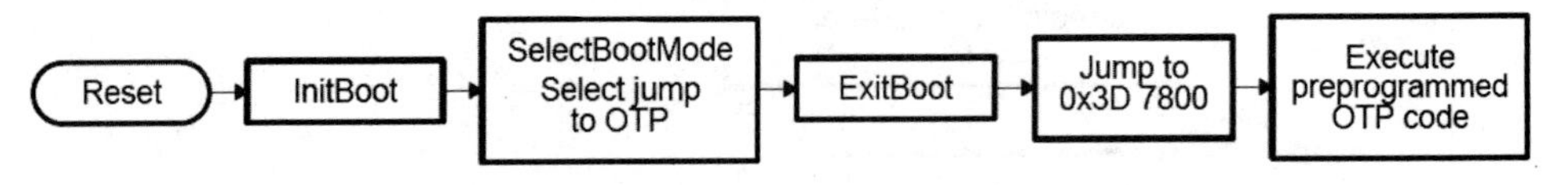

图 5.2.5 OTP 引导流程图

以上 3 种方式不需要执行引导加载过程(是指狭义的引导加载)。除此之外,还有 3 种方式则需要从系统外部传输和加载程序到系统内部,分别是:SCI 串行引导、SPI 串行引导、GPIO 并行引导,这 3 种方式将在后面详述。

5.3 引导装载的数据流格式

通过上节介绍知道,SCI、SPI、GPIO 等引导加载方式需要从外部把程序数据传输到 DSP 系统内部。只要是数据传输,就要约定传输规范,下面介绍 TI28XDSP 引导加载 BootLoader 的数据流格式。

TI28XDSP 是基于 TI24XDSP 发展而来,就其内核而言,C2X 内核很大程度上兼容了 TI2XDSP 和 TI5XDSP 的特性,因此 BootLoader 的数据流格式也是基于 C54XDSP 16 进制应用的 C54X 源数据流。数据流宽度为 8 位和 16 位两种,其结构见表 5.3.1。

表 5.3.1　16 位数据流结构

数据流结构顺序	功能说明
第 1 字	10AA(10AA 表示 16 位数据宽度)
第 2 字	在 SPI 引导中初始化寄存器,其他情况不使用
第 3 ~ 9 字	保留未用
第 10 字	入口地址 PC[22:16]
第 11 字	入口地址 PC[15:0]
第 12 字	将要传输的第 1 块大小(单位是字),如为 0 表示结束
第 13 字	第 1 块的目标地址[31:16]
第 14 字	第 1 块的目标地址[15:0]
第 15 字	第 1 块的数据
⋮	⋮
n	0000h 传输结束

数据流的第 1 个 16 位字标志数据流的宽度:8 位或 16 位。第 1 字 = 10AAh,表示 16 位宽度;第 1 字 = 08AAh,表示 8 位宽度。如果是除此两种之外的任何数值,则表示传输失败,引导装载终止,系统将采用 FLASH 引导。

第 2 ~ 9 字这 8 个字用于初始化寄存器等功能,目前基本不使用,只有 SPI 引导使用一个字来初始化寄存器。

第 10 ~ 11 字包含 22 位入口地址,该地址在引导加载完成后初始化程序指针 PC,因此,该地址通常是加载程序的入口地址。

第 12 字是将要传输的第一个数据块的 16 位尺寸。不论数据流是 8 位还是 16 位宽度,在这里都要折算成 16 位宽度的大小。

第 13 ~ 14 字包含第一个数据块的目标地址,即第一个数据块数据存储的起始位置。

第 15 字开始,第一个数据块的数据。

此后,对于每一个数据块,都重复第 12 ~ 14 字这种尺寸加地址的结构,直到所有数据传输结束,一个数据块尺寸为 0x0000 的数据通知 BootLoader 传输已经完成。

下面类比介绍 8 位数据流传输结构。

8 位数据流的第一个字为 08AAh,而 8 位数据流在传输时采用低字节 LSB 在前、高字节 MSB 在后的形式,具体结构见表 5.3.2。

表 5.3.2 8 位数据流

数据流结构顺序	功能说明
第 1 字节	LSB=AA(08AA 表示 8 位数据宽度)
第 2 字节	MSB=08(08AA 表示 8 位数据宽度)
第 3 字节	LSB=在 SPI 引导中初始化寄存器,其他情况不使用
第 4 字节	MSB=在 SPI 引导中初始化寄存器,其他情况不使用
第 5 ~ 18 字	保留未用
第 19 字	LSB=高 16 位入口地址 PC[23:16]
第 20 字	MSB=高 16 位入口地址 PC[31:24]
第 21 字	LSB=低 16 位入口地址 PC[7:0]
第 22 字	MSB=低 16 位入口地址 PC[15:8]
第 23 字	LSB=将要传输的第 1 块大小(字),如为 0 表示结束
第 24 字	MSB=将要传输的第 1 块大小(字),如为 0 表示结束
第 25 字	LSB=第 1 块的高 16 位目标地址[23:16]
第 26 字	MSB=第 1 块的高 16 位目标地址[31:24]
第 27 字	LSB=第 1 块的低 16 位目标地址[7:0]
第 28 字	MSB=第 1 块的低 16 位目标地址[15:8]
第 29 字	LSB=第 1 块的数据
第 30 字	MSB=第 1 块的数据
⋮	⋮
n	LSB=00h
n+1	MSB=00h 传输结束

下面通过两个例子说明 16 位和 8 位的数据流传输结构。

例 1 为 16 位格式:

```
10AA    ; 0x10AA 16-bit key value
0000    ;       8 reserved words
0000
0000
0000
0000
0000
0000
0000
003F    ; 0x003F8000 EntryAddr, starting point after boot load completes
8000
0005    ; 0x0005 - First block consists of 5 16-bit words
003F    ; 0x003F9010 - First block will be loaded starting at 0x3F9010
9010
0001    ; Data loaded = 0x0001 0x0002 0x0003 0x0004 0x0005
0002
0003
0004
0005
0002    ; 0x0002 - 2nd block consists of 2 16-bit words
003F    ; 0x003F8000 - 2nd block will be loaded starting at 0x3F8000
8000
7700    ; Data loaded = 0x7700 0x7625
7625
0000    ; 0x0000 - Size of 0 indicates end of data stream
```

传输后的数据如下：

```
Location  Value
0x3F9010  0x0001
0x3F9011  0x0002
0x3F9012  0x0003
0x3F9013  0x0004
0x3F9014  0x0005
0x3F8000  0x7700
0x3F8001  0x7625
PC      Begins execution at 0x3F8000
```

例 2 为 8 位格式：

```
AA      ; 0x08AA 8-bit key value
08
00      ; 8 reserved words
00
00
00
00
00
00
00
00
00
```

```
00
00
00
00
00
00
3F     ; 0x003F8000 EntryAddr, starting point after boot load completes
00
00
80
05     ; 0x0005 - First block consists of 5 16-bit words
00
3F     ; 0x003F9010 - First block will be loaded starting at 0x3F9010
00
10
90
01     ; Data loaded = 0x0001 0x0002 0x0003 0x0004 0x0005
00
02
00
03
00
04
00
05
00
02     ; 0x0002 - 2nd block consists of 2 16-bit words
00
3F     ; 0x003F8000 - First block will be loaded starting at 0x3F8000
00
00
80
00     ; Data loaded = 0x7700 0x7625
77
25
76
00     ; 0x0000 - Size of 0 indicates end of data stream
00
```

传输后的数据如下:

```
Location  Value
0x3F9010  0x0001
0x3F9011  0x0002
0x3F9012  0x0003
0x3F9013  0x0004
0x3F9014  0x0005
0x3F8000  0x7700
0x3F8001  0x7625
PC        Begins execution at 0x3F8000
```

上面介绍了 8 位和 16 位数据流结构。当实际的数据传输过程发生时,第一步就要判别该数据流是 8 位还是 16 位或是无效。引导装载程序会读取第一个字判别其数值是 10AAh 还是 08AAh,具体操作流程如图 5.3.1 所示,对于 8 位数据流的首字组合判断规则需认真理解。

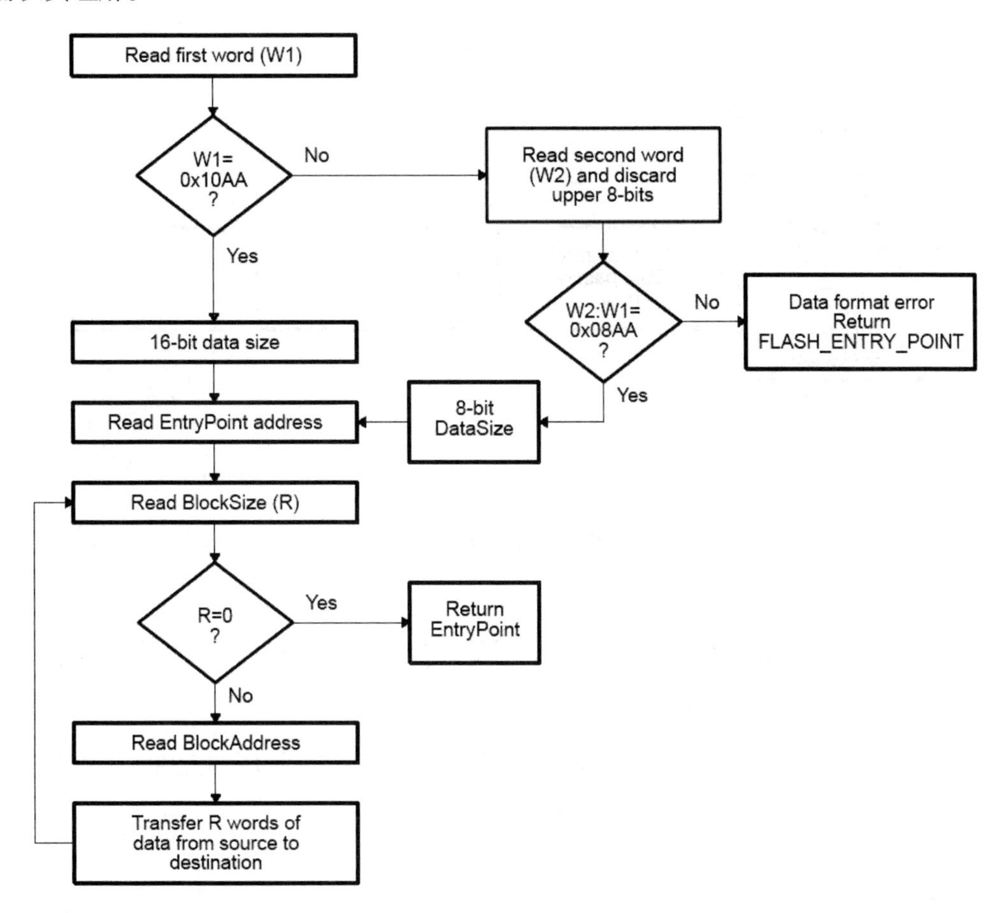

图 5.3.1　引导流程图

5.4　引导装载程序

前文介绍了引导装载基本过程和引导装载的数据流结构,这些部分是引导装载 BootLoader 的基本内容,而具体实现 BootLoader 功能的则是引导加载程序,主要包括:初始化引导程序 InitBoot、选择引导模式程序 SelectBootMode、退出引导程序 ExitBoot、SCI 引导程序 SCI_Boot、SPI 引导程序 SPI_Boot、GPIO 并行引导程序 Parallel_Boot,下面对这些程序(函数)做简单介绍(详细内容请参考 TI 文档,spru095a_TMS320F28x Boot ROM Reference

Guide. pdf)。

初始化引导程序 InitBoot 是系统上电复位后调用的第一个程序，其主要工作是初始化系统并对安全模块进行操作，接下来调用选择引导模式程序 SelectBootMode，根据相应的 GPIO 端口状态选择引导模式。具体流程如图 5.4.1 所示。

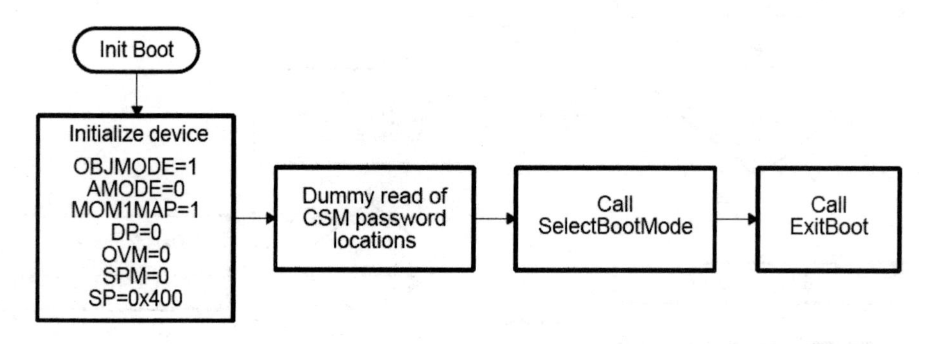

图 5.4.1　引导流程(Init Boot)图

选择引导模式程序 SelectBootMode 根据 GPIO 引脚状态决定采取何种引导加载模式，流程如下：

退出引导程序 ExitBoot。在引导装载完成后，退出引导装载过程，并恢复 DSP 状态，使 PC 转入系统程序入口地址，流程如下：

具体的引导装载程序包括 SCI 引导程序 SCI_Boot、SPI 引导程序 SPI_Boot、GPIO 并行引导程序 Parallel_Boot，这里仅对 SCI 引导程序 SCI_Boot 做简要介绍，其他部分读者可参考 TI 文档。

SCI 引导装载程序可通过串行端口 SCI 从外部加载系统程序，需要注意，该方式仅支持 8 位宽度的数据流传输。其流程如图 5.4.2、图 5.4.3 所示。其中较重要的是两个传输函数：SCIA_CopyData 和 SCI_GetWordData，具体结构如图 5.4.4 ~ 5.4.6 所示。

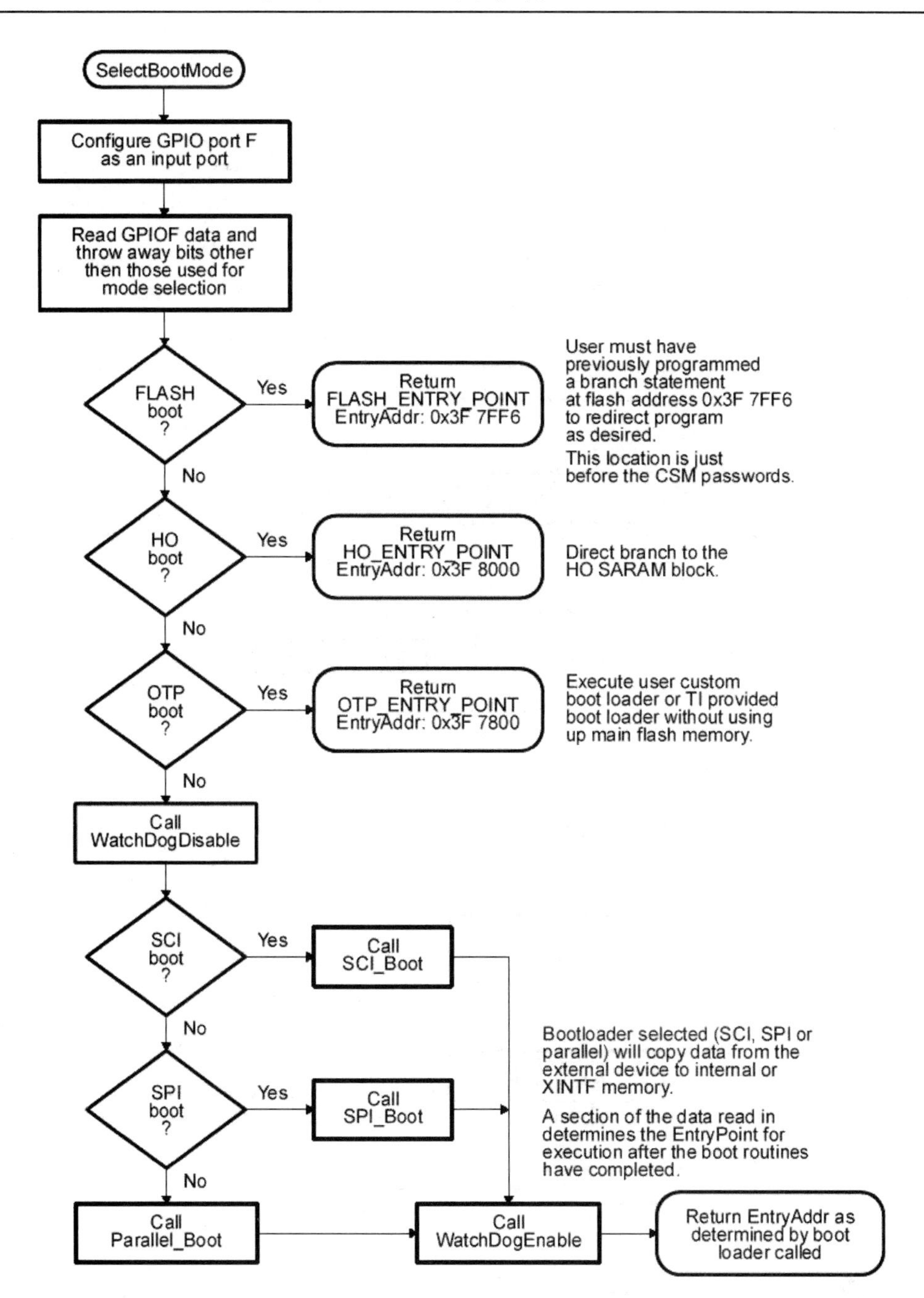

图5.4.2 引导流程(SelectBootMode)图

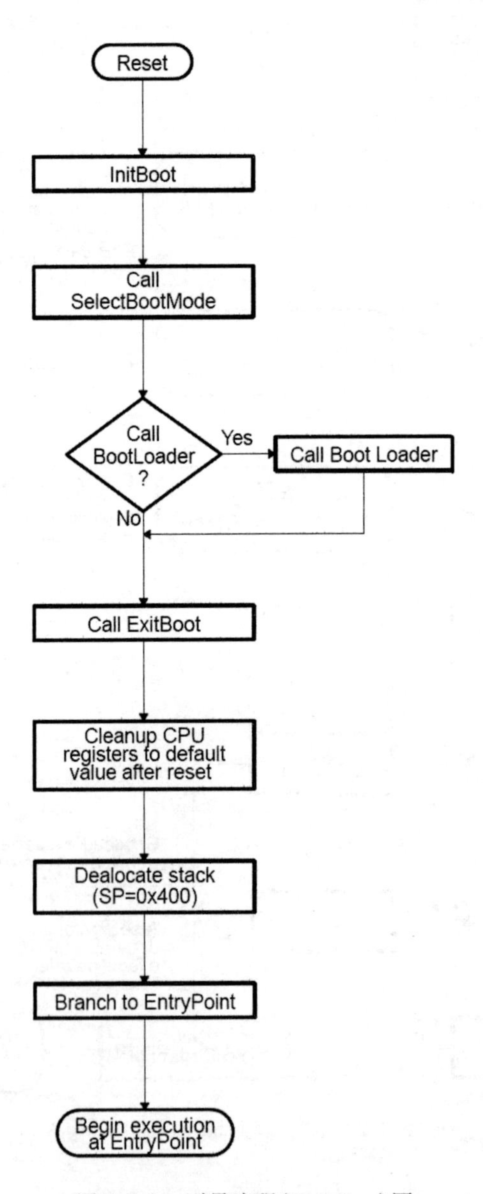

图 5.4.3　引导流程(Exit Boot)图

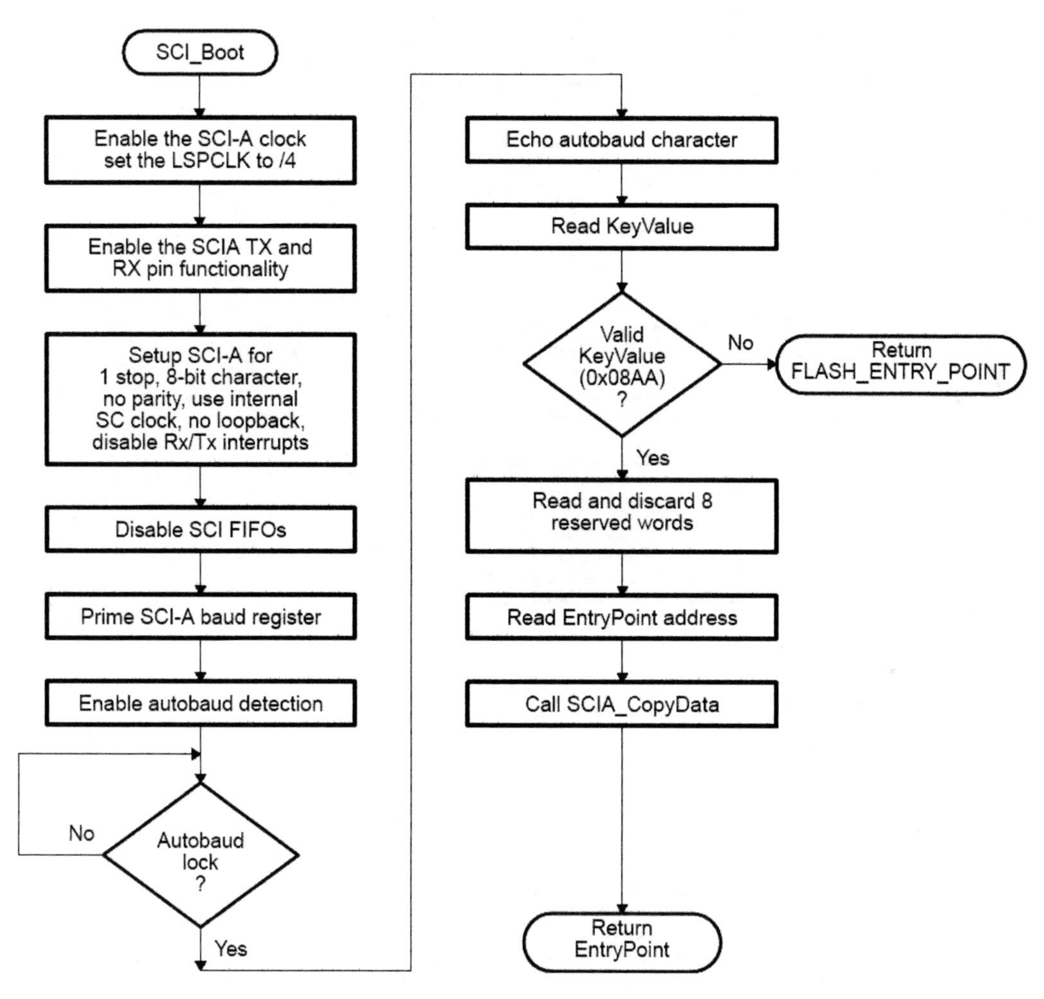

图5.4.4 SCI引导流程图

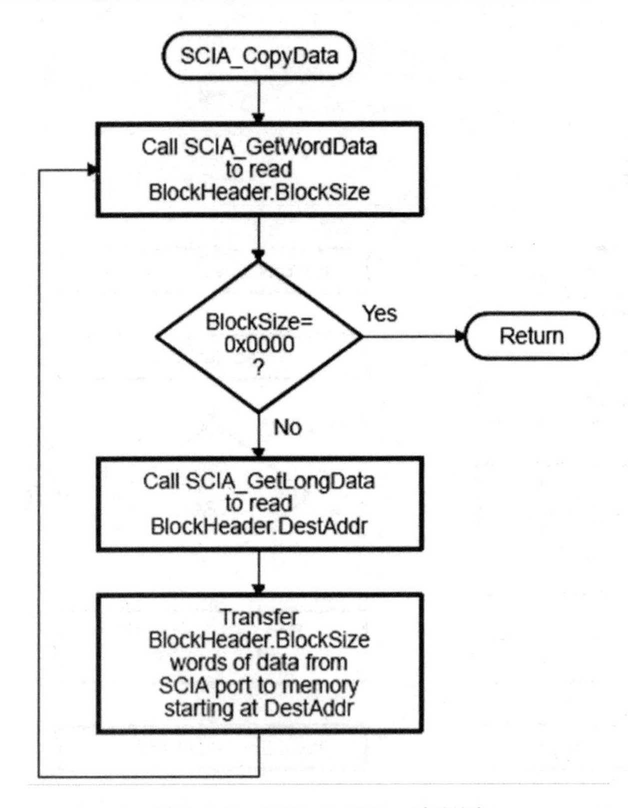

图 5.4.5　SCIA_CopyData 流程图

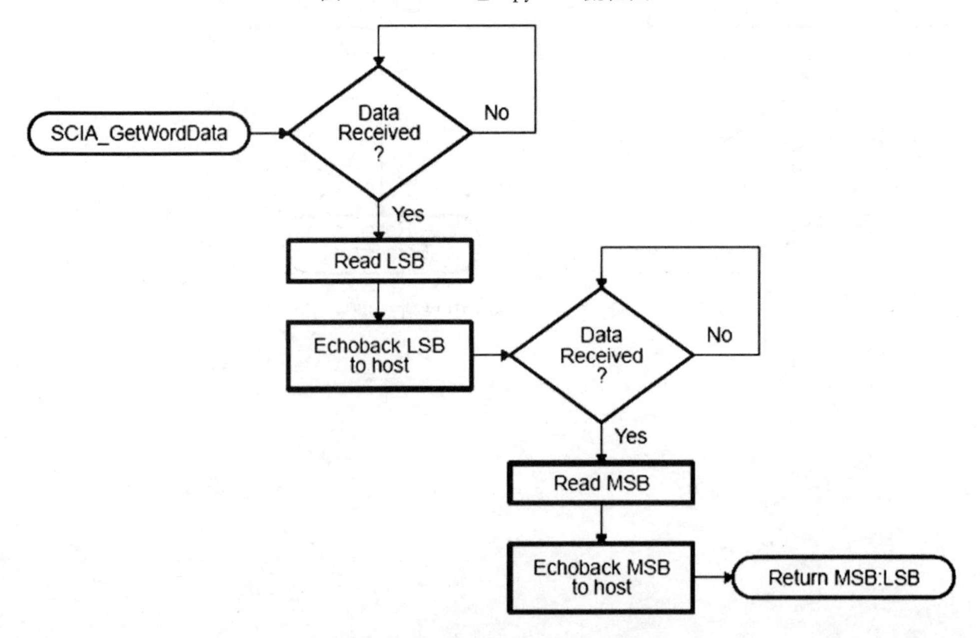

图 5.4.6　SCI_GetWordData 流程图

5.5 演示程序

本节的演示程序仍然采用前面使用过的 time. prj，该程序大家已经熟悉，通过设定定时器中断，演示实验板上的 4 个 LED 小灯按二进制加法顺序依次点亮和熄灭。在这里为验证引导装载功能，把该程序通过必要的设置和转换之后，烧写入 SPI 接口的串行 EEPROM 芯片中，通过设置 DSP 芯片为 SPI 引导加载模式，即可把该程序加载在 DSP 上运行。为了对比验证，可以先在 DSP 的 FLASH 存储器中烧写其他程序（如本书中的首个演示程序 dip. prj），然后对比引导加载后的不同程序运行效果。

演示验证板上的引导加载器件为 Ramtron 公司的 FM25L256 铁电存储器（该芯片使用方法请参考芯片手册，这里不再赘述），也可使用 Atmel 公司的 AT25CXX 系列等 SPI 接口的 EEPROM。为了便于实验和烧写调试，采用了分立小板接插的形式，该部分如图 5.5.1所示。

图 5.5.1 引导装载用 EEPROM 接插板

DSP 与 FM25L256 电路连接关系如图 5.5.2 所示（关于 DSP 的 SPI 接口相关内容，请读者参考本书第 7 章 SPI 串行外设接口），在此模式下，FM25L256 始终作为从器件与 DSP 的 SPISIMO 和 SPISOMI 相连，FM25L256 的串行移位时钟是输入信号，由 DSP 的 SPIA 接口提供，片选信号由 DSP 的 SPISTEA 提供。

如前文所述，引导加载还需要设置 GPIO 引脚状态，同时还需要将 $MP/\overline{MC}$引脚电平拉低；对于 GPIO 的引导加载设置在这里重复描述见表 5.5.1。

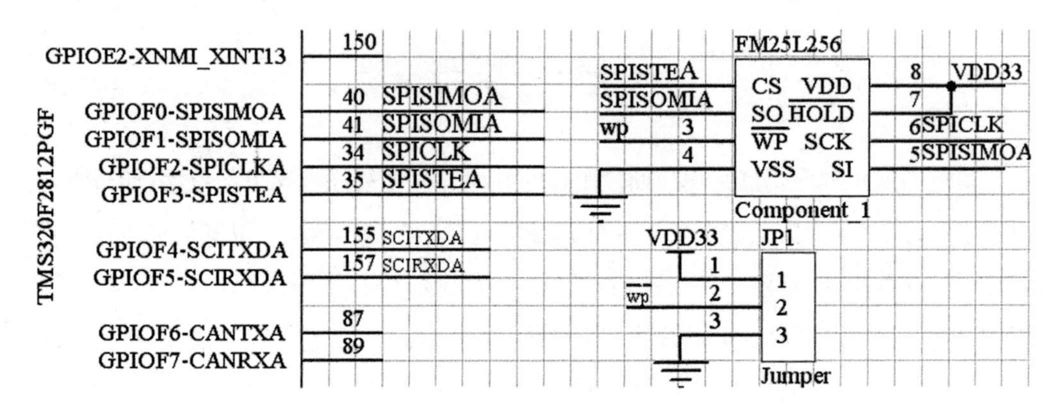

图 5.5.2　DSP 与 FM25L256 电路连接关系图

表 5.5.1　GPIO 引脚状态表

GPIOF4	GPIOF12	GPIOF3	GPIOF2	功能选择
1	X	X	X	跳转到 Flash 入口地址 0x3F7FF6
0	1	X	X	调用 SPI_Boot 从外部 SPI EEPROM 引导
0	0	1	1	调用 SCI_Boot 从 SCI-A 引导
0	0	1	0	跳转到 H0 SARAM 地址 0x3F8000
0	0	0	1	跳转到 OTP 地址 0x3F7800
0	0	0	0	调用 Parallel_Boot 从 GPIOB 引导

通过合适的硬件连接和正确设置 GPIO 引脚状态，DSP 的 BootROM 将通过 SPI 端口把代码和数据从外部的 EEPROM 装入片内执行。为了使数据流能够正确地从外部存储器装入片内，需要对装载的代码和数据做必要的处理。

为了实现从外部进行引导加载，首先需要建立引导表（Boot Table）。所谓引导表，就是在 DSP 芯片上电复位后由 BootLoader 从外部存储器装入片内 RAM 的一个数据块，这个数据块包括用户程序的代码段，还包括程序入口地址和代码长度等信息（就是前面介绍 16 位或 8 位数据流结构时介绍的内容）。

引导表的建立过程如下：

（1）首先在仿真模式下，在 CCS 环境中编写主程序，通过编译、链接得到. out 文件（如 main. out）。

（2）编写生成引导表的命令文件（hex. cmd），文件内容如下所示：

```
/ * ----------------------------------------------------- * /
/ * Hex converter command file. * /
/ * ----------------------------------------------------- * /
main. out / * Input COFF file * /
-i / * Select Intel format * /
-map test. map / * Specify the map file * /
-o main_spi8. hex / * Hex utility out file * /
-boot / * Consider all the input sections as boot sections * /
-spi8 / * Specify the SPI 8-bit boot format * /
-lospcp 0x05/ * Set the initial value for the LOSPCP as 0x05 * /
/ * The -spibrr option is not specified to show that * /
/ * the hex utility uses the default value (0x7F) * /
-e 0x3F0000 / * Set the entry point * /
```

其中的关键参数有：

(a)-i：该参数表示输出的.hex 文件为 Intel 格式。

(b)-e 0x3F0000：该参数规定程序的入口地址，该地址可为 RAM(片内片外均可)中的任意地址，但必须与在 CCS 中编写的主程序对应的分配存储器的.cmd 文件中规定的程序入口地址相同。

(3)从 CCS 安装目录中找出 hex 文件生成工具 hex2000.exe。将 hex2000.exe、命令文件 hex.cmd、COFF 文件(如 main.out)放入同一目录。

(4)最后在 DOS 命令行模式下输入：hex2000.exe hex.cmd，即可得到与 hex.cmd 文件对应的 hex 文件(main_spi.hex)。运行结果如图 5.5.3 所示。

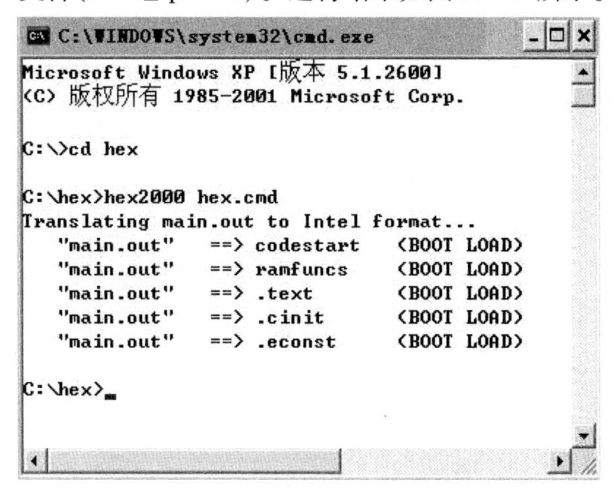

图 5.5.3　生成引导表的转换结果

接下来的工作是把处理完的 hex 文件烧写进 EEPROM 中，可以使用任何支持所选用芯片型号的烧写器完成，本例采用 EasyPro80B 烧写器。具体步骤如下：

(1)将 FM25L256 使用夹具固定在烧写器上(由于该芯片为贴片封装形式，因此要实现重复烧写需要转接结构,如图 5.5.4 所示)。

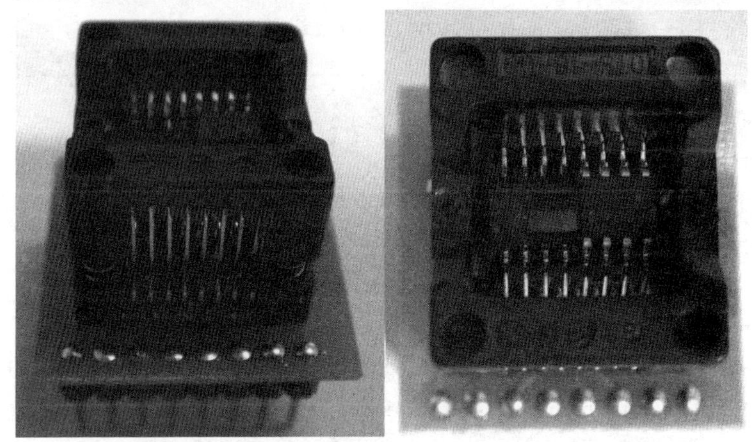

图 5.5.4 对贴片式 FM25L256 实现烧写的转接设备

(2)对其进行擦除操作。

(3)选择建立引导表生成的 hex 文件,进行烧写。

(4)烧写完毕,进行校验保证烧写正确。

将 EEPROM 按照上述步骤烧写成功后,将 MP/$\overline{\text{MC}}$拉低,按照 GPIO 引脚状态表设置跳线使 DSP 从 SPI 引导加载,上电后 DSP 即可调用内部 BootLoader 程序,实现 SPI 外部引导加载。

第6章　SCI 串行通信接口

任何一种微处理器都要包含各种类型的通信接口,通过通信接口与其他设备进行必要的数据交换。根据数据传送形式的不同,通信接口可分为并行通信和串行通信两大类,顾名思义,并行通信同时可以传送多位数据,具有较高的效率和速度;而串行通信某一时刻只能传送一位数据,速度自然慢于并行通信。但现代电子技术的发展使传输速度获得很大提高,高速率的并行通信干扰较大,而良好设计的串行通信方式却可以获得非常高的传输速率,因此高速串行通信成为现代通信方式的主流,同时串行通信形式简单易行、便于实现,有大量现成的设备可以采用,因此被广泛应用。DSP 也不例外,TI28XDSP 含有两个 SCI 接口,可以实现标准串行通信。

6.1　SCI 概述

TI28XDSP 的 SCI 接口是增强型 SCI,除具有基本功能外,还包含 2 个 16 级 FIFO 及自动波特率检测逻辑,能够实现多机通信。SCI 基本结构框图如图 6.1.1 所示。

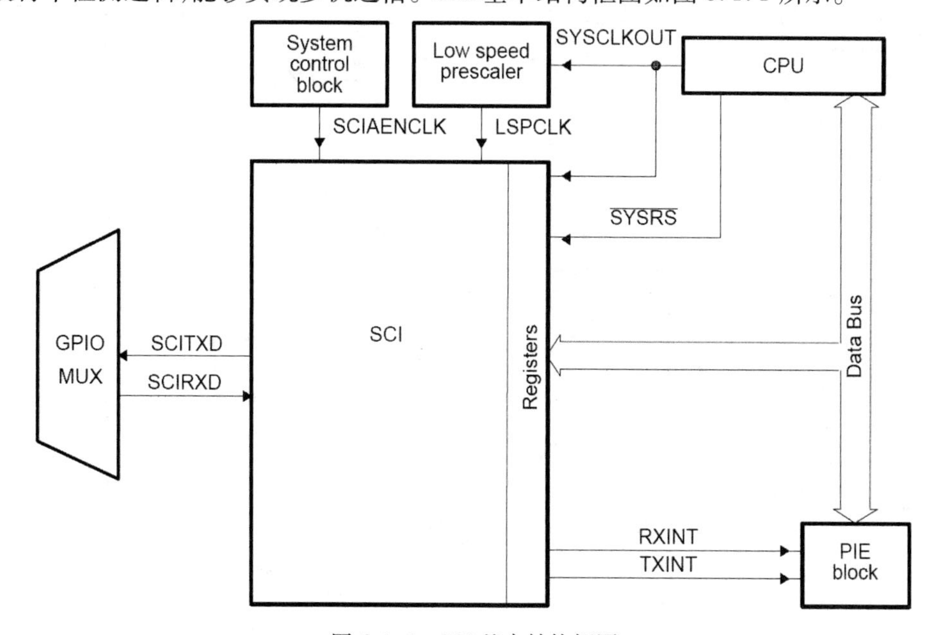

图 6.1.1　SCI 基本结构框图

SCI 模块实现 DSP 的串行接口通信功能,外围引脚为复用的 GPIO 引脚 SCITXD 和 SCIRXD,如果不使用 SCI 功能,则该引脚仍然可以作为 GPIO 使用。SCI 的时钟信号取自 SYSCLKOUT 经低速外设分频器分频后的低速外设时钟信号 LSPCLK,SCI 模块通常采用中断处理方式,通过中断线 RXINT 和 TXINT 连接到 PIE 中断处理部分,由 CPU 统一管理。

SCI 基本功能的具体内容将在后面详述。这里,需要初步了解 SCI 控制寄存器表和 SCI 部分详细框图(图 6.1.2),读者在刚刚接触这些时可能会觉得错综复杂和无从下手,此时只需大致了解即可,随着内容深入,自会逐渐清晰,了然于胸。

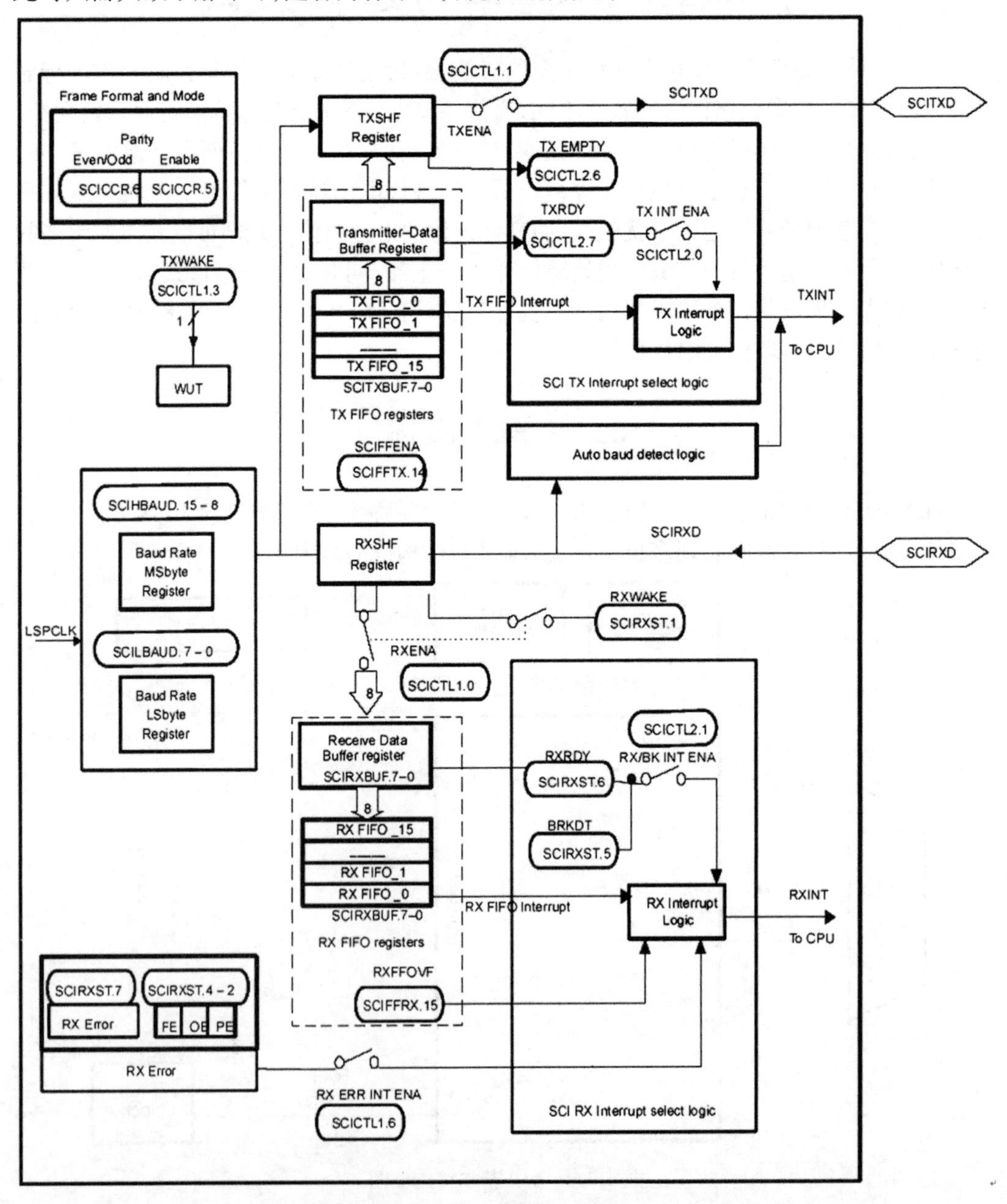

图 6.1.2 SCI 结构详图

表 6.1.1 是与 SCI-A 相关的控制寄存器列表,共 13 个寄存器,类似地,SCI-B 也有 13 个控制寄存器(表 6.1.2),它们共同完成 SCI 的协调和管理。所有的控制寄存器都是

16 位寄存器,不支持 32 位操作,同时所有的寄存器只使用低 8 位。

表 6.1.1　SCI-A 寄存器表

名称	地址	长度	功能说明
SCICCR	0x007050	16 位	SCI-A 通信控制寄存器
SCICTL1	0x007051	16 位	SCI-A 控制寄存器 1
SCIHBAUD	0x007052	16 位	SCI-A 波特率寄存器高位
SCILBAUD	0x007053	16 位	SCI-A 波特率寄存器低位
SCICTL2	0x007054	16 位	SCI-A 控制寄存器 2
SCIRXST	0x007055	16 位	SCI-A 接收状态寄存器
SCIRXEMU	0x007056	16 位	SCI-A 接收仿真数据缓冲寄存器
SCIRXBUF	0x007057	16 位	SCI-A 接收数据缓冲寄存器
SCITXBUF	0x007059	16 位	SCI-A 发送数据缓冲寄存器
SCIFFTX	0x00705A	16 位	SCI-A FIFO 发送寄存器
SCIFFRX	0x00705B	16 位	SCI-A FIFO 接收寄存器
SCIFFCT	0x00705C	16 位	SCI-A FIFO 控制寄存器
SCIPRI	0x00705F	16 位	SCI-A 优先级寄存器

表 6.1.2　SCI-B 寄存器表

名称	地址	长度	功能说明
SCICCR	0x007750	16 位	SCI-B 通信控制寄存器
SCICTL1	0x007751	16 位	SCI-B 控制寄存器 1
SCIHBAUD	0x007752	16 位	SCI-B 波特率寄存器高位
SCILBAUD	0x007753	16 位	SCI-B 波特率寄存器低位
SCICTL2	0x007754	16 位	SCI-B 控制寄存器 2
SCIRXST	0x007755	16 位	SCI-B 接收状态寄存器
SCIRXEMU	0x007756	16 位	SCI-B 接收仿真数据缓冲寄存器
SCIRXBUF	0x007757	16 位	SCI-B 接收数据缓冲寄存器
SCITXBUF	0x007759	16 位	SCI-B 发送数据缓冲寄存器
SCIFFTX	0x00775A	16 位	SCI-B FIFO 发送寄存器
SCIFFRX	0x00775B	16 位	SCI-B FIFO 接收寄存器
SCIFFCT	0x00775C	16 位	SCI-B FIFO 控制寄存器
SCIPRI	0x00775F	16 位	SCI-B 优先级寄存器

6.2 SCI 通信结构

TI28XDSP 的 SCI 接口包括全双工的发送器和接收器。在上节 SCI 结构详图(图 6.1.2)的上半部分为发送器 TX,它包括:(1)发送数据缓冲寄存器 SCITXBUF,用来存放要发送的数据;(2)发送移位寄存器 TXSHF,它从发送数据缓冲寄存器 SCITXBUF 接收数据移位送到 SCITXD 引脚上,每次移动 1 位。

SCI 结构详图的下半部分为接收器 RX,它包括:(1)接收移位寄存器 RXSHF,它从 SCIRXD 引脚上接收数据并移位存储,每次移动 1 位;(2)接收数据缓冲寄存器 SCIRXBUF,它存放 CPU 要读取的数据,来自远程处理器的数据先被移位存放在 RXSHF 中,再载入 SCIRXBUF 和 SCIRXEMU 中。

除以上 TX 和 RX 外,SCI 还包括可编程的波特率发生器及 2 组各 13 个控制及状态寄存器。

SCI 传输的数据格式可编程,包括 1 个起始位、1 ~ 8 个数据位、1 个可选的奇偶校验位、1 个或 2 个停止位。在 SCI 多机通信的地址位模式下,在奇偶校验位之前还会包含 1 个地址位。如图 6.2.1 所示,分别为通常模式(即空闲线模式)下的数据格式和地址位模式下的数据格式。

需要注意,该格式可以通过 SCICCR 寄存器进行相应配置。

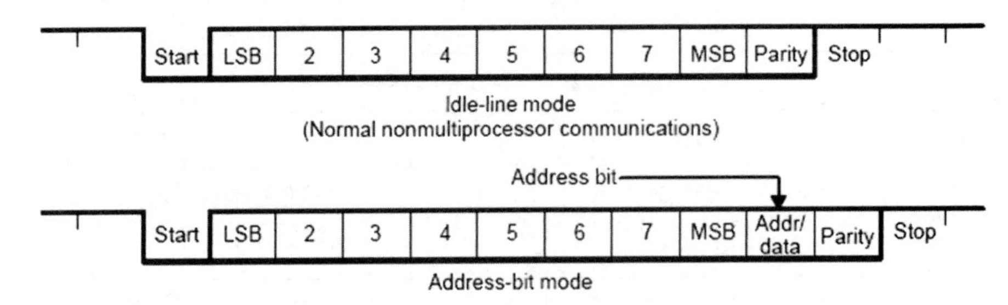

图 6.2.1 传输数据格式

SCI 串行通信的每个数据位占用 8 个 SCICLK 时钟周期,接收器 RX 在接收到一个有效的起始位后开始工作,如图 6.2.2 所示。

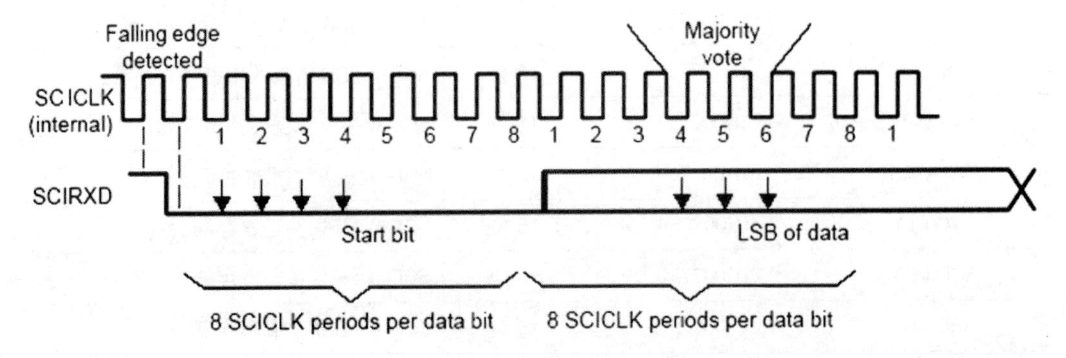

图 6.2.2 传输数据信号形式

在 SCIRXD 上检测到 4 个连续的 SCICLK 周期宽度的低电平信号表示收到一个有效的起始位,如果没有连续的 4 个 SCICLK 周期的低电平信号,则 SCI 重新开始等待另外一个起始位。起始位之后是数据位,SCI 在每个数据位的中间第 4、第 5、第 6 个 SCICLK 周期进行采样来确定数据位的高低,3 次采样中 2 次的相同值即被作为数据位的取值。下面举例介绍 SCI 接收和发送信号的时序状态。

图 6.2.3 为 SCI 接收信号时序图。采用地址位模式(数据中包含 1 个地址位 Ad,详细内容将在后文详述),每帧数据包含 6 个数据位。其接收过程如下:

(1)标志位 RXENA(控制寄存器 SCICTL1 的位 0)置高,允许接收数据。

(2)数据到达 SCIRXD 引脚,并检测到起始位。

(3)数据从 RXSHF 寄存器移位至 SCIRXBUF 接收缓冲器时,产生中断请求,标志位 RXRDY(寄存器 SCIRXST 的位 6)置高表示接收到一个新数据。

(4)程序读 SCIRXBUF 寄存器,标志位 RXRDY 自动被清除。

(5)数据的下一个字节到达 SCIRXD 引脚,检测起始位。

(6)RXENA 置低,禁止接收器接收数据,数据流入 RXSHF,但不进入接收缓冲寄存器 SCIRXBUF。

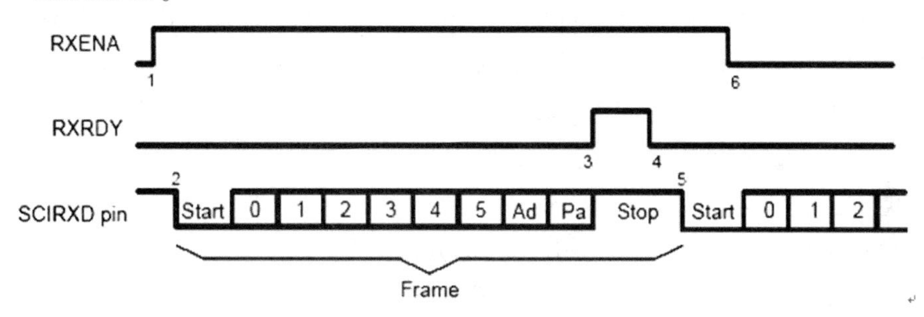

图 6.2.3　接收信号时序图

SCI 的发送过程类似,图 6.2.4 为 SCI 发送信号时序图。采用地址位模式(数据中包含 1 个地址位 Ad),每帧数据包含 3 个数据位。其发送过程如下:

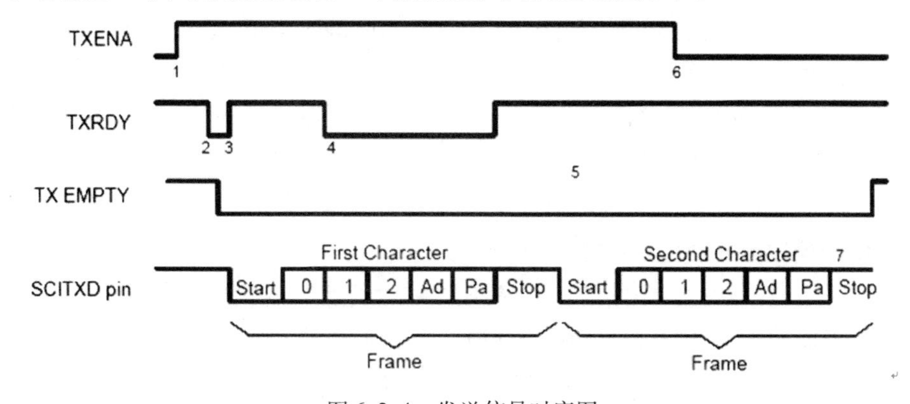

图 6.2.4　发送信号时序图

(1)标志位 TXENA(寄存器 SCICTL1 的位 1)置高,允许发送器发送数据。

(2)写数据到 SCITXBUF 寄存器,发送器非空,TXRDY 置低。

(3)SCI 模块发送数据到移位寄存器 TXSHF,发送器准备好接收第二个字符,TXRDY 置高,并发出中断请求(要使能中断,需置高 SCICTL2 寄存器的位 0)。

(4)在 TXRDY 置高后,程序写第二个字符到 SCITXBUF 寄存器,之后 TXRDY 再次置低。

(5)发送完第一个字符后,开始把第二个字符移位到 TXSHF 寄存器。

(6)TXENA 置低,禁止发送器发送数据,SCI 模块结束当前的字符发送。

(7)第二个字符发送完成,发送器为空,准备发送下一个字符。

6.3　SCI 多机通信

TI28XDSP 的 SCI 多机通信包括两种:空闲线模式(Idle-Line)和地址位模式(Address-Bit)。在介绍它们的功能实现之前,还需介绍基本概念:地址字节和休眠位(SLEEP 位)。

地址字节是指发送节点(Talker),可以是另一个 DSP、单片机或是 PC 发送的信息块的第一个字节,所有的接收节点(Listener)都可以读取该字节地址,但只有地址相同的节点才能接收接下来的数据;地址不同的其他节点则不会响应,而是等待下一个地址字节。

SCI 控制寄存器 SCICTRL1 的位 2 是休眠位(SLEEP 位),该位置高,则只有检测到地址字节后才能产生中断,当处理器接收到的数据块地址和本节点地址相同时,用户必须手动清除休眠位,以正确产生中断来接收数据。

由此可见,多机通信过程中,地址字节的检测很重要。TI28XDSP 的空闲线模式(Idle-Line)和地址位模式(Address-Bit)采用不同的方式实现。

(1)空闲线模式下,在地址字节前保留一段静态空间(quiet space),宽度要大于 10 位,以此来区分每个数据块。该方式在处理 10 个以上字节的数据块时效率较高。

(2)地址位模式下,在每个字节中加入 1 位地址位来区别地址和数据。在这种模式下,由于不需要在数据块间插入 10 位以上的静态空间,因此处理小块数据时比空闲线模式的效率高。

用户通过控制 SCI 寄存器 SCICCR 的位 3(ADDR/IDLE MODE 位)可以选择不同的多机模式。两种模式的接收步骤类似。

(1)接收地址字节时,SCI 端口唤醒并申请中断(需使能 SCICTL2 的 RX/BK INT ENA 位),读取数据块的第一帧,接收地址字节。

(2)通过响应中断进入中断处理例程,比较接收的地址字节是否相符。

(3)如果地址相符,则清除休眠位(SLEEP 位),并继续读取数据块中的剩余数据;否则保持休眠位状态,接着等待下一个数据块的地址字节。

图 6.3.1 为空闲线模式(Idle-Line)下的数据处理格式。

如前所述,要使空闲线模式有效,需要在两个数据块之间插入 10 位以上的静态空间。有两种方法可以实现。

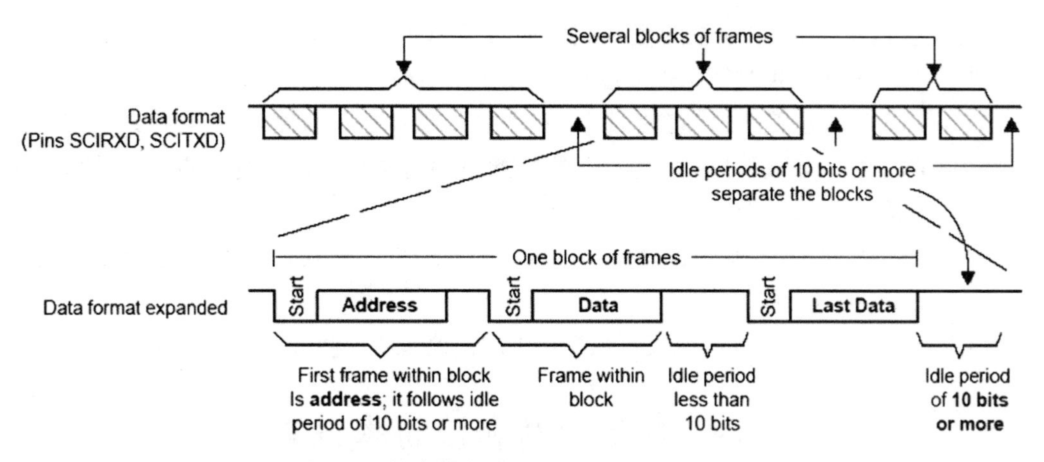

图6.3.1 空闲线模式(Idle-Line)下的数据处理格式

(1)在两个数据块间人为地空闲10位以上的时间。

(2)将TXWAKE位(SCICTL1寄存器位3)置高,然后写一个无关数据到SCITXBUF寄存器,这样SCI发送数据时将会发送11位的空闲时间,以此作为数据块间的静态空间。这也是常用的方法。

图6.3.2为地址位模式(Address-Bit)下的数据处理格式。

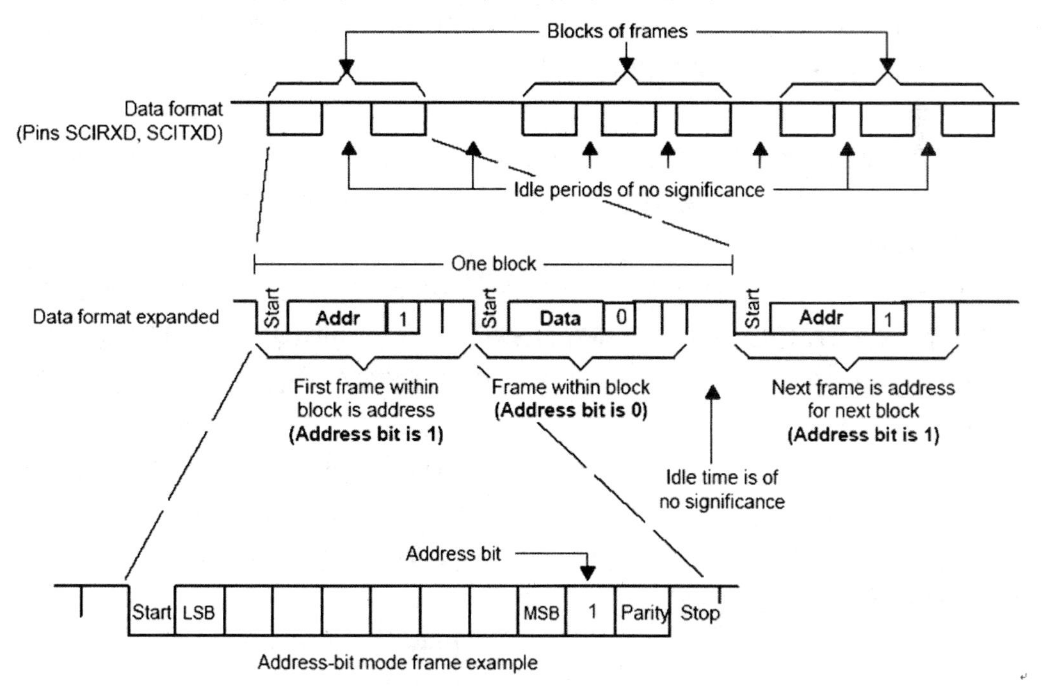

图6.3.2 地址位模式(Address-Bit)下的数据处理格式

在地址位模式下,数据块之间不插入静态空间,区别地址字节和数据字节依靠数据帧中的地址位。数据块中的第一帧的地址位为1,表示该帧为地址字节;其他帧的地址位为0,表示该帧为数据字节。

在地址位模式下,地址位的正确赋值依靠 TXWAKE 和 WUT 的双缓冲机制来实现(相当于 TXWAKE 的值被赋给地址位)。其发送步骤如下:

(1)TXWAKE 位置高,并向 SCITXBUF 寄存器写入合适的地址值,当该地址被送入 TXSHF 中并被移出时,地址位置 1,此时串行总线上的其他节点可以读取此地址值。

(2)TXSHF 和 WUT 加载后就可以向 SCITXBUF 和 TXWAKE 写入值(由于它们为双缓冲,可以立即写入)。

(3)设置 TXWAKE 为 0,来发送数据块中的其他非地址帧。

6.4　SCI 中断和波特率设置

SCI 模块的发送和接收都可以通过中断来控制,发送器和接收器有独立的中断使能位。中断请求的优先级可以配置,由 PIE 中断管理部分的优先级控制位确定。当 TX 和 RX 的优先级相同时,接收器比发送器具有更高的优先级,这样可以减少接收超时错误。

接收中断的产生是指 RX/BK INT ENA 位(控制寄存器 SCICTL2 位 1)置高,接收中断由以下两种情况产生:

(1)SCI 模块接收到一个完整的帧,并把 RXSHF 寄存器中的数据传送到 SCIRXBUF 寄存器中。该操作将 RXRDY 标志位(寄存器 SCIRXST 位 6)置高,并产生一个中断。

(2)发生间断检测条件,即在接收过程中丢失停止位后,SCIRXD 保持了 10 位长度的低电平。该操作将 BRKDT 标志位(寄存器 SCIRXST 位 5)置高,并产生一个中断。

发送中断的产生是指 TX INT ENA 位(控制寄存器 SCICTL2 位 0)置高。当 SCITXBUF 寄存器中的数据传送到 TXSHF 寄存器,就会产生发送中断,表示 CPU 可以向 SCITXBUF 寄存器写入数据。该操作将 TXRDY 标志位(控制寄存器 SCICTL2 位 7)置高,并产生中断。

SCI 串行通信时钟信号由低速外设时钟信号 LSPCLK 和波特率选择寄存器共同确定。在 LSPCLK 确定的情况下(因为 LSPCLK 不仅提供给 SCI,还提供给其他外设,通常不能随意更改),用户可以通过 16 位的波特率选择寄存器来设置 SCI 时钟频率,其频率计算方法很简单,如下式:

$$\text{SCI Baud}=\frac{\text{LSPCLK}}{(\text{BRR}+1)\times 8}$$

式中,BRR 为波特率选择寄存器值,BRR 在[1,65 535]取值,如果 BRR=0 则有

$$\text{SCI Baud}=\text{LSPCLK}/16$$

常用的波特率选择见表 6.4.1。

表 6.4.1　波特率选择表

Ideal Baud	LSPCLK Clock Frequency. 37.5 MHz		
	BRR	Actual Baud	% Error
2 400	1 952(7A0h)	2 400	0
4 800	976(3D0h)	4 798	−0.04
9 600	487(1E7h)	9 606	0.06
19 200	243(F3h)	19 211	0.06
38 400	121(79h)	38 422	0.06

6.5　SCI 寄存器

为使 SCI 模块能够正常运行,DSP 共有 13 个寄存器参与 SCI 控制与管理,下面介绍。

1. SCI 通信控制寄存器 SCICCR

SCICCR 通信控制寄存器用于定义 SCI 的字符格式、通信协议和通信模式,如图 6.5.1 所示。

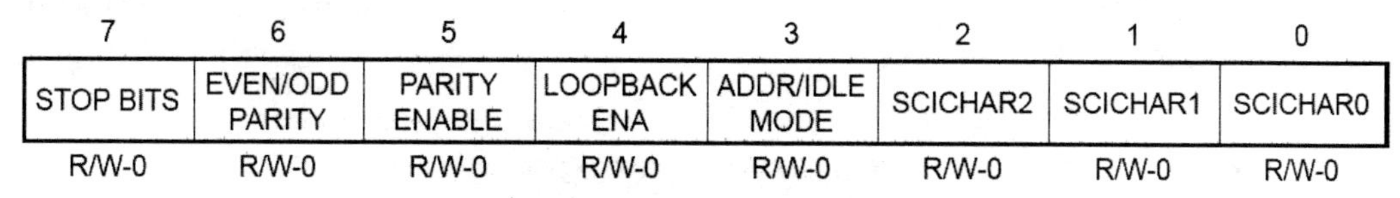

图 6.5.1　SCI 通信控制寄存器 SCICCR

位 7:STOP BITS,SCI 停止位个数,该位定义发送器发送的停止位个数,接收器仅检测 1 个停止位。

1:2 个停止位;

0:1 个停止位。

位 6:EVEN/ODD PARITY,SCI 奇偶校验选择位,如果奇偶校验使能位(SCICCR.5)被置位,则该位指定奇偶校验方式。

1:偶校验;

0:奇校验。

位 5:PARITY ENABLE,SCI 奇偶校验使能位。

1:奇偶校验使能;

0:奇偶校验禁止。

位 4:LOOPBACK ENA,回送检测模式使能位,如果使能回送检测模式,发送引脚和接收引脚在 DSP 内部被连接。

1:回送检测模式使能;

0:回送检测模式禁止。

位 3:ADDR/IDLE MODE,SCI 多机通信模式位。

1:地址位模式;

0:空闲线模式。

位2～位0:SCICHAR2～0,字符长度控制位,该3位设定SCI发送和接收的字符长度,3位二进制000～111分别对应1～8位字符长度。

2. SCI控制寄存器SCICTL1

SCICTL1控制寄存器用于控制接收器/发送器的使能、TXWAKE和SLEEP功能等,如图6.5.2所示。

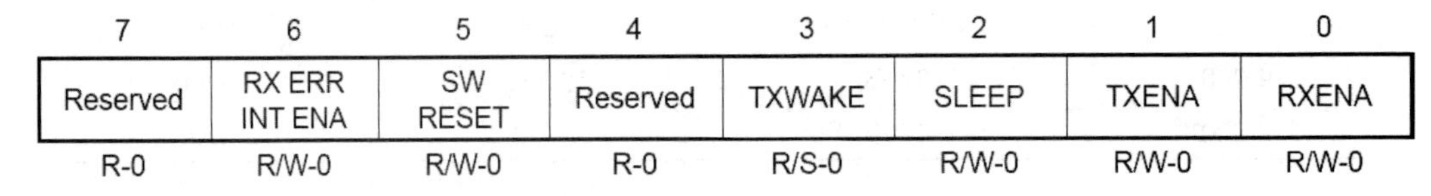

图6.5.2　SCI控制寄存器SCICTL1

位7:保留位。

位6:RXERR INT ENA,接收错误中断使能位,如果RX ERROR位(SCIRXST.7)因发生接收错误而置位,该位使能后将允许中断产生。

1:接收错误中断使能;

0:接收错误中断禁止。

位5:SW RESET,SCI软件复位,该位写0,将初始化SCI状态和复位各标志位(SCICTL2和SCIRXST)到上电复位后状态。该位写1,将使能SCI,各寄存器标志位值见表6.5.1。

表6.5.1　寄存器标志位值

SCI标志位	寄存器位	SW RESET值
TXRDY	SCICTL2. bit7	1
TX EMPTY	SCICTL2. bit6	1
RXWAKE	SCIRXST. bit1	0
PE	SCIRXST. bit2	0
OE	SCIRXST. bit3	0
FE	SCIRXST. bit4	0
BRKDT	SCIRXST. bit5	0
RXRDY	SCIRXST. bit6	0
RX ERROR	SCIRXST. bit7	0

位4:保留位。

位3:TXWAKE,SCI发送器唤醒方式选择,该位与SCI多机通信方式选择位配合,确定唤醒方式的发送模式。

1:发送。发送模式决定于多机通信模式,在空闲线模式下,向TXWAKE写入1,然后向SCITXBUF寄存器写入数据(一般是随机任意数据,该数据不会被发送),将产生11个数据位的静态空间,用于空闲线模式下的多机通信。在地址位模式下,向TXWAKE写入1,然后向SCITXBUF寄存器写入数据将会使该帧的地址位置位。

0:不发送。

位 2:SLEEP,SCI 的休眠模式使能位,在多机通信模式中,该位置位进入休眠模式,直到检测到地址字节;该位清零,则退出休眠模式。

1:休眠模式使能;

0:休眠模式禁止。

位 1:TXENA,SCI 发送使能位,该位置位,数据才能从 SCITXD 引脚发送;如果该位清零,则只有从前写入 SCITXBUF 中的数据被发送,之后暂停。

1:发送器使能;

0:发送器禁止。

位 0:RXENA,SCI 接收使能位,该位置位,接收器 RX 使能,接收数据被传送到接收缓冲器。

1:接收器使能,接收字符传送到 SCIRXBUF 和 SCIRXEMU;

0:接收器禁止。

3. SCI 波特率选择寄存器

SCI 的波特率选择寄存器有两个:SCIHBAUD、SCILBAUD,如图 6.5.3 所示,两个寄存器组成 16 位的 BRR,用于选择 SCI 的通信波特率。具体计算方法前面已经讨论过,这里不再赘述。

15	14	13	12	11	10	9	8
BAUD15 (MSB)	BAUD14	BAUD13	BAUD12	BAUD11	BAUD10	BAUD9	BAUD8
R/W-0	R/W-0	R/W-0	R/W-0	R/W-0	R/W-0	R/W-0	R/W-0

7	6	5	4	3	2	1	0
BAUD7	BAUD6	BAUD5	BAUD4	BAUD3	BAUD2	BAUD1	BAUD0
R/W-0	R/W-0	R/W-0	R/W-0	R/W-0	R/W-0	R/W-0	R/W-0

图 6.5.3　SCI 的波特率选择寄存器 SCIHBAUD、SCILBAUD

4. SCI 控制寄存器 2 (SCICTL2)

该寄存器和 SCICTL1 共同完成 SCI 端口的协调控制任务,结构如图 6.5.4 所示。

7	6	5～2	1	0
TXRDY	TX EMPTY	Reserved	RX/BK INT ENA	TX INT ENA
R-1	R-1	R-0	R/W-0	R/W-0

图 6.5.4　SCI 控制寄存器 2 (SCICTL2)

位 7:TXRDY,发送缓冲寄存器就绪标志,该位置 1,表示发送缓冲寄存器 SCITXBUF 准备好接收下一个字符。如果发送中断使能位 TX INT ENA 置 1,那么该 TXRDY 标志位置位将产生一个发送中断请求。通过 SW RESET 位(SCICTL1.5)或系统复位,均可以将该位置 1。

1:SCITXBUF 准备好接收下一个字符;

0:SCITXBUF 满。

位 6：TX EMPTY，发送器空标志。该标志位表示发送器的缓冲寄存器 SCITXBUF 和移位寄存器 TXSHF 是否为空，软复位 SW RESET 和系统复位都可以把该位置 1。

1：发送缓冲寄存器 SCITXBUF 和移位寄存器 TXSHF 都为空；

0：发送缓冲寄存器 SCITXBUF 和移位寄存器 TXSHF 或两者之一不为空。

位 1：RX/BK INT ENA，接收器缓冲/中断使能位，该位对 RXRDY 标志位和 BRKDT 标志位(SCIRXST.6 and .5)置 1 引起的中断请求进行使能控制。

1：RXRDY/BRKDT 中断使能；

0：RXRDY/BRKDT 中断禁止。

位 0：TX INT ENA，SCITXBUF 寄存器中断使能位，该位对由 TXRDY 标志置 1 引起的中断请求进行使能控制。

1：使能 TXRDY 中断；

0：禁止 TXRDY 中断。

5. SCI 接收状态寄存器 SCIRXST

该寄存器标志接收器的状态，每一个字符传送到接收缓冲器时，状态标志位都要更新。每次读缓冲器，标志位清零。寄存器结构如图 6.5.5 所示。

7	6	5	4	3	2	1	0
RX ERROR	RXRDY	BRKDT	FE	OE	PE	RXWAKE	Reserved
R-0	R-0	R-0	R-0	R-0	R-0	R-0	R-0

图 6.5.5 SCI 接收状态寄存器 SCIRXST

位 7：RX ERROR，SCI 接收器错误标志位。该位置位表示接收器发生了错误，该位是 SCIRXST.5 ~ SCIRXST.2(分别为 BRKDT 间断检测、FE 帧错误、OE 溢出错误、PE 奇偶校验错误)相或操作的结果。如果 RXERR INT ENA(SCICTL1.6)为 1，则产生中断。该位不能直接清零，需 SW RESET 或系统复位。

1：错误标志置位；

0：错误标志未置位。

位 6：RXRDY，SCI 接收器就绪标志位，该标志置位表示接收器 SCIRXBUF 寄存器中有字符等待被读取。如果 RX/BK INT ENA 置位，则产生接收器中断。通过读 SCIRXBUF 或 SW RESET 或系统复位可以清零该位。

1：可以从 SCIRXBUF 读字符；

0：SCIRXBUF 中没有字符。

位 5：BRKDT，SCI 间断检测标志位，当发生间断条件时，该标志位置位。间断条件是指，数据传输中停止位未被接收到，同时 SCI 接收数据线上连续保持了至少 10 位低电平。如果 RX/BK INT ENA 置位，则间断条件会产生接收器中断。该位需要 SW RESET 或系统复位来清零。

1：发生间断条件；

0：未发生间断条件。

位4:FE,SCI帧错误标志位。当SCI没有正确地接收到停止位时,该标志位置位,可通过SW RESET或系统复位为该位清零。

1:检测到帧错误;

0:未检测到帧错误。

位3:OE,SCI溢出错误标志位。当CPU尚未读出SCIRXEMU和SCIRXBUF中的数据时,后面的字符把前面的字符覆盖,称为溢出错误,则该标志位置位。可通过SW RESET或系统复位为该位清零。

1:检测到溢出错误;

0:未检测到溢出错误。

位2:PE,SCI奇偶校验错误标志。当SCI接收的一个字符中1的个数与其奇偶校验位不匹配时,该标志位置位。可通过SW RESET或系统复位为该位清零。

1:检测到奇偶校验错误;

0:未检测到奇偶校验错误或奇偶校验被禁止。

位1:RXWAKE,接收器唤醒检测标志位,该位置1表示检测到一个接收器唤醒条件。可通过SW RESET或系统复位为该位清零,也可通过发送静态空间或读缓冲寄存器SCIRXBUF来清零。

1:检测到唤醒条件;

0:未检测到唤醒条件。

位0:保留。

6. SCI接收数据缓冲寄存器SCIRXEMU、SCIRXBUF

SCI接收数据缓冲寄存器包括SCIRXBUF和SCIRXEMU(仿真数据缓冲寄存器),SCI接收到的数据由RXSHF传送到SCIRXBUF和SCIRXEMU,然后RXRDY置位,表示接收的数据可以读取。两个寄存器存放相同的数据,具有不同的地址,两者的区别是:读SCIRXBUF操作将清除RXRDY标志位,而读SCIRXEMU不会清除RXRDY标志位,所以正常情况下的数据读取是使用SCIRXBUF寄存器,SCIRXEMU仅用作仿真使用。

图6.5.6为SCIRXEMU的寄存器结构图,ERXDT7 ~ ERXDT0是8个数据位。

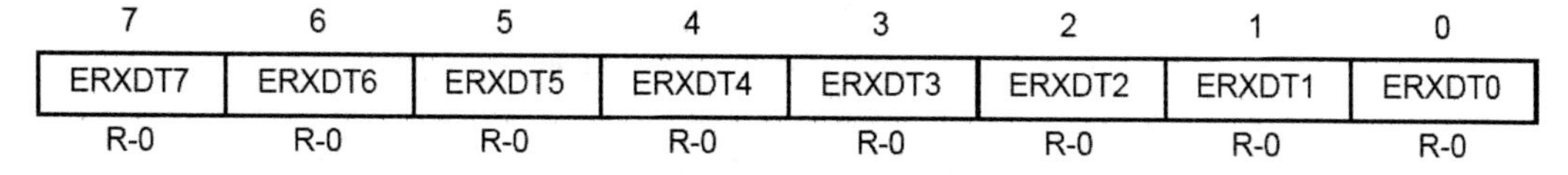

7	6	5	4	3	2	1	0
ERXDT7	ERXDT6	ERXDT5	ERXDT4	ERXDT3	ERXDT2	ERXDT1	ERXDT0
R-0	R-0	R-0	R-0	R-0	R-0	R-0	R-0

图6.5.6　SCI接收数据缓冲寄存器SCIRXEMU

对于SCIRXBUF寄存器,当接收的数据从RXSHF移位到接收缓冲寄存器SCIRXBUF中时,标志位RXRDY置位,表明数据已经就绪,如果RX/BK INT ENA置位,则会产生中断。读取SCIRXBUF时,RXRDY被清除。图6.5.7为SCIRXBUF结构图。

位15:SCIFFFE,SCI FIFO帧错误标志位(仅在FIFO使能时可用)。

1:接收字符时产生帧错误;

0:接收字符时未产生帧错误。

位14:SCIFFPE,SCI FIFO奇偶校验错误标志位(仅在FIFO使能时可用)。

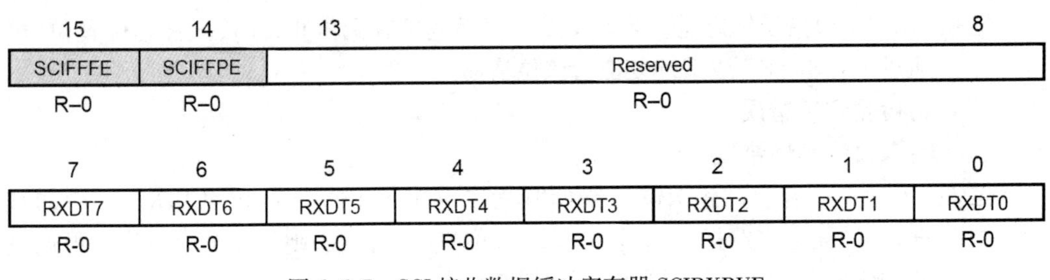

图6.5.7　SCI接收数据缓冲寄存器SCIRXBUF

1:接收字符时产生奇偶校验错误;

0:接收字符时未产生奇偶校验错误。

位7～位0:RXDT7～RXDT0,接收到的字符位。

7. SCI发送数据缓冲寄存器SCITXBUF

该寄存器存放待发送的数据,CPU将该寄存器中的数据传送到发送移位寄存器TX-SHF,并置位TXRDY,表明SCITXBUF已经准备接收下一个数据,如果TX INT ENA置位,则产生一个中断请求。传送数据必须右对齐,如果数据小于8位宽度,则最左边的位被忽略。寄存器结构如图6.5.8所示,TXDT7～TXDT0为发送数据位。

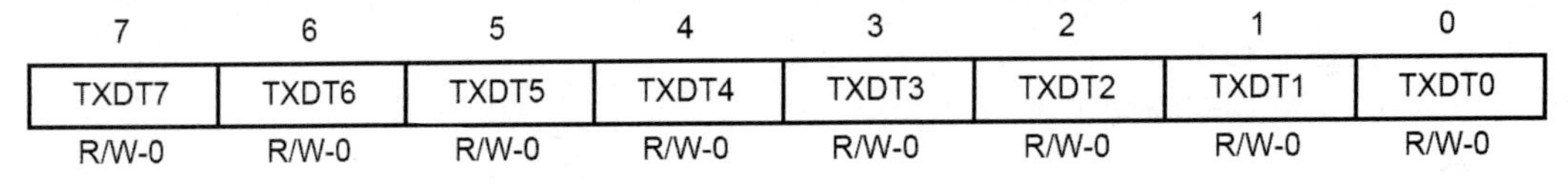

图6.5.8　SCI发送数据缓冲寄存器SCITXBUF

8. SCI优先级控制寄存器SCIPRI

该寄存器确定SCI发送中断和接收中断的优先级别,并对仿真事件发生时SCI的操作进行设置。寄存器结构如图6.5.9所示。

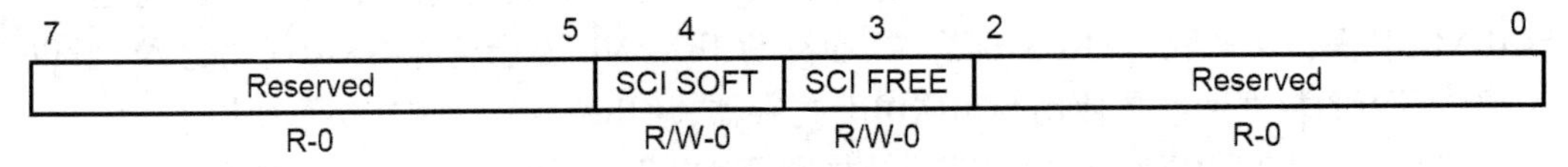

图6.5.9　SCI优先级控制寄存器SCIPRI

位4～位3:SOFT FREE,该两位决定系统在仿真挂起时,如何操作SCI。

0　0:立即停止;

1　0:完成当前的接收/发送操作后停止;

X　1:继续SCI操作,自由运行。

6.6　演示程序

本章的演示程序为SCI. pjt,该演示程序用来示范DSP的SCI通信功能。显然,通信程序的演示需要能够实现通信的双方来共同配合,这里采用HIT-2812V1.0演示验证板和PC机的RS-232串行端口来实现SCI串行通信功能。

HIT-2812V1.0演示验证板的SCI串行通信部分扩展了DSP的SCI接口,并通过接口电平转换实现 RS-485 通信，具体电路如前文所述，这里不再介绍。桌面 PC 机作为实现 SCI 串口通信的另一方，通过一个无源 RS-232～RS-485 转换器把 PC 机的 RS-232 串口转换成 RS-485 串口，通过 3 条传输线（A、B、GND）实现 DSP 演示验证板和 PC 机的 RS-485 互连。具体如图 6.6.1 和图 6.6.2 所示。

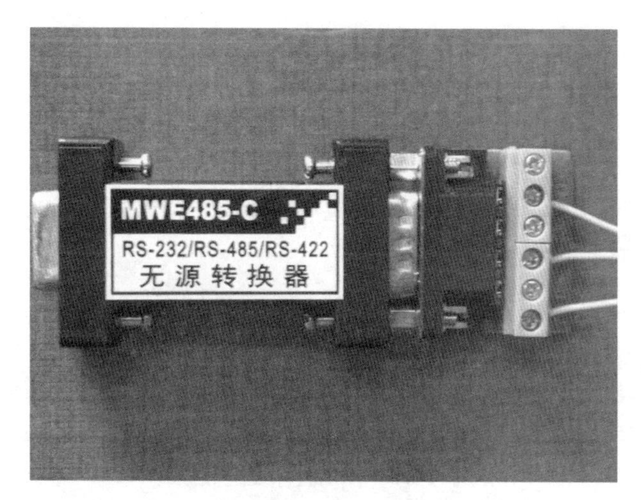

图 6.6.1　无源 RS-232～RS-485 转换器

图 6.6.2　DSP 演示验证板串口接线

演示程序 SCI. pjt 运行于 HIT-2812 V1.0 演示验证板上，该程序实现 DSP 的 SCI 串行接口初始化配置、数据的发送和接收等，程序的具体功能：首先通过 SCI 发送字符串“Hello，World！”，然后接收 SCI 传来的字符数据，当接收到“ * ”字符时，表示一次传输结束，该程序将把上次接收到的字符通过 SCI 串口回传发送出去。所以，为了配合此程序，在 PC 机上运行串口调试助手（这是一个常用的串口发送和接收调试程序，由于是自由软件，读者可以很容易从互联网获得），通过在串口调试助手中显示接收和发送的数据，即可实现 SCI 通信功能的演示。具体的例子如图 6.6.3 ~ 6.6.5 所示。

图 6.6.3　演示程序发送数据

图 6.6.4　PC 机调试助手发送数据

下面为 SCI. c 源程序代码。

```
/*  hit-F2812-v1.0 板:测试 RS-485 串口功能
   启动串口调试助手. exe;
   从 PC 机发送一个"*"为结束回显标志
   DSP 将 PC 机刚发送的数据送回 PC 显示
*/
```

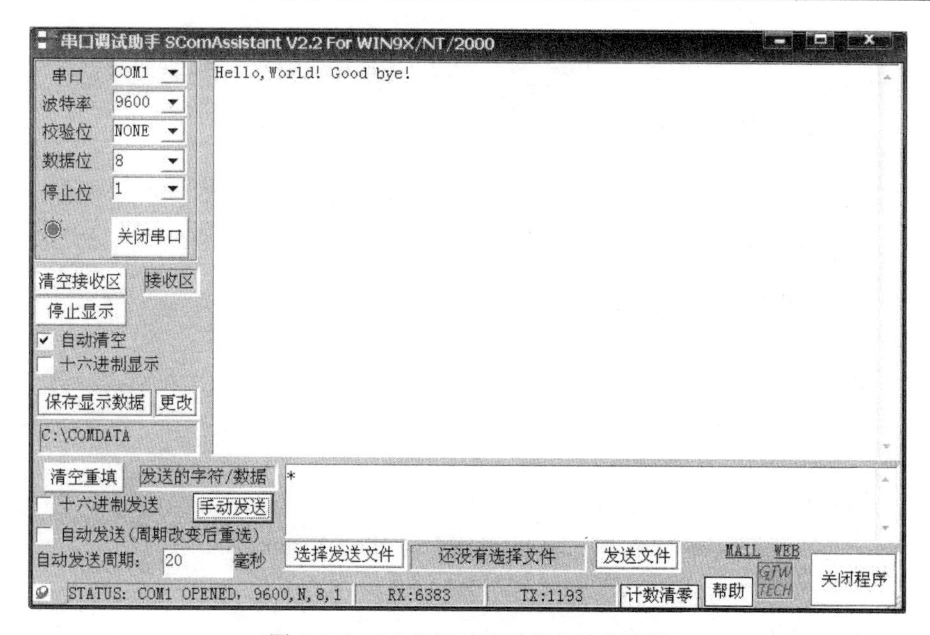

图 6.6.5　PC 机调试助手接收回传数据

```
#include "DSP281x_Device.h"
#include "DSP281x_Examples.h"

void scia_loopback_init(void);
void scia_fifo_init(void);
void scia_xmit(int a);
void Gpio_PortA1(void);
void Gpio_PortA2(void);

Uint16 LoopCount;
Uint16 ErrorCount;
char cString[17] = {"Hello,World!"},cReceive,cBuffer[17],cAnswer[17];
void main(void)
{
    char ReceivedChar;
    int i,j,k=0,nLen,bReceive=0;
    InitSysCtrl();

    EALLOW;
    GpioMuxRegs.GPFMUX.all=0x0030;// Select GPIOs to be Sci pins
                                  // Port F MUX - x000 0000 0011 0000
    EDIS;
```

```
    Gpio_PortA1();
    DINT;
    IER = 0x0000;
    IFR = 0x0000;

    InitPieVectTable();
    EnableInterrupts();

    LoopCount = 0;
    ErrorCount = 0;

    scia_fifo_init();    // Initialize the SCI FIFO
    scia_loopback_init();  // Initalize SCI for digital loop back

    for ( i=0;i<15;i++ )
        {
            scia_xmit(cString[i]);
            while(SciaRegs.SCIFFTX.bit.TXFFST != 0);
        }

for(;;)
    {   Gpio_PortA1();    //RS-485TX EN
      if ( bReceive==1 )
        {
          for ( i=0;i<nLen;i++ )
          {
          scia_xmit(cBuffer[i]);
              while(SciaRegs.SCIFFTX.bit.TXFFST != 0);{}
          }
        }
k=0; bReceive=0;
Gpio_PortA2(); //RS-485RX EN
        while(1)
        {
            while(SciaRegs.SCIFFRX.bit.RXFIFST ==0);
      // Exit the loop if the SCIRXBUF is not empty
            ReceivedChar = SciaRegs.SCIRXBUF.all;
            cBuffer[k]=ReceivedChar;
```

```
        if ( ReceivedChar=='*')
        {
        cBuffer[k+1]='\0';
        nLen=k+1;
        bReceive=1;
        break;
        }
    k++; k%=16;
      }
    }
}

void scia_loopback_init()
{
    SciaRegs.SCICCR.all =0x0007;    // 1 stop bit,No loopback
                                     // No parity,8 char bits,
                                     // async mode, idle-line protocol
    SciaRegs.SCICTL1.all =0x0003;   // enable TX, RX, internal SCICLK,
                                     // Disable RX ERR, SLEEP, TXWAKE
    SciaRegs.SCICTL2.all =0x0003;
    SciaRegs.SCICTL2.bit.TXINTENA =1;
    SciaRegs.SCICTL2.bit.RXBKINTENA =1;
    SciaRegs.SCIHBAUD      =0x0001;
    SciaRegs.SCILBAUD      =0x00e7;
    SciaRegs.SCICCR.bit.LOOPBKENA =0; // disable loop back
    SciaRegs.SCICTL1.all =0x0023;      // Relinquish SCI from Reset
}

void scia_xmit(int a)
{
    SciaRegs.SCITXBUF=a;
}

void scia_fifo_init()
{
    SciaRegs.SCIFFTX.all=0xE040;
    SciaRegs.SCIFFRX.all=0x204f;
```

```
    SciaRegs. SCIFFCT. all = 0x0;

}

void Gpio_PortA1(void)
{
    int var1, var2;
    var1 = 0xfeff;          // sets GPIO Muxs as I/Os
    var2 = 0xffff;          // sets GPIO 15 ~ 8 DIR as outputs, 7 ~ 0 DIR as inputs

    EALLOW;
    GpioMuxRegs. GPAMUX. all = var1;
    GpioMuxRegs. GPADIR. all = var2;

    EDIS;
    GpioDataRegs. GPADAT. all = 0xffff;
}

void Gpio_PortA2(void)
{
    int var1, var2;
    var1 = 0xfeff;          // sets GPIO Muxs as I/Os
    var2 = 0xffff;          // sets GPIO 15 ~ 8 DIR as outputs, 7 ~ 0 DIR as inputs

    EALLOW;
    GpioMuxRegs. GPAMUX. all = var1;
    GpioMuxRegs. GPADIR. all = var2;

    EDIS;
    GpioDataRegs. GPADAT. all = 0x0000;
}
```

第 7 章　SPI 串行外设接口

SPI 串行外设接口是一种高速同步串行接口，近年来的应用非常广泛，大量的 A/D 器件、显示接口器件、传感器件等外设器件都采用 SPI 接口，该接口具有通信速率高、形式简单的优点。

7.1　SPI 模块概述

TI28XDSP 的 SPI 接口具有主、从两种工作方式，包括 4 个外部引脚：SPISOMI、SPISIMO、$\overline{\text{SPISTE}}$、SPICLK，和其他设备的标准 SPI 接口兼容，数据字长为 1～16 位可编程，4 种时钟操作模式可选。SPI 模块框图如图 7.1.1 所示。

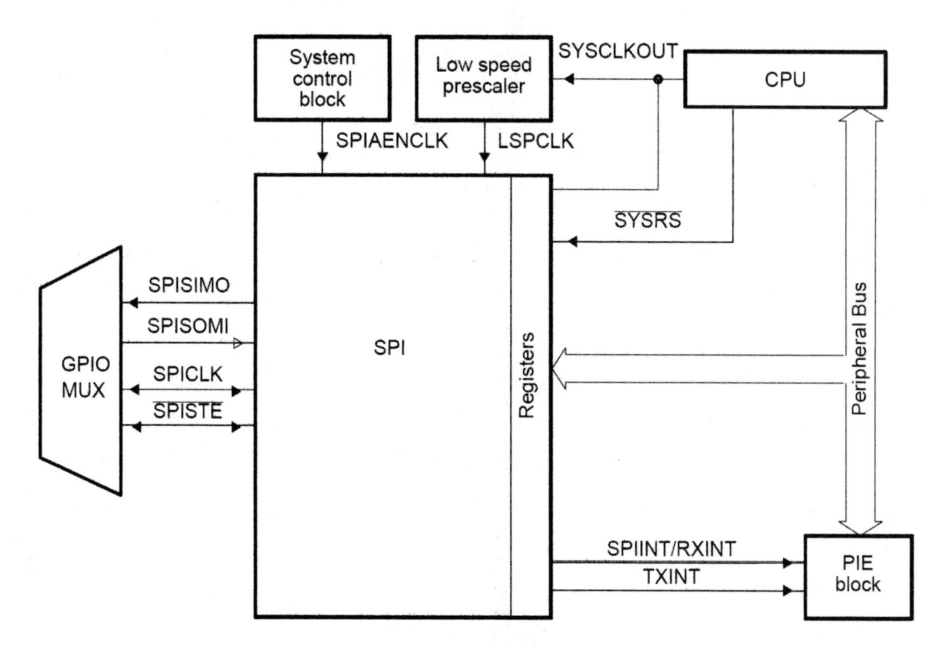

图 7.1.1　SPI 模块框图

SPI 模块具有 16 位发送和接收能力，采用双缓冲发送和双缓冲接收，所有寄存器为 16 位宽度，最大传输速率为 LSPCLK/4。SPI 相关寄存器见表 7.1.1。

表 7.1.1　SPI 寄存器表

名称	地址	长度	功能描述
SPICCR	0x007040	16 位	SPI 配置控制寄存器
SPICTL	0x007041	16 位	SPI 操作控制寄存器
SPIST	0x007042	16 位	SPI 状态寄存器
SPIBRR	0x007044	16 位	SPI 波特率寄存器
SPIEMU	0x007046	16 位	SPI 仿真缓冲寄存器
SPIRXBUF	0x007047	16 位	SPI 输入缓冲寄存器
SPITXBUF	0x007048	16 位	SPI 输出缓冲寄存器
SPIDAT	0x007049	16 位	SPI 数据寄存器
SPIFFTX	0x00704A	16 位	SPI FIFO 发送寄存器
SPIFFRX	0x00704B	16 位	SPI FIFO 接收寄存器
SPIFFCT	0x00704C	16 位	SPI FIFO 控制寄存器
SPIPRI	0x00704F	16 位	SPI 优先级控制寄存器

图 7.1.2 为 SPI 模块结构和功能框图,具体细节将在后文中详述。

7.2　SPI 操作模式

DSP 的 SPI 模块可以工作在主模式(MASTER)或从模式(SLAVE)状态下,主、从模式决定数据流的方向和通信的主导地位。不论何种模式,SPI 都要通过 SPICLK 来驱动每一个数据位的传送,通过 $\overline{\text{SPISTE}}$ 来选通 SPI 设备,通过 SPISIMO 和 SPISOMI 来传送数据。SPI 主设备控制 SPICLK 信号,所以它决定何时启动数据传送。基本的 SPI 主/从连接方式如图 7.2.1 所示。

SPI 工作模式包括:主模式和从模式。

主模式(MASTER/SLAVE = 1)下,SPI 设备通过 SPICLK 提供整个串行通信网络的时钟信号,数据流从 SPISIMO 引脚出,并从 SPISOMI 引脚入。SPIBRR 寄存器决定发送和接收的数据波特率。写入 SPIDAT 或 SPITXBUF 寄存器的数据可以启动 SPISIMO 引脚上的数据发送,首先发送的是数据的高有效位(MSB),同时,通过引脚 SPISOMI 接收数据移入 SPIDAT 的低有效位(LSB)。当设定数量的数据位发送完成时,接收到的数据被送到 SPIRXBUF 接收缓冲器供 CPU 读取,数据以右对齐方式存储。

当指定数量的数据位被传送之后,则会产生以下事件:

(a)接收到的 SPIDAT 中的数据传送到 SPIRXBUF 中。

(b)SPI INT FLAG(SPISTS.6)SPI 中断标志位被置位。

(c)如果发送缓冲器 SPITXBUF 中还存在有效数据(由 SPISTS 寄存器中的 TXBUF FULL 位确认),则该数据被传送到 SPIDAT 寄存器并被发送;否则,SPIDAT 寄存

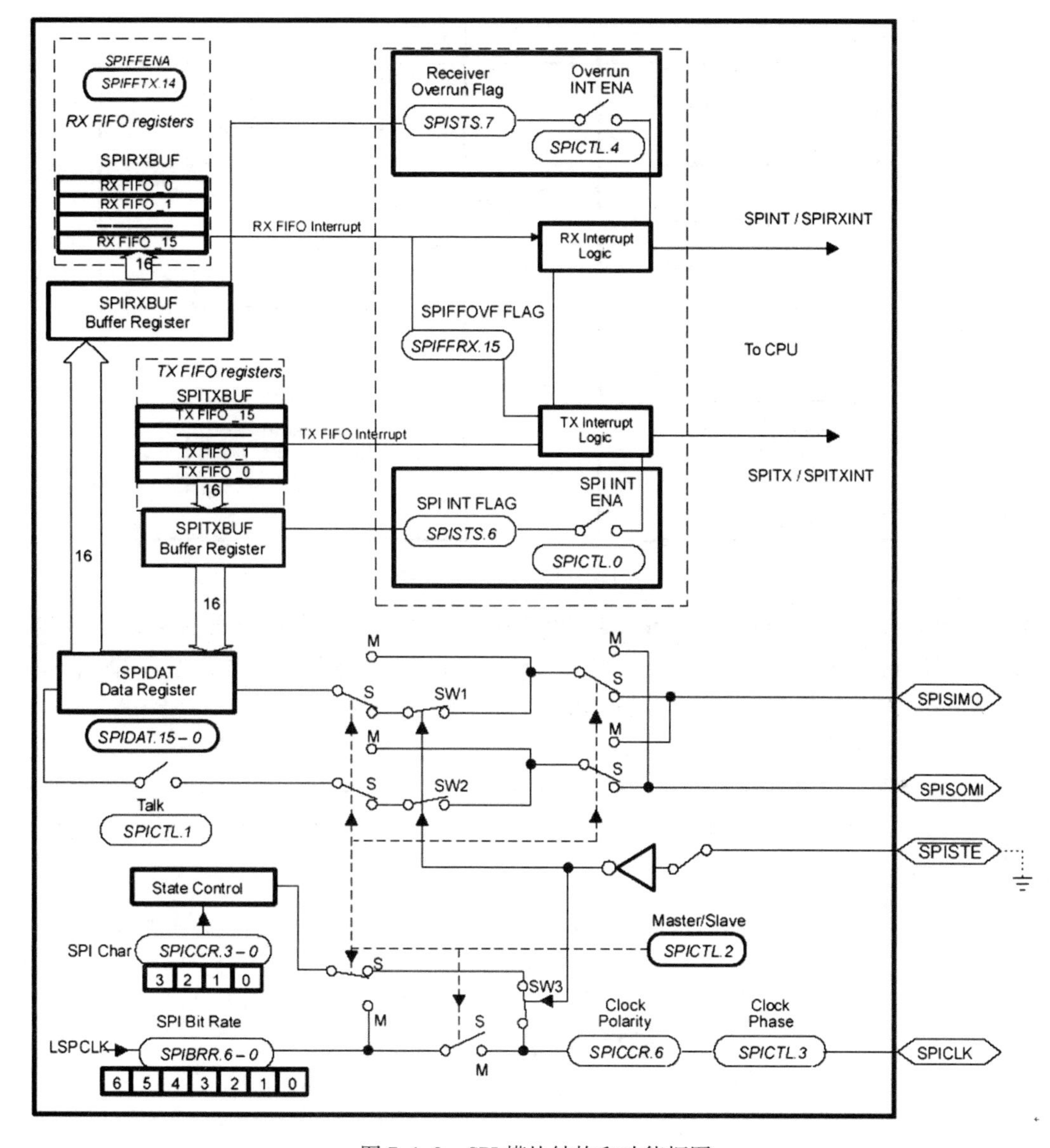

图 7.1.2　SPI 模块结构和功能框图

器中的所有数据被发送后,SPICLK 停止。

(d)如果 SPI 中断使能位 SPI INT ENA(SPICTL.0)置位,则产生中断。

在通常的系统应用中,$\overline{\text{SPISTE}}$作为 SPI 设备的片选引脚,在数据传送前应将该引脚置低,传送完毕将该引脚置高。

从模式(MASTER/SLAVE=0)下,数据从 SPISOMI 引脚移出,同时从 SPISIMO 引脚移入。SPICLK 引脚用于串行通信时钟信号的输入,该信号由外部网络 SPI 主控制器提供(即工作在主模式的 SPI 设备)。

当从处于主模式的 SPI 设备接收到合适的 SPICLK 时钟信号时,写入 SPIDAT 或 SPITXBUF 的数据被传送到网络,当要被发送的所有数据移出 SPIDAT 之后,写入 SPIRX-

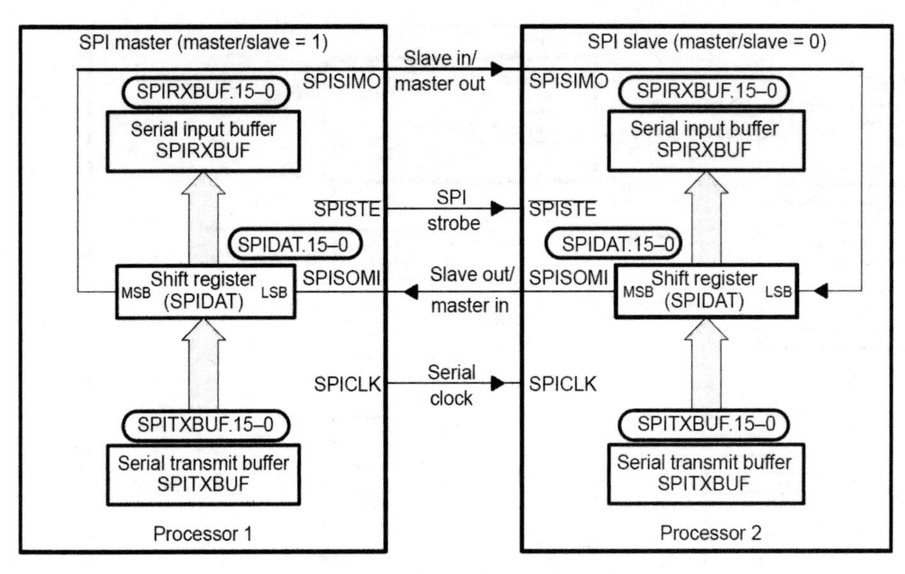

图 7.2.1　SPI 主/从模式连接图

BUF 的数据会移入 SPIDAT 中。如果当 SPITXBUF 被写入时没有数据正在发送,则数据会立即传送到 SPIDAT。此外为了接收数据,SPI 将等待网络主控制器送出 SPICLK 信号,然后将 SPISIMO 引脚上的数据移位到 SPIDAT 中。

当 TALK 位(SPICTL.1)被清除时,数据传送被禁止,相应的输出引脚(SPISOMI)置为高阻状态,如果此时正在进行数据传输,则在数据传输完成后,设置成高阻状态。该状态位的设置使一个网络上可以有多个处于从状态的 SPI 设备,通过该位的选择,某一时刻只有一个设备驱动 SPISOMI。

此外,$\overline{\text{SPISTE}}$引脚作为设备选通引脚,引脚低电平则相应设备选通,高电平则相应设备停止工作。

7.3　SPI 中断和数据传输

7.3.1　SPI 中断控制位

DSP 共有 4 个控制位用来管理 SPI 中断,分别为:

1. SPI INT ENA 位(SPICTL.0)

该位控制 SPI 中断的使能,该位置位,若发生 SPI 中断则会产生相应的中断事件。

2. SPI INT FLAG 位(SPISTS.6)

该位标志一个字符已经存入 SPI 接收缓冲寄存器,可以被读取。当一个完整字符移入或移出 SPIDAT 时,SPI INT FLAG 位被置位,同时如果 SPI INT ENA 位置位,将产生中断。中断保持直至以下事件发生:

(a)中断被响应。

(b)CPU 读取 SPIRXBUF。

(c)IDLE 指令使设备进入 IDEL2 模式或 HALT 模式。

(d)软件清除 SPI SW RESET 位(SPICCR.7)。

(e)发生系统复位。

当该位置位时,表示一个字符已经存入 SPIRXBUF,可以被读取。如果 CPU 没有在下一个完整字符收到前读取该字符,则新的字符会被写入 SPIRXBUF,同时接收器溢出标志位(SPISTS.7)置位。

3. OVERRUN INT ENA 位(SPICTL.4)

当 RECEIVEROVERRUN FLAG 位被硬件置位时,溢出中断使能位允许产生一个中断;由 RECEIVEROVERRUN FLAG 位产生的中断和由 SPI INT FLAG 位产生的中断共享同一个中断向量。

4. RECEIVEROVERRUN FLAG 位(SPISTS.7)

当 SPIRXBUF 中前一个字符被读取前,又有新的字符被接收并存入 SPIRXBUF,则 RECEIVEROVERRUN FLAG 位被置位,该标志位必须软件清除。

7.3.2　SPI 数据格式和波特率

SPI 传送的字符数据长度可以在 1 ~ 16 位之间,由 SPICCR.3 ~ 0 控制位确定。该状态位的信息确定控制逻辑计数接收或发送的二进制位数,从而决定何时处理完一个字符。如果字符的位数少于 16 位,则按照下列方式对齐。

(1)字符写入 SPIDAT 或 SPITXBUF 时左对齐。

(2)从 SPIRXBUF 读出的字符右对齐。

(3)SPIRXBUF 存放最新接收的字符(右对齐方式),再加上那些已经移位到左边的前次传送留下的位。

SPI 支持 125 种不同的波特率。在主模式下,引脚 SPICLK 输出 SPI 时钟信号;在从模式下,引脚 SPICLK 接收外部的 SPI 时钟信号;在主/从模式下,SPICLK 时钟信号均不能超过 LSPCLK(低速外设时钟)的 1/4。具体的 SPI 波特率设定遵照下面的关系。

当 SPIBRR 在 3 ~ 127 之间时:SPI 波特率 = LSPCLK/(SPIBRR+1);

当 SPIBRR 在 0 ~ 2 之间时:SPI 波特率 = LSPCLK/4。

有两个寄存器位控制 SPI 时钟的锁存特性:CLOCK POLARITY 位(SPICCR.6)和 CLOCK PHASE 位(SPICTL.3)。前者控制有效的时钟上下沿,后者用来选择时钟沿的半周期延时,具体分为 4 种。见表 7.3.1。

(1)无延时上升沿,SPI 在 SPICLK 的上升沿发送数据,在 SPICLK 的下降沿接收数据。

(2)有延时上升沿,SPI 在 SPICLK 的上升沿之前半个周期发送数据,在 SPICLK 的上升沿接收数据。

(3)无延时下降沿,SPI 在 SPICLK 的下降沿发送数据,在 SPICLK 的上升沿接收数据。

(4)有延时下降沿,SPI 在 SPICLK 的下降沿之前半个周期发送数据,在 SPICLK 的下降沿接收数据。

表 7.3.1 SPICLK 表

SPICLK 可选方案	CLOCK 极性(SPICCR.6)	CLOCK 相位(SPICTL.3)
无延时上升沿	0	0
有延时上升沿	0	1
无延时下降沿	1	0
有延时下降沿	1	1

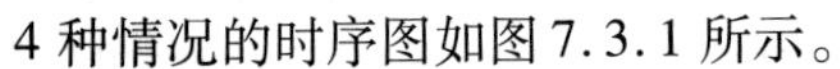
4 种情况的时序图如图 7.3.1 所示。

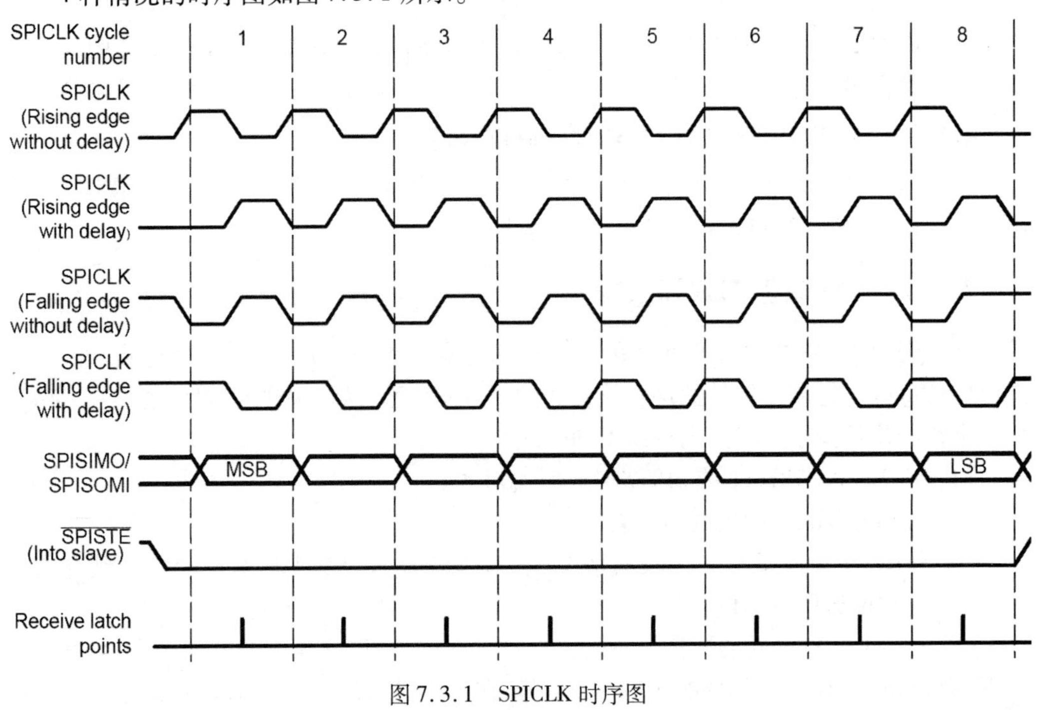

图 7.3.1 SPICLK 时序图

7.4 SPI FIFO

TI28XDSP 的 SPI 模块对标准 SPI 进行增强,增加了 2 个 16×16 位 FIFO,提高了 SPI 的传输效率。下面对 SPI FIFO 基本特性加以介绍。

(1)上电复位后,SPI 处于标准 SPI 模式,FIFO 功能被禁用。

(2)通过设置 SPIFFTX 寄存器中的 SPIFFEN 位为 1,可以使能 SPI 的 FIFO 功能, SPIRST 可以在使用过程中复位 FIFO。

(3)FIFO 模式下有 2 个中断,一个用于发送 FIFO(SPITXINT),另一个用于接收 FIFO (SPIINT/SPIRXINT)。SPIINT/SPIRXINT 是 SPI FIFO 接收、接收错误和接收 FIFO 溢出的共用中断。标准 SPI 中作为发送和接收的单一 SPIINT 中断将被禁用,该中断将作为 SPI 接收 FIFO 中断。

(4)标准 SPI 中的发送缓冲器 TXBUF 将作为发送 FIFO 和移位寄存器之间的缓冲器,

只有在移位寄存器移出最后一位后,发送缓冲器 TXBUF 才装载入发送 FIFO。

(5) FIFO 中的字符送入发送移位寄存器的速率是可编程的,在 SPIFFCT 寄存器的 FFTXDLY7 ~ FFTXDLY0 这 8 位定义了传输延时,延时时间为 0 ~ 255 个 SPICLK, FIFO 可以在 0 延时到 255 个 SPICLK 延时之间选择。

(6) 发送和接收 FIFO 有状态位来标志 FIFO 中可用的字数,分别为 TXFFST 和 RXFFST,这些状态位可以被发送 FIFO 复位位(TXFIFO RESET)和接收 FIFO 复位位(RXFIFO RESET)清零。

(7) SPI 发送和接收 FIFO 都可以产生中断,当发送 FIFO 状态位 TXFFST(位 12 ~ 8)匹配(小于或等于)中断触发等级位 TXFFIL(位 4 ~ 0)时,将触发中断。类似地,接收 FIFO 也有相应的中断触发机制。发送 FIFO 的触发等级位缺省值为 0b00000,接收 FIFO 的触发等级位缺省值为 0b11111。SPI 的中断标志模式见表 7.4.1。

表 7.4.1　SPI 的中断标志模式表

FIFO 状态	SPI 中断源	中断标志	中断使能位	SPIFFENA	中断线
SPI 模式	接收溢出	RXOVRN	OVRNINT ENA	0	SPIRXINT
	数据接收	SPIINT	SPIINT ENA	0	SPIRXINT
	发送空	SPIINT	SPIINT ENA	0	SPIRXINT
SPI FIFO 模式	FIFO 接收	RXFFIL	RXFFIENA	1	SPIRXINT
	发送空	TXFFIL	TXFFIENA	1	SPITXINT

7.5　SPI 寄存器

TI28XDSP 的 SPI 部分控制寄存器介绍如下。

1. SPI 配置控制寄存器(SPICCR)

SPICCR 寄存器结构如图 7.5.1 所示。

7	6	5	4	3	2	1	0
SPI SW Reset	CLOCK POLARITY	Reserved	SPILBK	SPI CHAR3	SPI CHAR2	SPI CHAR1	SPI CHAR0
R/W-0	R/W–0	R–0	R–0	R/W–0	R/W–0	R/W–0	R/W–0

图 7.5.1　SPI 配置控制寄存器 SPICCR

位 7:SPI SW Reset　SPI 软件复位位。
该位为 1,SPI 准备发送和接收下一个字符。
该位为 0,将 SPI 操作标志初始化为复位条件。将接收器溢出标志位(SPISTS. 7)、SPI INT FLAG 位(SPISTS. 6)、TX-BUF FULL 位(SPISTS. 5)清除。SPI 配置保持不变。如果 SPI 工作在主模式,则 SPICLK 输出停止。

位 6:CLOCK POLARITY　SPI 时钟极性控制位。

该位为1,数据在SPICLK下降沿输出,在SPICLK上升沿输入。无数据传输时,SPICLK为高电平。同时数据的输入输出时序还和时钟相位CLOCK PHASE位(SPICTL.3)有关:

当CLOCK PHASE位(SPICTL.3)=0,在SPICLK信号的下降沿输出数据,而在其上升沿将输入数据锁存。

当CLOCK PHASE位(SPICTL.3)=1,在SPICLK信号的第一个下降沿之前的半个周期处和随后的SPICLK信号上升沿处输出数据。在SPICLK信号的下降沿将输入数据锁存。

该位为0,数据在SPICLK上升沿输出,在SPICLK下降沿输入。无数据传输时,SPICLK为低电平。同时数据的输入输出时序还和时钟相位CLOCK PHASE位(SPICTL.3)有关:

当CLOCK PHASE位(SPICTL.3)=0,在SPICLK信号的上升沿输出数据,而在其下降沿将输入数据锁存。

当CLOCK PHASE位(SPICTL.3)=1,在SPICLK信号的第一个上升沿之前的半个周期处和随后的SPICLK信号下降沿处输出数据。在SPICLK信号的上升沿将输入数据锁存。

位4:SPILBK　　SPI自反馈位。该位可以使SPI模块内部输出与输入相连,用来实现自测试,该方式只在SPI为主模式时有效。

该位为1,SPI自反馈模式使能,SIMO/SOMI线在内部相连。

该位为0,SPI自反馈模式禁止。

位3~位0:SPI CHAR3~SPICHAR0

长度控制位。该4位确定SPI通信中,一个字符的二进制位数。取值为该4位二进制数对应的数值。

2. SPI操作控制寄存器(SPICTL)

SPPICTL寄存器控制SPI通信的基本操作特性:时钟相位和工作方式、中断、数据传送等。该寄存器基本结构如图7.5.2所示。

7～5	4	3	2	1	0
Reserved	OVERRUN INT ENA	CLOCK PHASE	MASTER/SLAVE	TALK	SPI INT ENA
R-0	R/W-0	R/W-0	R/W-0	R/W-0	R/W-0

图7.5.2　SPI操作控制寄存器SPICTL

位4:OVERRUN INT ENA　　溢出中断使能位。当接收器溢出标志位(SPISTS.7)由硬件置位,并且该位也已经置位时,将产生一个溢出中断。溢出中断和SPI INT FLAG位(SPISTS.6)产生的中断共享同一个中断向量。

该位为1,接收器溢出标志位(SPISTS.7)中断使能;

该位为 0，接收器溢出标志位（SPISTS.7）中断禁止。

位 3：CLOCK PHASE　　SPI 时钟相位选择位。该位和 CLOCK POLARITY（SPICCR.6）组合，共形成 4 种时钟方案。
该位为 1，SPICLK 信号延迟半周期；
该位为 0，不延迟，采用通常的 SPICLK 信号。

位 2：MASTER/SLAVE　　SPI 主从模式控制位。该位决定 SPI 配置为主模式或者从模式。复位后，缺省为从模式。
该位为 1，SPI 配置为主模式；
该位为 0，SPI 配置为从模式。

位 1：TALK　　发送使能位。通过 TALK 位的设置，可以使 SPI 输出线为高阻态而禁止数据发送，当发送被禁止时，接收仍然可以进行。如果该位在发送过程中被禁止，发送移位寄存器将继续操作，直到上一个字符被送出。
该位为 1，发送使能；
该位为 0，发送禁止。此时，输出引脚呈高阻态（主模式下，SPISIMO 呈高阻态；从模式下，SPISOMI 呈高阻态）。

位 0：SPI INT ENA　　SPI 中断使能位。该位控制 SPI 产生发送/接收中断的能力。
该位为 1，中断使能；
该位为 0，中断禁止。

3. SPI 状态寄存器（SPISTS）

SPI 状态寄存器的结构如图 7.5.3 所示，该寄存器用来标志 SPI 部分的运行状态。

7	6	5	4～0
RECEIVER OVERRUN FLAG	SPI INT FLAG	TX BUF FULL FLAG	Reserved
R/C-0	R/C–0	R/C–0	R–0

图 7.5.3　SPI 状态寄存器 SPISTS

位 7：RECEIVER OVERRUN FLAG　　SPI 接收器溢出标志位。该位为只读只清除位。当完成接收或发送操作时，前一个字符仍未从缓冲器中读出，则 SPI 硬件将置位该位，该位表示最后一个接收的字符已经被覆盖并丢失，如果 OVERRUN INT ENA 位（SPICTL.4）已经被置位，则会产生一次中断。该位可以通过 3 种方法清除：
（1）向该位写 1。
（2）向 SPI SW RESET 位（SPICCR.7）写 0。

(3)系统复位。

如果该位没有被清除,将不会再产生中断。

位6:SPI INT FLAG SPI 中断标志位。该位置位表示已经完整接收或发送了字符的最后一位。如果 SPI INT ENA 位(SPICTL.0)也置位,则会产生一个中断。同样,该位也可以通过3种方法清除:

(1)读 SPIRXBUF。

(2)向 SPI SW RESET 位(SPICCR.7)写0。

(3)系统复位。

位5:TX BUF FULL FLAG SPI 发送缓冲器满标志位。当一个字符写入 SPI 发送缓冲器(SPITXBUF)时该位置1,当上一个字符被完全移出时,下一个字符将被自动装载入 SPIDAT,同时该位清除。系统复位时该位也会被清除。

4. SPI 波特率寄存器(SPIBRR)

SPIBRR 用来选择 SPI 的通信波特率,其结构如图7.5.4所示。

7	6	5	4	3	2	1	0
Reserved	SPI BIT RATE 6	SPI BIT RATE 5	SPI BIT RATE 4	SPI BIT RATE 3	SPI BIT RATE 2	SPI BIT RATE 1	SPI BIT RATE 0
R-0	RW-0	RW-0	RW-0	RW-0	RW-0	RW-0	RW-0

图7.5.4 SPI 波特率寄存器 SPIBRR

位6~位0:SPI BIT RATE6~SPI BIT RATE0 该7位确定 SPI 通信波特率。SPI 支持125种不同的波特率。在主模式下,引脚 SPICLK 输出 SPI 时钟信号;在从模式下,引脚 SPICLK 接收外部的 SPI 时钟信号;在主/从模式下,SPICLK 时钟信号均不能超过 LSPCLK(低速外设时钟)的1/4。具体的 SPI 波特率为:

当 SPIBRR 在3~127之间时:SPI 波特率=LSPCLK/(SPIBRR+1);

当 SPIBRR 在0~2之间时:SPI 波特率=LSPCLK/4。

5. SPI 仿真缓冲器寄存器(SPIRXEMU)

SPI 仿真缓冲器寄存器的结构如图7.5.5所示。

该寄存器和 SPIRXBUF 的内容相同,保存接收的数据。读取该寄存器不会清除 SPI INT 标志位(SPISTS.6)。

6. SPI 接收缓冲器寄存器(SPIRXBUF)

SPIRXBUF 寄存器结构如图7.5.6所示。

该寄存器用来保存接收到的数据,当 SPIDAT 接收到完整的字符时,该字符将被传送

15	14	13	12	11	10	9	8
ERXB15	ERXB14	ERXB13	ERXB12	ERXB11	ERXB10	ERXB9	ERXB8
R-0	R-0	R-0	R-0	R-0	R-0	R-0	R-0

7	6	5	4	3	2	1	0
ERXB7	ERXB6	ERXB5	ERXB4	ERXB3	ERXB2	ERXB1	ERXB0
R-0	R-0	R-0	R-0	R-0	R-0	R-0	R-0

图 7.5.5　SPI 仿真缓冲器寄存器 SPIRXEMU

15	14	13	12	11	10	9	8
RXB15	RXB14	RXB13	RXB12	RXB11	RXB10	RXB9	RXB8
R-0	R-0	R-0	R-0	R-0	R-0	R-0	R-0

7	6	5	4	3	2	1	0
RXB7	RXB6	RXB5	RXB4	RXB3	RXB2	RXB1	RXB0
R-0	R-0	R-0	R-0	R-0	R-0	R-0	R-0

图 7.5.6　SPI 接收缓冲器寄存器 SPIRXBUF

到 SPIRXBUF，并可以被读取，同时 SPI INT FALG 标志位置位。当数据被读取后，SPI INT FALG 标志位将被清除。

7. SPI 发送缓冲器寄存器（SPITXBUF）

SPITXBUF 寄存器结构如图 7.5.7 所示。

15	14	13	12	11	10	9	8
TXB15	TXB14	TXB13	TXB12	TXB11	TXB10	TXB9	TXB8
R/W-0	R/W-0	R/W-0	R/W-0	R/W-0	R/W-0	R/W-0	R/W-0

7	6	5	4	3	2	1	0
TXB7	TXB6	TXB5	TXB4	TXB3	TXB2	TXB1	TXB0
R/W-0	R/W-0	R/W-0	R/W-0	R/W-0	R/W-0	R/W-0	R/W-0

图 7.5.7　SPI 发送缓冲器寄存器 SPITXBUF

该寄存器存储下一个将被发送的字符。向该寄存器写操作将置位 TX BUF FULL 标志位（SPISTS.5）。当前字符发送结束时，该寄存器内容自动装载到 SPIDAT，同时 TX BUF FULL 标志位被清除。

8. SPI 数据寄存器（SPIDAT）

SPIDAT 数据寄存器的结构如图 7.5.8 所示。

该寄存器用来保存发送/接收移位数据，写入 SPIDAT 的数据在后续的 SPICLK 周期中被依次送出。

9. SPI FIFO 发送寄存器（SPIFFTX）

SPI FIFO 发送寄存器结构如图 7.5.9 所示。

位 15：SPIRST　　　　SPI 复位位。

15	14	13	12	11	10	9	8
SDAT15	SDAT14	SDAT13	SDAT12	SDAT11	SDAT10	SDAT9	SDAT8
R/W-0	R/W-0	R/W-0	R/W-0	R/W-0	R/W-0	R/W-0	R/W-0

7	6	5	4	3	2	1	0
SDAT7	SDAT6	SDAT5	SDAT4	SDAT3	SDAT2	SDAT1	SDAT0
R/W-0	R/W-0	R/W-0	R/W-0	R/W-0	R/W-0	R/W-0	R/W-0

图 7.5.8　SPI 数据寄存器 SPIDAT

15	14	13	12	11	10	9	8
SPIRST	SPIFFENA	TXFIFO	TXFFST4	TXFFST3	TXFFST2	TXFFST1	TXFFST0
R/W-1	R/W–0	R/W–1	R–0	R–0	R–0	R–0	R–0

7	6	5	4	3	2	1	0
TXFFINT Flag	TXFFINT CLR	TXFFIENA	TXFFIL4	TXFFIL3	TXFFIL2	TXFFIL1	TXFFIL0
R/W-0	W–0	R/W–0	R/W–0	R/W–0	R/W–0	R/W–0	R/W–0

图 7.5.9　SPI FIFO 发送寄存器 SPIFFTX

该位为 0,复位 SPI 的发送和接收通道,SPIFIFO 寄存器保持不变;

该位为 1,SPI FIFO 重新恢复发送和接收,不影响 SPI 寄存器位。

位 14:SPIFFENA　　SPI FIFO 增强功能使能位。

该位为 0,SPI FIFO 功能禁用;

该位为 1,SPI FIFO 功能使能。

位 13:TXFIFO　　发送 FIFO 复位位。

该位为 0,复位 FIFO 指针为 0;

该位为 1,使能发送 FIFO 开始工作。

位 12 ~ 位 8:TXFFST4 ~ 0　发送 FIFO 状态位。

该 5 位代表发送 FIFO 中的字符数量。

位 7:TXFFINT Flag　　TXFIFO 中断标志位。

该位为 0,没有发生 TXFIFO 中断;

该位为 1,已经发生 TXFIFO 中断。

位 6:TXFFINT CLR　　TXFIFO 中断标志清除位。向该位写 1 清除前述位 7 的 TXFFINT Flag 标志。

位 5:TXFFIENA　　TXFIFO 中断使能位。

该位为 0,基于 TXFFIVL 匹配(小于或等于)的 TXFIFO 中断禁用;

该位为 1,基于 TXFFIVL 匹配(小于或等于)的 TXFIFO 中断使能。

位 4 ~ 位 0:TXFFIL4 ~ 0　TXFIFO 中断等级位。当 TXFIFO 状态位(TXFFST4 ~ 0)和

TXFIFO 中断等级位(TXFFIL4 ~0)匹配(小于或等于)时，发送 FIFO 将产生中断。该位缺省值为0b00000。

10. SPI FIFO 接收寄存器(SPIFFRX)

SPI FIFO 接收寄存器结构如图 7.5.10 所示。

15	14	13	12	11	10	9	8
RXFFOVF Flag	RXFFOVF CLR	RXFIFO Reset	RXFFST4	RXFFST3	RXFFST2	RXFFST1	RXFFST0
R-0	W-0	R/W-1	R-0	R-0	R-0	R-0	R-0

7	6	5	4	3	2	1	0
RXFFINT Flag	RXFFINT CLR	RXFFIENA	RXFFIL4	RXFFIL3	RXFFIL2	RXFFIL1	RXFFIL0
R-0	W-0	R/W-0	R/W-1	R/W-1	R/W-1	R/W-1	R/W-1

图 7.5.10 SPI FIFO 接收寄存器 SPIFFRX

位 15:RXFFOVF Flag　接收 FIFO 溢出标志位。
该位为 0,接收 FIFO 没有溢出;
该位为 1,接收 FIFO 已经溢出,FIFO 接收到超过 16 个字。

位 14:RXFFOVF CLR　接收 FIFO 溢出标志清除位,向该位写 1,清除位 15 的溢出标志位。

位 13:RXFIFO Reset　接收 FIFO 复位位。
该位为 0,复位 FIFO 指针为 0;
该位为 1,使能接收 FIFO 开始工作。

位 12 ~ 位 8:RXFFST4 ~0　接收 FIFO 状态位。
该 5 位代表接收 FIFO 中的字符数量。

位 7:RXFFINT Flag　RXFIFO 中断标志位。
该位为 0,没有发生 RXFIFO 中断;
该位为 1,已经发生 RXFIFO 中断。

位 6:RXFFINT CLR　RXFIFO 中断标志清除位。向该位写 1 清除前述位 7 的 RXFFINT Flag 标志。

位 5:RXFFIENA　RXFIFO 中断使能位。
该位为 0,基于 RXFFIVL 匹配(大于或等于)的 RXFIFO 中断禁用;
该位为 1,基于 RXFFIVL 匹配(大于或等于)的 RXFIFO 中断使能。

位 4 ~ 位 0:RXFFIL4 ~0　RXFIFO 中断等级位。当 RXFIFO 状态位(RXFFST4 ~0)和 RXFIFO 中断等级位(RXFFIL4 ~0)匹配(大于或等于)时,接收 FIFO 将产生中断。该位缺省值为 0b11111。

11. SPI FIFO 控制寄存器(SPIFFCT)

SPI FIFO 控制寄存器结构如图 7.5.11 所示。

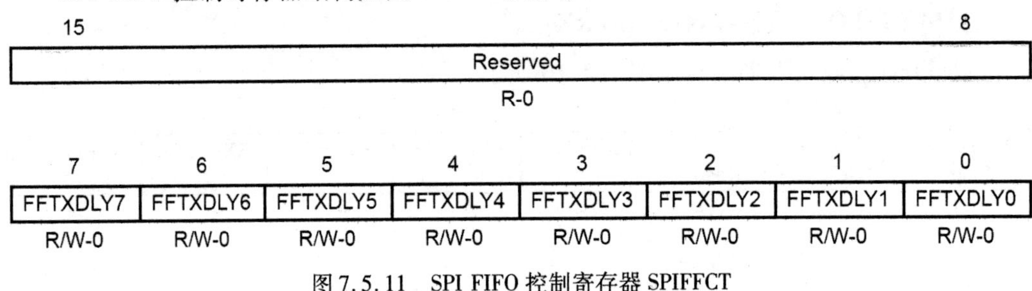

图 7.5.11 SPI FIFO 控制寄存器 SPIFFCT

位 7 ~ 位 0:FFTXDLY7 ~ 0　FIFO 发送延时位。这些位用来确定每次从 FIFO 发送缓冲器向发送移位寄存器传输字符时的延时。该延时定义为 SPI 时钟周期的个数,为 0 ~ 255 个周期。

12. SPI 优先级控制寄存器(SPIPRI)

SPI 优先级控制寄存器结构如图 7.5.12 所示。

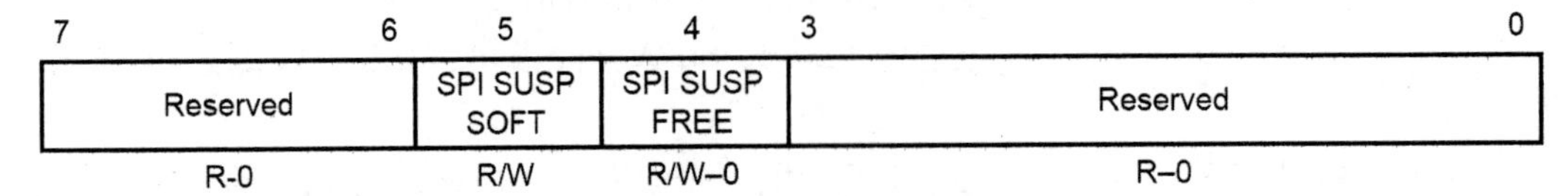

图 7.5.12 SPI 优先级控制寄存器 SPIPRI

位 5 ~ 位 4:SPI SUSP SOFT ~ SPI SUSP FREE

该两位确定当发生仿真器挂起时,SPI 的操作规则。

当两位为 00,且 TSPEND 信号发出时,发送立即停止。如果没有系统复位,一旦 TSUSPEND 信号撤销,DATBUF 中剩余的位将被移出。

当两位为 10 时,如果仿真器挂起发生在一次传送开始前,则传送将不会发生。如果仿真器挂起发生在一次传送开始后,则数据将全部被移出。

当两位为 X1 时,将自由运行,SPI 将继续工作,无论是否仿真器挂起。

7.6 演示程序

本章的演示程序包括 Example_281xSpi_FFDLB. prj(运行于 HIT-2812 V1.0 演示验证板)和 Example_280xSpi_FFDLB. prj(运行于瑞泰 2806 演示板)两个,用来示范 DSP 的 SPI 通信功能。显而易见,该演示验证必须有实现通信的两方配合完成,仅有一块电路板难以实现,这里借用一块 TMS320F2806 的成品电路板来配合本书中的演示板实现 SPI 通信功能。具体做法为,连接两块电路板的 SPISIMO、SPISOMI、SPICLK、SPITEA、GND。连接图如图 7.6.1 所示。

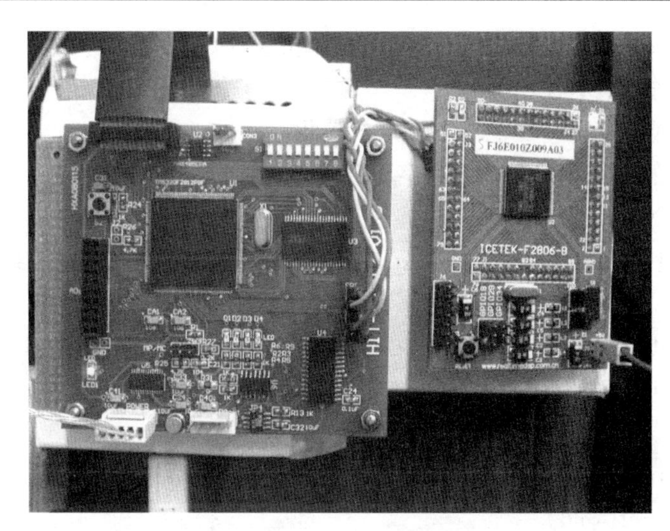

图 7.6.1　试验板与 F2806 板连接图

如图 7.6.2 所示，配套使用了瑞泰公司的 ICETEK-F2806-B 板，该板是 DSP2806 的最小系统板，板上仅扩展了 3.3 V 电源和 LED 灯，并把 GPIO 端口通过接插件引出，这里使用了 TMS320F2806DSP 的 SPIA 口，具体为 GPIO16、GPIO17、GPIO18、GPIO19，对应为 TMS320F2806DSP 的 SPISIMOA、SPISOMIA、SPICLKA、SPITEA。具体内容请参考 TMS320F2806DSP 用户手册，此处不再赘述。

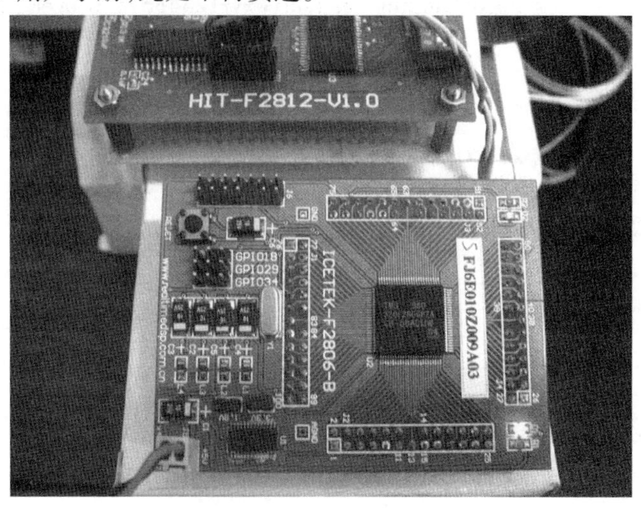

图 7.6.2　F2806-B 板图

演示程序 Example_281xSpi_FFDLB.prj 为 SPI 双机通信的主机程序，运行于演示板上，该程序通过 SPI 端口向 SPI 从机发送字符串，同时接收 SPI 从机传送来的字符数据。演示程序 Example_280xSpi_FFDLB.prj 为 SPI 双机通信的从机程序，运行在 F2806 板上（通过烧写程序写入 F2806DSP 中，这样可以只用一个仿真器完成实验），该程序接收 SPI 端口传来的字符数据，把小写字母转换成大写字母并回传。

通过在 SPI 主机程序中设置断点，对比查看发送字符数组和接收字符数组，即可验证 SPI 通信功能的实现。

下面介绍 SPI 主机通信程序 Example_281xSpi_FFDLB.c。

```
//SPI 双机通信演示程序
//SPI 主机程序发送一串字符,SPI 从机接收
//将字符中的小写字母变为大写字母并发送回主机
//以下程序为 SPI 主机程序
//可以在程序中设置断点观察 cString、receive 两个数组以查看通信结果

#include "DSP281x_Device.h"       // DSP281x Headerfile Include File
#include "DSP281x_Examples.h"     // DSP281x Examples Include File

void spi_xmit(Uint16 a);
void spi_fifo_init(void);
void spi_init(void);
void error(void);

char receive[0x70];
char cString[0x70] = { "hello,world! do you have time to talk? i want to talk with you,
                    abcdefghijklmnopqrstuvwxyz1234567890 over"};

void main(void)
{
    Uint16 sdata;   // send data
    Uint16 rdata;   // received data
    int i;
    InitSysCtrl();

    EALLOW;
    GpioMuxRegs.GPFMUX.all = 0x000F;
    // Select GPIOs to be SPI pins
    // Port F MUX - x000 0000 0000 1111
    EDIS;
    DINT;

// Initialize PIE control registers
    InitPieCtrl();

// Disable CPU interrupts and clear all CPU interrupt flags:
```

```
    IER = 0x0000;
    IFR = 0x0000;

// Initialize the PIE vector table
    InitPieVectTable();

    spi_fifo_init();   // Initialize the Spi FIFO
    spi_init();   // init SPI

    sdata = 0x0000;
    for(;;)
    {
      for(i=0;i<=0x70;i++)
      {
      sdata=cString[i];// Transmit data
      spi_xmit(sdata);
      // Wait until data is received
      while(SpiaRegs.SPIFFRX.bit.RXFFST != =1) { }
      // Check against sent data
      rdata = SpiaRegs.SPIRXBUF;
      //if(rdata != sdata) error();
      // sdata++;
      receive[i-1]=rdata;//Set up breakpoint,view the communications results through
                             //two arrays "receive" and "cString"
      }
      i=0;
    }
}

void error(void)
{
     asm("     ESTOP0");// Test failed!! Stop!
     for (;;);
}

void spi_init()
{
```

```
    SpiaRegs.SPICCR.all =0x000F;          // Reset on, rising edge, 16-bit char bits

    SpiaRegs.SPICTL.all =0x0006;          // Enable master mode, normal phase,
                                          // enable talk, and SPI int disabled.
    SpiaRegs.SPIBRR =0x007F;
    SpiaRegs.SPICCR.all =0x008F;          // Relinquish SPI from Reset
    SpiaRegs.SPIPRI.bit.FREE = 1;         // Set so breakpoints don't disturb
                                          //xmission
}

void spi_xmit(Uint16 a)
{
    SpiaRegs.SPITXBUF=a;
}

void spi_fifo_init()
{
// Initialize SPI FIFO registers
    SpiaRegs.SPIFFTX.all=0xE040;
    SpiaRegs.SPIFFRX.all=0x204f;
    SpiaRegs.SPIFFCT.all=0x0;
}
```

下面介绍 SPI 从机通信程序 Example_280xSpi_FFDLB.c。

```
//SPI 双机通信演示程序
//SPI 主机程序发送一串字符,SPI 从机接收
//将字符中的小写字母变为大写字母并发送回主机
//以下程序为 SPI 从机程序,该程序烧写到 DSP2806 的 flash 存储器中

#include "DSP280x_Device.h"      // DSP280x Headerfile Include File
#include "DSP280x_Examples.h"    // DSP280x Examples Include File

void spi_xmit(Uint16 a);
void spi_fifo_init(void);
void spi_init(void);
void error(void);
char receive[0xff];
```

```
void main( void)
{
   Uint16 sdata;
   Uint16 rdata;
   int i,j;

   InitSysCtrl( ) ;
   InitSpiaGpio( ) ;
   DINT;
   InitPieCtrl( ) ;

   IER = 0x0000;
   IFR = 0x0000;

   InitPieVectTable( ) ;
   MemCopy( &RamfuncsLoadStart, &RamfuncsLoadEnd, &RamfuncsRunStart) ;

   InitFlash( ) ;

   spi_fifo_init( ) ;    // Initialize the Spi FIFO
   spi_init( ) ;          // init SPI

   sdata = 0x0000;
   for( i=0;i<=0xff;i++)
   {receive[i] =0;}
   i=0;
   for( ; ; )
   {
     // Wait until data is received
     while( SpiaRegs. SPIFFRX. bit. RXFFST ! =1) { }
     rdata = SpiaRegs. SPIRXBUF;
     if( rdata>0x0060&&rdata<0x007B)//Convert all Cower-case letters into upper-case
                                          //letters
          sdata=rdata-0x0020;
     else
          sdata=rdata;
```

```
        spi_xmit(sdata);
    }
}

void error(void)
{
    asm("     ESTOP0");
    for (;;);
}

void spi_init()
{
    SpiaRegs.SPICCR.all =0x000F;        // Reset on, rising edge, 16-bit char bits
    SpiaRegs.SPICTL.all =0x0002;        // Enable master mode, normal phase,
                                        // enable talk, and SPI int disabled.
    SpiaRegs.SPIBRR =0x007F;
    SpiaRegs.SPICCR.all =0x008F;        // Relinquish SPI from Reset
    SpiaRegs.SPIPRI.bit.FREE = 1;       // Set so breakpoints don't disturb
                                        // xmission
}

void spi_xmit(Uint16 a)
{
    SpiaRegs.SPITXBUF=a;
}

void spi_fifo_init()
{
    //Initialize SPI FIFO registers
    SpiaRegs.SPIFFTX.all=0xE040;
    SpiaRegs.SPIFFRX.all=0x204f;
    SpiaRegs.SPIFFCT.all=0x0;
}
```

通过在程序中设置断点来监控接收数据的变化，如图 7.6.3 所示。在变量窗口中观察接收到的数据，如图 7.6.4 和图 7.6.5 所示。

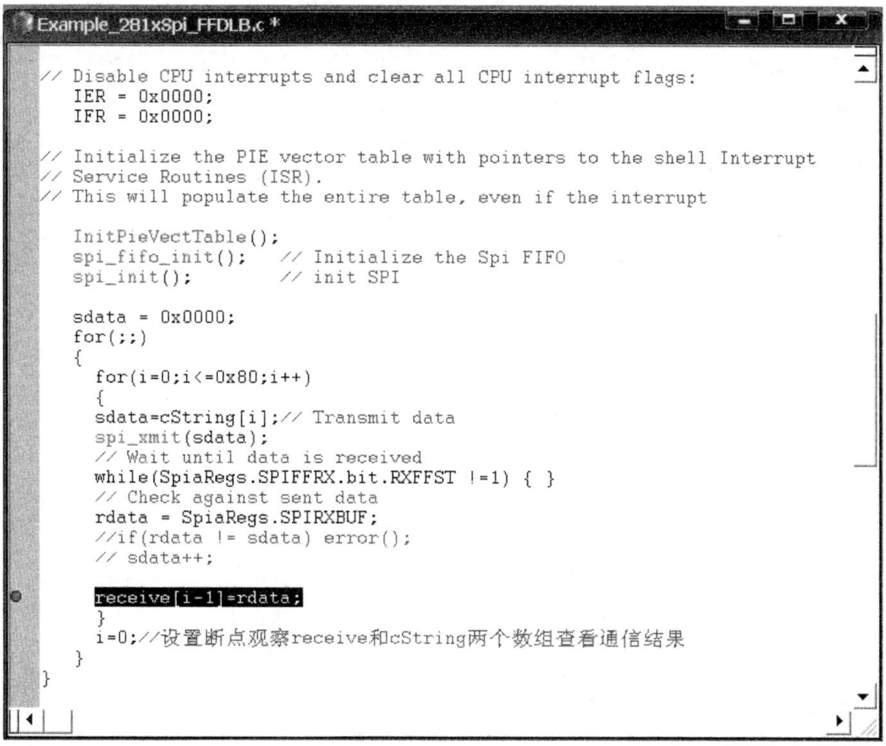

Example_281xSpi_FFDLB.c *

```
// Disable CPU interrupts and clear all CPU interrupt flags:
   IER = 0x0000;
   IFR = 0x0000;

// Initialize the PIE vector table with pointers to the shell Interrupt
// Service Routines (ISR).
// This will populate the entire table, even if the interrupt

   InitPieVectTable();
   spi_fifo_init();    // Initialize the Spi FIFO
   spi_init();         // init SPI

   sdata = 0x0000;
   for(;;)
   {
     for(i=0;i<=0x80;i++)
     {
     sdata=cString[i];// Transmit data
     spi_xmit(sdata);
     // Wait until data is received
     while(SpiaRegs.SPIFFRX.bit.RXFFST !=1) { }
     // Check against sent data
     rdata = SpiaRegs.SPIRXBUF;
     //if(rdata != sdata) error();
     // sdata++;

     receive[i-1]=rdata;
     }
     i=0;//设置断点观察receive和cString两个数组查看通信结果
   }
}
```

图7.6.3　在程序中设置断点监控接收数据变化

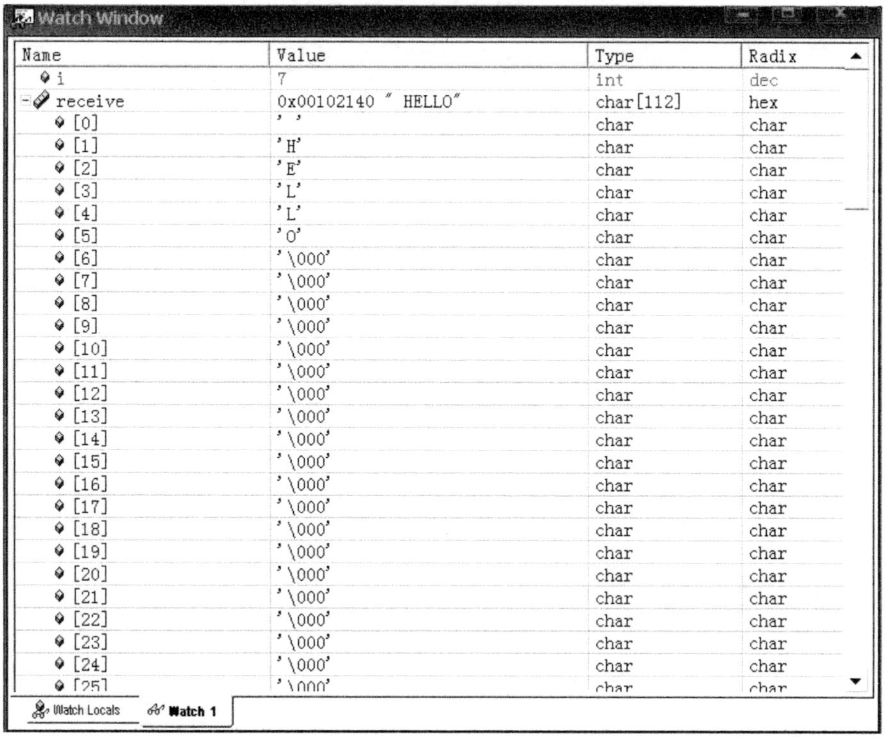

Watch Window

Name	Value	Type	Radix
i	7	int	dec
receive	0x00102140 " HELLO"	char[112]	hex
[0]	' '	char	char
[1]	'H'	char	char
[2]	'E'	char	char
[3]	'L'	char	char
[4]	'L'	char	char
[5]	'O'	char	char
[6]	'\000'	char	char
[7]	'\000'	char	char
[8]	'\000'	char	char
[9]	'\000'	char	char
[10]	'\000'	char	char
[11]	'\000'	char	char
[12]	'\000'	char	char
[13]	'\000'	char	char
[14]	'\000'	char	char
[15]	'\000'	char	char
[16]	'\000'	char	char
[17]	'\000'	char	char
[18]	'\000'	char	char
[19]	'\000'	char	char
[20]	'\000'	char	char
[21]	'\000'	char	char
[22]	'\000'	char	char
[23]	'\000'	char	char
[24]	'\000'	char	char
[25]	'\000'	char	char

Watch Locals　Watch 1

图7.6.4　通过变量窗口观察接收数据1

Watch Window

Name	Value	Type	Radix
i	14	int	dec
receive	0x00102140 " HELLO,WORLD!"	char[112]	hex
[0]	' '	char	char
[1]	'H'	char	char
[2]	'E'	char	char
[3]	'L'	char	char
[4]	'L'	char	char
[5]	'O'	char	char
[6]	','	char	char
[7]	'W'	char	char
[8]	'O'	char	char
[9]	'R'	char	char
[10]	'L'	char	char
[11]	'D'	char	char
[12]	'!'	char	char
[13]	'\000'	char	char
[14]	'\000'	char	char
[15]	'\000'	char	char
[16]	'\000'	char	char
[17]	'\000'	char	char
[18]	'\000'	char	char
[19]	'\000'	char	char
[20]	'\000'	char	char
[21]	'\000'	char	char
[22]	'\000'	char	char
[23]	'\000'	char	char
[24]	'\000'	char	char
[25]	'\000'	char	char

Watch Locals　Watch 1

图 7.6.5　通过变量窗口观察接收数据 2

第 8 章　A/D 转换器

TI28XDSP 同其前身系列型号 TI24XDSP 类似，在芯片内部集成了 A/D 转换器（ADC），这种集成方式有效地提高了 DSP 的适用范围，使用者可以很方便地获得高速 A/D 转换功能，同时转换结果也可以方便地在 DSP 中进行处理。TI28XDSP 的 A/D 转换器结构类似于 TI24XDSP，主要不同是转换字长由 10 位增加至 12 位，可以基本满足常用的应用场合。

图 8.1 为 TI28XDSP 的 ADC 部分结构框图。其功能特点如下：

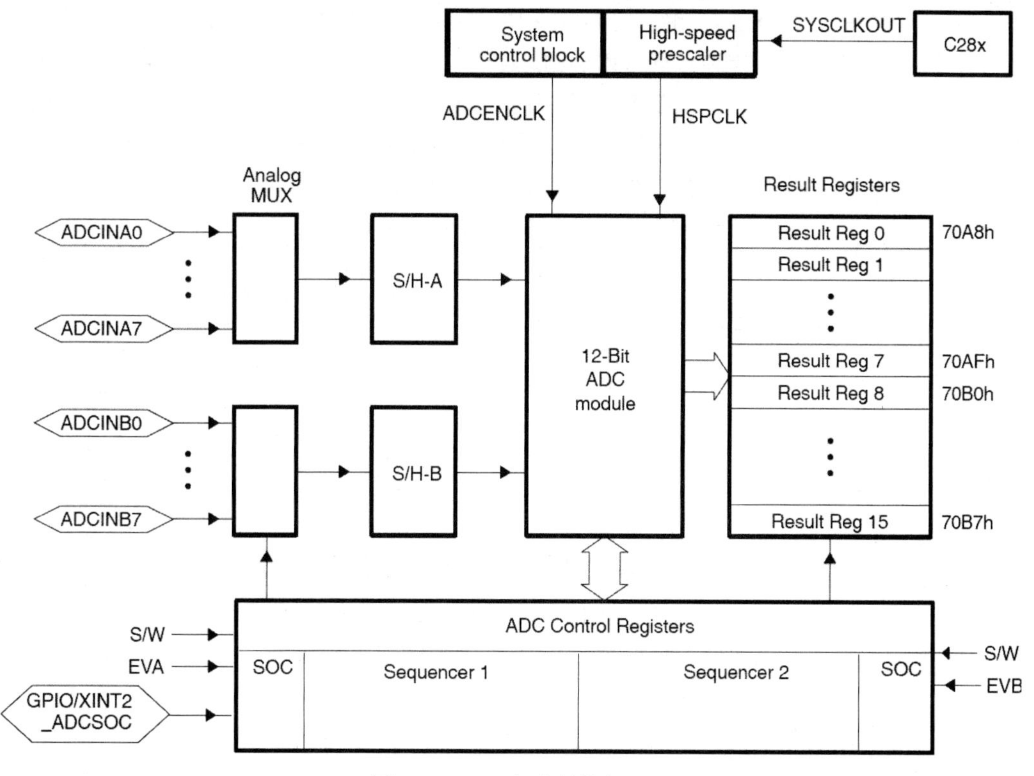

图 8.1　ADC 部分结构框图

（1）内部含有 2 个采样保持器（S/H-A 和 S/H-B）和 12 位 A/D 转换核心。

（2）可采用同步或顺序采样模式。

（3）模拟输入范围为 0 ~ 3 V。

（4）A/D 转换时钟可以工作在 25 MHz。

（5）A/D 转换器包含 2 个排序器，每个排序器可以支持 8 路采样，2 个排序器也可以级联成 16 路采样。

(6)模拟电压的数字值为 4 095×(电压值-ADCLO)/3。

(7)有多个触发源可以启动 A/D 转换序列:

a. 软件立即启动(使用 SOC SEQn 位)。

b. 事件管理器 A(EVA)。

c. 事件管理器 B(EVB)。

d. 外部引脚(ADCSOC 引脚)。

8.1　A/D 转换排序器工作原理

A/D 转换排序器可以工作在 2 个独立、每个 8 通道的独立模式下,也可以 2 个排序器级联工作在 16 通道下的级联模式。其工作模式图如图 8.1.1 和图 8.1.2 所示。

在这两种工作模式下,ADC 能够对一系列的转换进行自动排序,可以通过模拟多路转换器来选择要转换的通道,也就是每次 ADC 接收到转换启动请求,模块都能够自动进行多次转换,而对于每次转换,都可以通过多路开关选择 16 个通道中的任何一个。转换结束后,所选择通道中的数值被按顺序依次保存在相应的结果寄存器(ADCRESULTn)中。可以对一个通道执行多次采样,即“过采样”,通过数据处理以提高采样精度。

ADC 可采用 2 个 8 通道排序器或级联的 16 通道排序器,两者的区别见表 8.1.1。

表 8.1.1　单一序列和级联序列操作模式对照表

功能	单一序列 1(SEQ1)	单一序列 2(SEQ2)	级联序列(SEQ)
SOC 触发信号	EVA、软件、外部引脚	EVB、软件	EVA、EVB、软件、外部引脚
最大转换通道	8	8	16
EOS 自动停止	可以	可以	可以
优先级	高	低	不可用
ADC 结果寄存器位置	0 ~ 7	8 ~ 15	0 ~ 15
ADCCHSELSEQ 位	CONV00 ~ CONV07	CONV08 ~ CONV15	CONV00 ~ CONV15

在双排序器工作模式下,在进行顺序采样时,来自尚未被激活的排序器的启动转换(SOC)请求将会在正在进行的排序器完成采样之后自动开始执行。例如:一个来自 SEQ1 的 SOC 请求到来时,ADC 正在为 SEQ2 服务,则 SEQ2 的工作完成后会立即应答 SEQ1 的请求,开始 SEQ1 转换序列。如果 SEQ1 和 SEQ2 同时发出 SOC 请求,则 SEQ1 具有更高优先级,将会被首先响应。

ADC 可工作于顺序采样模式或同步采样模式。两种采样模式的时序图如图 8.1.3 和图 8.1.4 所示。

图 8.1.3 中 S 为采样窗口,C1 为 ADC 结果寄存器更新时间。

图 8.1.4 中 S 为采样窗口,C1 为 ADC 结果寄存器 Ax 更新时间,C2 为 ADC 结果寄存器 Bx 更新时间。

对于每一个转换(或同步采样时的一对转换),当前的 CONVxx 位定义了将被采样和转换的引脚,在顺序采样模式时,CONVxx 的 4 位全部用来定义输入引脚,其最高位 MSB

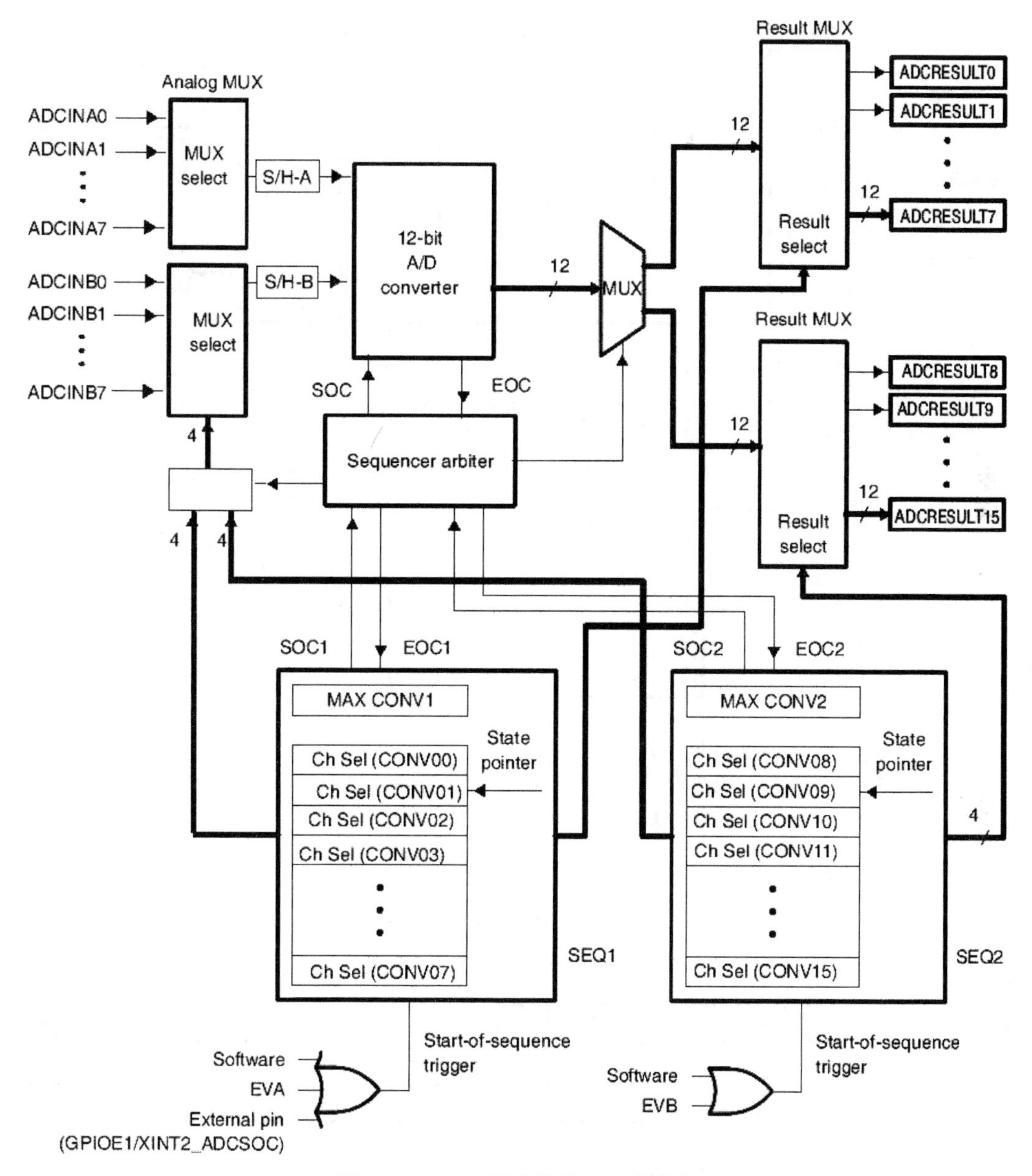

图 8.1.1 A/D 转换器的双通道模式

定义了与输入引脚相连的采样保持器,后3位为偏移量;在同步采样模式中,最高位 MSB 没有使用。

需要注意的是,ADC 中只有一个 A/D 转换器执行实际的模拟电压-数字量的转换,在双8通道排序器和级联16通道排序器工作方式下,共享这一个 A/D 转换器。基本的对应关系如下:

(1)对于8通道排序器 SEQ1:CONV00 ~ CONV07。

(2)对于8通道排序器 SEQ2:CONV08 ~ CONV15。

(3)对于级联16通道排序器 SEQ:CONV00 ~ CONV15。

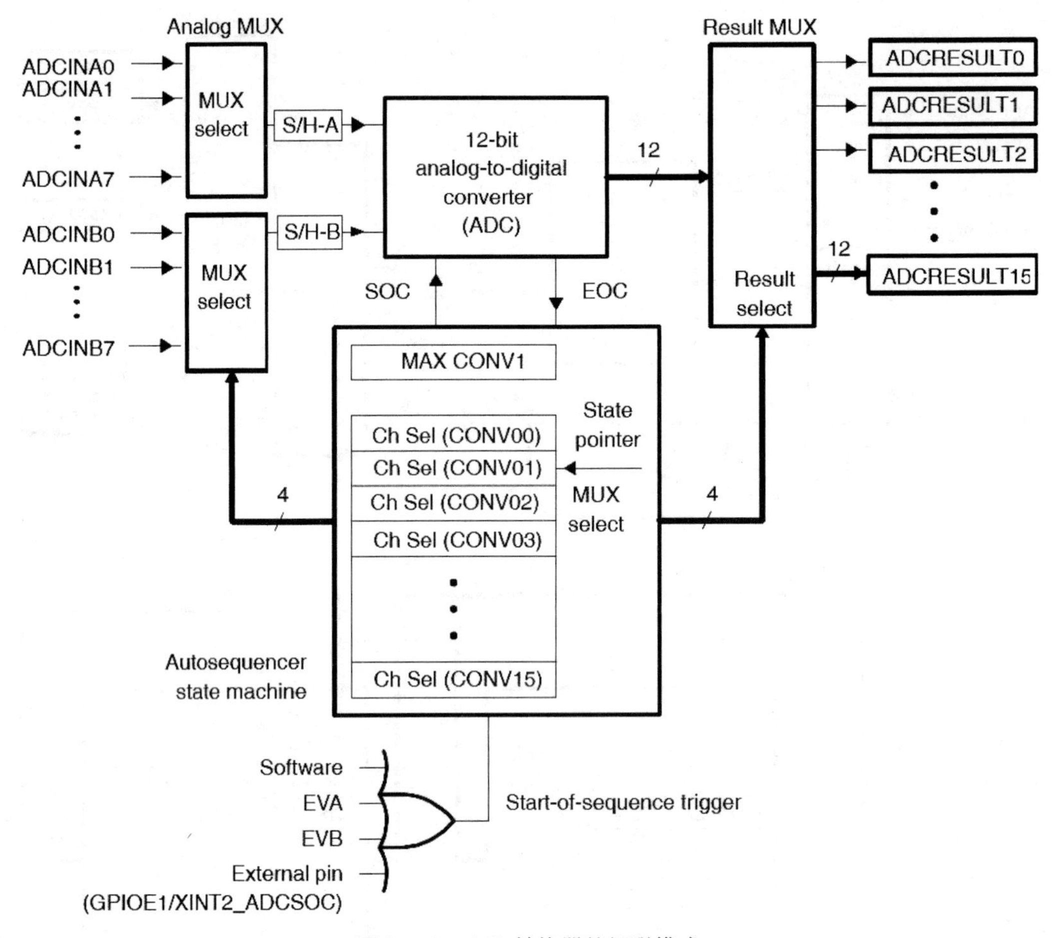

图 8.1.2 A/D 转换器的级联模式

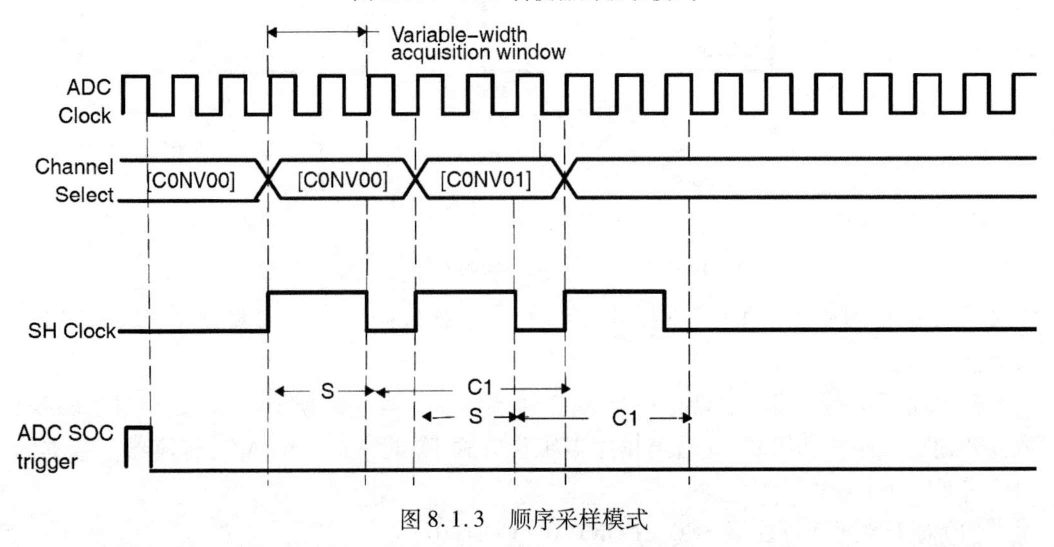

图 8.1.3 顺序采样模式

在每次转换过程中,所选择的模拟电压输入通道由通道选择寄存器(ADCCHSELSEQn)中的 CONVxx 位确定。

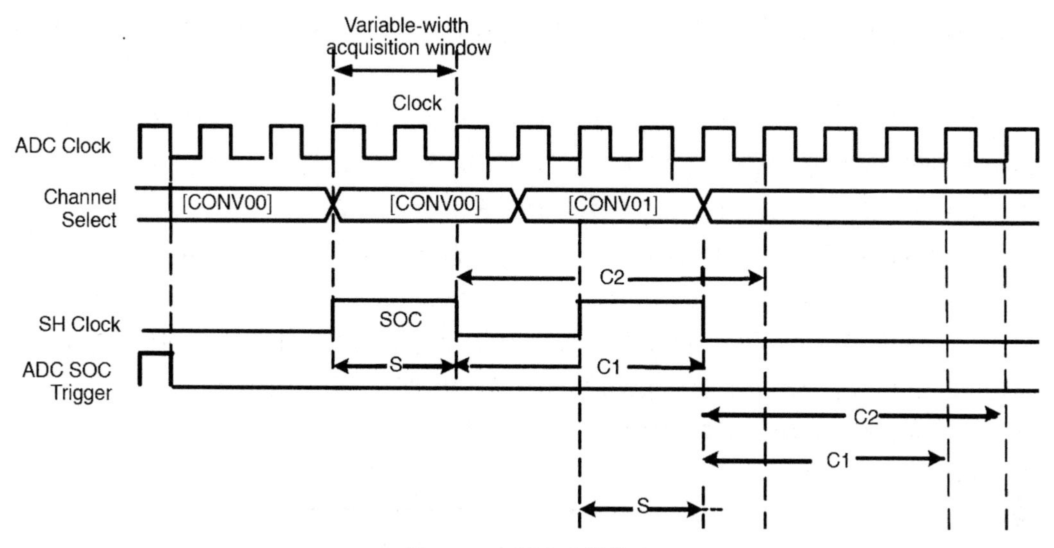

图 8.1.4 同步采样模式

8.2 连续自动排序模式

对于 8 通道双排序器 SEQ1/SEQ2，每次转换结果保存在结果寄存器中（SEQ1 为 ADCRESULT0 ~ ADCRESULT7，SEQ2 为 ADCRESULT8 ~ ADCRESULT15）。一次排序中的转换次数由 MAX CONVn（在 MAXCONV 寄存器中）确定，该值在自动排序转换过程的开始时自动装载到自动排序状态寄存器的排序计数器状态位（SEQ CNTR3 ~ 0），MAXCONVn 的值在 0 ~ 7 之间（级联排序器在 0 ~ 15 之间），当排序器从通道 CONV00 开始顺序转换（CONV01，CONV02 等）时，SEQ CNTRn 位从装载值开始减计数，直到 SEQ CNTRn 为 0。具体的 ADC 转换操作过程参见以下例子。

例 1 双排序器模式下使用 SEQ1 进行转换。

用 SEQ1 完成 7 个通道（通道 2、3、2、3、6、7、12 自动排序）的转换，则 MAXCONV 值为 6，CHSELSEQn 寄存器设置见表 8.2.1。

表 8.2.1 CHSELSEQn 寄存器设置表

寄存器	地址	位 15 ~ 位 12	位 11 ~ 位 8	位 7 ~ 位 4	位 3 ~ 位 0
ADCCHSELSEQ1	0x0070A3	3	2	3	2
ADCCHSELSEQ2	0x0070A4	x	12	7	6
ADCCHSELSEQ3	0x0070A5	x	x	x	x
ADCCHSELSEQ4	0x0070A6	x	x	x	x

当排序器接收到 SOC 触发信号，A/D 转换过程开始，将按照寄存器设定的顺序进行采样和转换，每次转换后，SEQ CNTRn 位自动减 1，当 SEQ CNTRn 位减至 0 时，一次转换

序列完成，接下来如何操作将由 ADCTRL1 寄存器中连续运行位（CONT RUN）的状态确定。

当 CONT RUN=1 时，则转换序列自动重新开始，即 SEQ CNTRn 重新装入 MAXCONV 初始值，SEQ1 通道指针指向 CONV00。在这种情况下，为防止前一次转换数据不被覆盖，用户必须在下次转换开始前读取结果寄存器的值。

当 CONT RUN=0 时，则排序器停止在最后状态，SEQ CNTRn 保持为 0。

该工作模式的流程如图 8.2.1 所示。

在 SEQ CNTRn 到达 0 时，中断标志位会置位，为了正常开始下一次转换操作，通常可以在中断服务例程 ISR 中手动复位排序器（复位 ADCTRL2 寄存器的 RST SEQn 位），这将会使排序器恢复初始状态（即 SEQ CNTRn 重新装入 MAXCONV 初始值，SEQ1 通道指针指向 CONV00）。

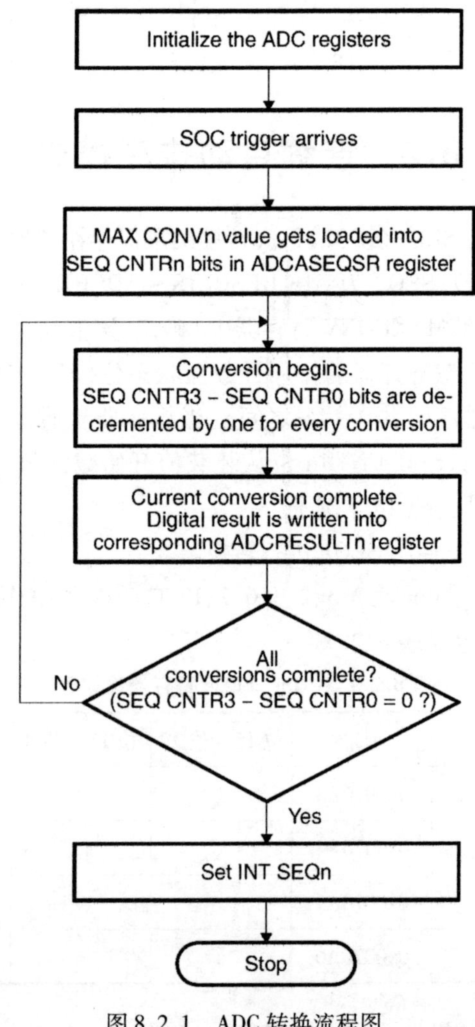

图 8.2.1　ADC 转换流程图

8.3　启动/停止模式

除上节所述的连续自动排序模式外，排序器（SEQ1、SEQ2、SEQ）也可以工作在启动/停止模式。这种模式可以在时间上分别与多个 SOC 信号同步。在这种工作方式下，ADC-TRL1 寄存器的连续运行位必须设为 0。具体的 ADC 转换操作过程参见以下例子。

例 2　排序器启动/停止模式的操作。

触发信号 1（定时器下溢）启动 3 个自动转换（I1、I2、I3），触发信号 2（定时器周期）也启动 3 个自动转换（V1、V2、V3）。触发信号时间上间隔 25 μs，由事件管理器 EVA 设置（当然触发信号也可以是外部引脚、软件 SOC 等）。触发信号如图 8.3.1 所示。

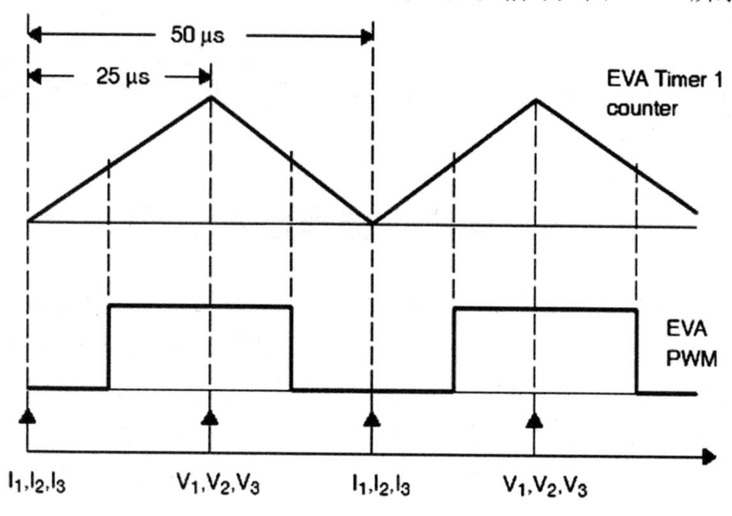

图 8.3.1　ADC 转换示例

ADCCHSELSEQ 寄存器设置见表 8.3.1。

表 8.3.1　ADCCHSELSEQ 寄存器设置表

寄存器	地址	位 15 ~ 位 12	位 11 ~ 位 8	位 7 ~ 位 4	位 3 ~ 位 0
ADCCHSELSEQ1	0x0070A3	V_1	I_3	I_2	I_1
ADCCHSELSEQ2	0x0070A4	x	x	V_3	V_2
ADCCHSELSEQ3	0x0070A5	x	x	x	x
ADCCHSELSEQ4	0x0070A6	x	x	x	x

ADC 复位并初始化之后，SEQ1 等待触发信号。第 1 个触发信号到来之后，CONV00（I_1）、CONV01（I_2）、CONV03（I_3）被执行；然后 SEQ1 在当前状态等待另一触发信号到来，如图 8.3.1 所示，25 μs 后，第 2 个触发信号到来，CONV03（V_1）、CONV04（V_2）、CONV05（V_3）被执行。

在上面的转换过程中，MAXCONV 值被自动装入 SEQ CNTR 中，如果第 2 个触发源的转换个数与第 1 个触发源不同，则在第 1 次转换结束后，用户需在 ISR 中更改 MAXCONV 值。第 2 次转换结束时，ADC 结果寄存器值见表 8.3.2。

表 8.3.2　ADC 结果寄存器表

寄存器	转换结果	寄存器	转换结果
ADCRESULT0	I_1	ADCRESULT8	x
ADCRESULT1	I_2	ADCRESULT9	x
ADCRESULT2	I_3	ADCRESULT10	x
ADCRESULT3	V_1	ADCRESULT11	x
ADCRESULT4	V_2	ADCRESULT12	x
ADCRESULT5	V_3	ADCRESULT13	x
ADCRESULT6	x	ADCRESULT14	x
ADCRESULT7	x	ADCRESULT15	x

此时,SEQ1 在当前状态保持等待,用户可通过软件复位 SEQ1,将排序器指针复位到 CONV00,重复同样的采样操作。

8.4　同步采样和触发信号

TI28XDSP 的 ADC 具有两个采样保持器,所以当选择同步采样模式时,可以同时采样 2 路输入电压,但要求这 2 路输入具有相同的偏移量,即一路为 ADCINA0,则另一路为 ADCINB0。如果一路为 ADCINA2,另一路为 ADCINB3,由于偏移量不同则不能实现。要实现同步采样模式,需设置 ADCTRL3 寄存器中 SMODE_SEL 位为 1。

ADC 的每一个排序器都有一套触发源(SOC)来触发 A/D 转换,触发源可以被使能或禁止。

当排序器空闲时,SOC 可以触发一次自动转换。这里的空闲是指排序器指向 CONV00,或排序器完成一次转换,SEQ CNTRn 到达 0 值。

如果 SOC 到来时,ADC 正在转换,则 ADCTRL2 寄存器中的 SOC SEQn 位被置位(该位在开始一次转换前被清零),如果此后再有 SOC 到来,则该次的 SOC 信号将被丢失,因为 SOC SEQn 已经置位了。

排序器一旦被触发不能中途停止,程序必须等待排序器结束信号 EOS 到来,或者使排序器复位,才能使排序器立即回到空闲状态。

当排序器工作在 16 路级联模式时,SEQ2 的触发信号无效,只有 SEQ1 的触发信号是有效的。

8.5　排序转换的中断操作模式

排序器的中断操作模式有两种:一种是每次 EOS 到来都产生中断,另一种是每隔一次 EOS 信号到来产生一次中断。具体操作模式由 ADCTRL2 寄存器的中断模式位选择。根据中断模式的不同,排序器采样通常有 3 种情况,如图 8.5.1 所示。

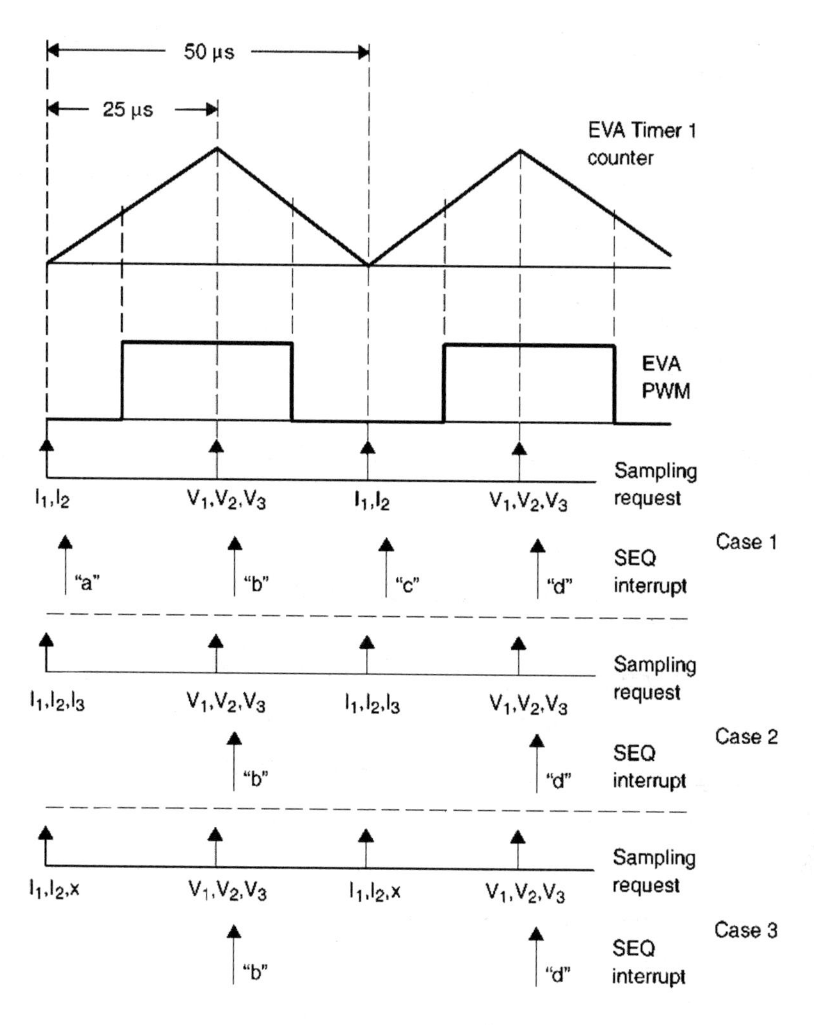

图 8.5.1　ADC 中断操作模式

情况 1:第一个序列和第二个序列的采样个数不同,在中断模式 1(即每个 EOS 信号到来都产生中断)下的工作流程如下。

(1)排序器初始化为 MAX CONVn=1,用于转换 I_1 和 I_2。

(2)在中断服务例程"a"中,通过软件修改 MAX CONVn=2,用于转换 V_1、V_2、V_3。

(3)在中断服务例程"b"中,再次通过软件修改 MAX CONVn=1,以转换 I_1 和 I_2。然后从 ADC 结果寄存器中读出 I_1、I_2、V_1、V_2、V_3。

(4)重复步骤(2)(3)。

在这种情况下,每次 SEQ CNTRn 到 0 时,中断标志位都会置位并产生中断。

情况 2:第一个序列和第二个序列的采样个数相同,在中断模式 2(即每隔一个 EOS 信号到来产生一次中断)下的工作流程如下。

(1)排序器初始化为 MAX CONVn=2,用于转换 I_1、I_2 和 I_3(或 V_1、V_2、V_3)。

(2)在每次的中断服务例程"b"和"d"中完成 ADC 结果寄存器中 I_1、I_2、I_3、V_1、V_2、V_3 转换数值的读取并复位排序器。

(3)重复步骤(2)。

情况 3:两个序列实际采样个数不同,但按照相同的个数进行读取(即存在假读)。同样采用中断模式 2 的工作流程如下。

(1)排序器初始化为 MAX CONVn=2,用于转换 I_1、I_2 和 X(或 V_1、V_2、V_3)。

(2)在每次的中断服务例程"b"和"d"中完成 ADC 结果寄存器中 I_1、I_2、V_1、V_2、V_3 转换数值的读取并复位排序器。

(3)重复步骤(2)。

在这种情况下,虽然排序器实际采样个数不同,但为了简化程序和提高效率,仍采用中断模式 2 的工作方式。

8.6 ADC 时钟及其他

ADC 时钟信号来自高速外设时钟 HSPCLK,通过 ADCTRL3 寄存器中的 ADCCLKPS 位做 4 分频,还通过设置 ADCTRL1 寄存器中的 CPS 位对时钟信号做 2 分频。为了适应不同 AD 输入信号的差别,可以通过控制 ADCTRL1 寄存器中的 ACQ_PS 位来加宽采样保持时间,以延长启动转换脉冲(SOC)的采样部分长度。ADC 时钟配置如图 8.6.1 所示。

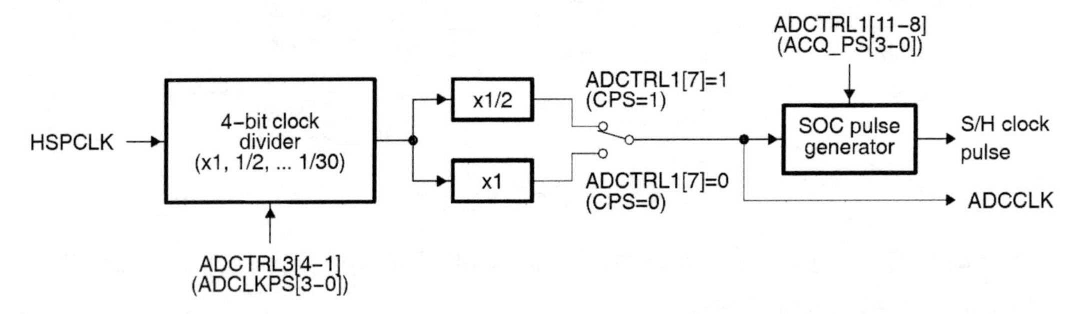

图 8.6.1 ADC 时钟配置图

ADC 模块时钟信号从系统时钟信号 XCLKIN 开始,通过各控制寄存器的分频位组合,可以产生系统需要的各种 ADC 时钟,各寄存器分频位控制流程如图 8.6.2 所示。

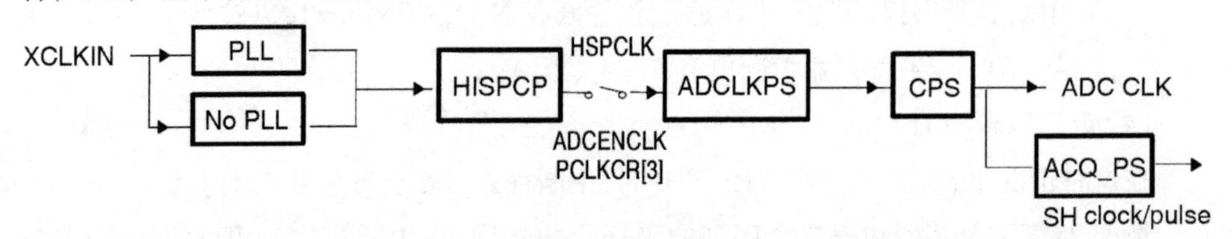

图 8.6.2 时钟流程图

表 8.6.1 列举了两种 ADC 时钟频率设置的相关寄存器配置情况,供读者参考。

表 8.6.1　ADC 时钟频率设置表

XCLKIN	PLLCR[3:0]	HISPCLK	ADCTRL3[4:1]	ADCTRL1[7]	ADC_CLK	ADC_CTL1[11:8]	SH WIDTH
	0000b	HSPCP=0	ADCLKPS=0	CPS=0		ACQ_PS=0	
30 MHz	15 MHz	15 MHz	15 MHz	15 MHz	15MHz	SH Clock	1
	1010b	HSPCP=3	ADCLKPS=2	CPS=1		ACQ_PS=15	
30 MHz	150 MHz	150/(2×3) = 25 MHz	25/(2×2)= 6.25 MHz	6.25/(2×1) = 3.125 MHz	3.125 MHz	SH Clock=16	16

ADC 部分的低功耗状态是可以控制的，通过 ADCTRL3 寄存器中的控制位可以实现不同的供电等级，参考表 8.6.2。

表 8.6.2　ADC 低功耗状态表

低功耗状态	ADCBGRFDN1	ADCBGRFDN0	ADCPWDN
ADC 上电	1	1	1
ADC 下电	1	1	0
ADC 关闭	0	0	0

TI28XDSP 的 ADC 部分上电顺序也很重要，将影响系统的使用和精度。另外从 TI28XDSP 版本 C 开始，ADC 部分增加了排序器覆盖功能，即一次排序采样结束后，结果寄存器指针不再复位到 0，而是在下一次排序采样开始时继续保存到下一个结果寄存器中，这种设置可以在 ADC 高速采样时提高工作效率以捕捉快速变化的输入电压。具体细节请参考 TI 相关文档。

8.7　ADC 寄存器

TI28XDSP 通过一套寄存器来控制和管理 ADC 的运行，ADC 寄存器见表 8.7.1。

表 8.7.1　ADC 寄存器表

名称	地址	功能
ADCTRL1	0x007100	ADC 控制寄存器 1
ADCTRL2	0x007101	ADC 控制寄存器 2
ADCMAXCONV	0x007102	ADC 最大转换通道寄存器
ADCCHSELSEQ1	0x007103	ADC 通道选择序列控制寄存器 1
ADCCHSELSEQ2	0x007104	ADC 通道选择序列控制寄存器 2
ADCCHSELSEQ3	0x007105	ADC 通道选择序列控制寄存器 3
ADCCHSELSEQ4	0x007106	ADC 通道选择序列控制寄存器 4
ADCASEQSR	0x007107	ADC 自动序列状态寄存器
ADCRESULT0	0x007108	ADC 结果寄存器 0

续表 8.7.1

名称	地址	功能
ADCRESULT1	0x007109	ADC 结果寄存器 1
ADCRESULT2	0x00710A	ADC 结果寄存器 2
ADCRESULT3	0x00710B	ADC 结果寄存器 3
ADCRESULT4	0x00710C	ADC 结果寄存器 4
ADCRESULT5	0x00710D	ADC 结果寄存器 5
ADCRESULT6	0x00710E	ADC 结果寄存器 6
ADCRESULT7	0x00710F	ADC 结果寄存器 7
ADCRESULT8	0x007110	ADC 结果寄存器 8
ADCRESULT9	0x007111	ADC 结果寄存器 9
ADCRESULT10	0x007112	ADC 结果寄存器 10
ADCRESULT11	0x007113	ADC 结果寄存器 11
ADCRESULT12	0x007114	ADC 结果寄存器 12
ADCRESULT13	0x007115	ADC 结果寄存器 13
ADCRESULT14	0x007116	ADC 结果寄存器 14
ADCRESULT15	0x007117	ADC 结果寄存器 15
ADCTRL3	0x007118	ADC 控制寄存器 3
ADCST	0x007119	ADC 状态及标志寄存器

1. ADC 控制寄存器 1(ADCTRL1)

ADCTRL1 是 ADC 控制寄存器之一,该寄存器结构如图 8.7.1 所示。

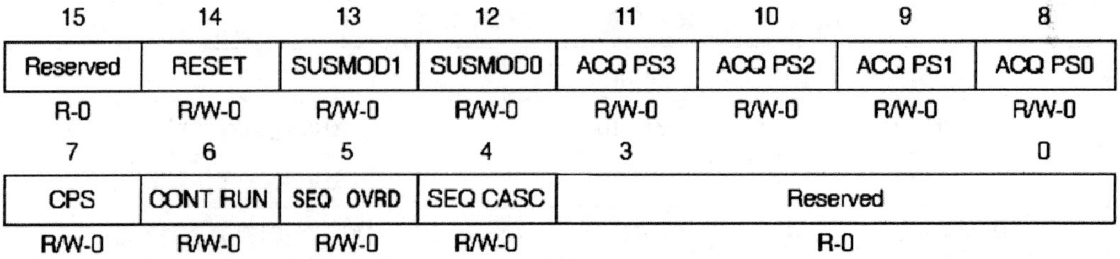

15	14	13	12	11	10	9	8
Reserved	RESET	SUSMOD1	SUSMOD0	ACQ PS3	ACQ PS2	ACQ PS1	ACQ PS0
R-0	R/W-0	R/W-0	R/W-0	R/W-0	R/W-0	R/W-0	R/W-0

7	6	5	4	3 … 0
CPS	CONT RUN	SEQ OVRD	SEQ CASC	Reserved
R/W-0	R/W-0	R/W-0	R/W-0	R-0

图 8.7.1　ADC 控制寄存器 1

位 14:RESET　　ADC 模块软件复位。所有寄存器位和排序器状态都复位到初始状态。该位写 1 后会立即被清除。ADC 的复位有 3 个周期的延时,即 ADC 复位指令执行 3 个周期后才能修改其他 ADC 寄存器位。

该位为 1,复位 ADC 模块(在置 1 后 ADC 逻辑会将该位清零)。

该位为 0,无影响。

位 13 ~ 位 12:SUSMOD1 ~ SUSMOD0
仿真挂起模式位。该两位确定当发生仿真挂起事件时(如一个调试断点),ADC 部分的工作状态。
该位为 00 时,仿真器挂起事件被忽略。
该位为 01 时,当发生仿真器挂起事件时,ADC 要先完成当前的排序,并保存转换结果和更新排序器之后暂停 ADC。
该位为 10 时,当发生仿真器挂起事件时,ADC 要先完成当前的转换,并保存转换结果和更新排序器之后暂停 ADC。
该位为 11 时,当发生仿真器挂起事件时,ADC 立即停止。

位 11 ~ 位 8:ACQPS3 ~ ACQPS0
采样时间控制位。该 4 位控制采样脉冲(SOC)的时间宽度,从而确定采样开关的闭合时间。采样时间宽度是该 4 位值+1 个 ADCLK 周期。

位 7:CPS　ADC 时钟预分频位。该位确定是否将高速外设时钟信号(HSP-CLK)做 2 分频。
该位为 1 时,二分频。
该位为 0 时,不分频。

位 6:CONT RUN　连续运行位。该位确定排序器工作在连续运行模式还是启动/停止模式。
该位为 1 时,连续运行模式。排序器到达 EOS 状态后将重新回复到初始状态。
该位为 0 时,启动/停止模式。排序器到达 EOS 状态后将停止工作,下一个 SOC 信号到来时从停止位置开始工作,直到排序器被重新复位。

位 5:SEQ OVRD　排序器覆盖位。
该位为 1 时,排序器覆盖功能使能。此时新一次排序结果的保存将紧跟着上一次的位置,即在结果寄存器中连续覆盖保存,只在结果寄存器满之后,才绕回到结果寄存器起点。该功能为高速采样提供更多灵活性。
该位为 0 时,排序器覆盖功能禁止。

位 4:SEQ CASC　排序器级联模式位。
该位为 1 时,排序器工作在级联模式下。
该位为 0 时,排序器工作在双 8 通道模式下。

2. ADC 控制寄存器 2(ADCTRL2)

ADC 控制寄存器 2 结构如图 8.7.2 所示。

位 15:EVB SOC SEQ　级联模式下的 EVB SOC 信号使能位。该位允许在级联模式下,EVB 触发序列转换。
该位为 1 时,允许级联模式下的排序器由 EVB 触发。

15	14	13	12	11	10	9	8
EVB SOC SEQ	RST SEQ1	SOC SEQ1	Reserved	INT ENA SEQ1	INT MOD SEQ1	Reserved	EVA SOC SEQ1
R/W-0	R/W-0	R/W-0	R-0	R/W-0	R/W-0	R-0	R/W-0
7	**6**	**5**	**4**	**3**	**2**	**1**	**0**
EXT SOC SEQ1	RST SEQ2	SOC SEQ2	Reserved	INT ENA SEQ2	INT MOD SEQ2	Reserved	EVB SOC SEQ2
R/W-0	R/W-0	R/W-0	R-0	R/W-0	R/W-0	R-0	R/W-0

图 8.7.2 ADC 控制寄存器 2

该位为 0 时,禁止 EVB 触发。

位 14:RET SEQ1　复位排序器 1。写 1 到该位,立即复位排序器到 CONV00 状态。
该位为 1 时,立即复位排序器到 CONV00。
该位为 0 时,无效。

位 13:SOC SEQ1　SEQ1 的启动转换触发位。该位可由以下信号触发:
S/W　软件可向该位写 1。
EVA　事件管理器 A。
EVB　事件管理器 B(仅限于级联模式)。
EXT　外部引脚(ADCSOC)。
当一个触发发生时,有以下 3 种可能的情况:
情况 1:SEQ1 空闲,SOC 未置位。此时 SEQ 立即启动。该位被置 1,允许任何可用中断启动 SEQ1。
情况 2:SEQ1 忙,SOC 未置位。该位被置 1 表示有一个中断信号正在等待处理,当前一个 SEQ 转换结束、SEQ1 启动时,该位被清除。
情况 3:SEQ1 忙,SOC 置位。所有中断触发将被忽略。
该位为 1 时,软件触发,从目前的空闲停止状态开始 SEQ1。
该位为 0 时,清除等待的 SOC 触发。当排序器开始工作,该位自动清零。

位 11:INT ENA SEQ1　SEQ1 中断使能位。
该位为 1 时,允许 INT SEQ1 向 CPU 申请中断。
该位为 0 时,禁止 INT SEQ1 向 CPU 申请中断。

位 10:INT MOD SEQ1　SEQ1 中断模式位。该位影响 SEQ1 结束时的中断产生间隔。
该位为 1 时,INT SEQ1 在每两个 SEQ1 排序结束后才被设置。
该位为 0 时,INT SEQ1 在每个 SEQ1 排序结束后都被设置。

位 8:EVA SOC SEQ1　EVA SOC 的屏蔽位,决定 SEQ1 能否被触发。
该位为 1 时,允许 SEQ1/SEQ 由 EVA 触发。
该位为 0 时,SEQ1 不能被 EVA 触发。

位 7:EXT SOC SEQ1　SEQ1 的外部触发信号使能位。
该位为 1 时,允许 ADCSOC 引脚触发转换。

该位为 0 时,禁止 ADCSOC 引脚触发转换。

位 6:RST SEQ2　复位排序器 2。写 1 到该位,立即复位排序器到 CONV00 状态。
该位为 1 时,立即复位排序器到 CONV00。
该位为 0 时,无效。

位 5:SOC SEQ2　SEQ2 的启动转换触发位。该位可由以下信号触发:
S/W　软件可向该位写 1。
EVB　事件管理器 B(仅限于级联模式)。
当一个触发发生时,有以下 3 种可能的情况:
情况 1:SEQ2 空闲,SOC 未置位。此时 SEQ2 立即启动。该位被置 1,允许任何可用中断启动 SEQ2。
情况 2:SEQ2 忙,SOC 未置位。该位被置 1 表示有一个中断信号正在等待处理,当前一个 SEQ 转换结束、SEQ2 启动时,该位被清除。
情况 3:SEQ2 忙,SOC 置位。所有中断触发将被忽略。
该位为 1 时,软件触发,从目前的空闲停止状态开始 SEQ2。该位为 0 时,清除等待的 SOC 触发。当排序器开始工作,该位自动清零。

位 3:INT ENA SEQ2　SEQ2 中断使能位。
该位为 1 时,允许 INT SEQ2 向 CPU 申请中断。
该位为 0 时,禁止 INT SEQ2 向 CPU 申请中断。

位 2:INT MOD SEQ2　SEQ2 中断模式位。该位影响 SEQ2 结束时的中断产生间隔。
该位为 1 时,INT SEQ2 在每两个 SEQ2 排序结束后才被设置。
该位为 0 时,INT SEQ2 在每个 SEQ2 排序结束后都被设置。

位 0:EVB SOC SEQ2　EVB SOC 的屏蔽位,决定 SEQ2 能否被触发。
该位为 1 时,允许 SEQ2 由 EVB 触发。
该位为 0 时,SEQ2 不能被 EVB 触发。

3. ADC 控制寄存器 3(ADCTRL3)

ADC 控制寄存器 3 的结构如图 8.7.3 所示。

15–8
Reserved
R-0

7	6	5	4–1	0
ADCBGRFDN1	ADCBGRFDN0	ADCPWDN	ADCCLKPS[3:0]	SMODE_SEL
R/W-0	R/W-0	R/W-0	R/W-0	R/W-0

图 8.7.3　ADC 控制寄存器 3

位 7 ~ 位 6:ADCBGRFDN1 ~ 0　ADC 内核参考电源掉电控制位。该位控制内部参考电源是否上电。

该位为 11 时,参考电源开启。

该位为 00 时,参考电源关闭。

位 5:ADCPWDN　　ADC 电源控制位。该位控制 ADC 内部除参考电源以外的所有模拟电路是否上电。

该位为 1 时,ADC 内所有模拟部分开启。

该位为 0 时,ADC 内除参考电源外的所有模拟电路关闭。

位 4 ~ 位 1:ADCCLKPS[3:0]　　ADC 时钟分频控制位。该 4 位控制 ADC 时钟的分频。HSPCLK 被该 4 位分频后,进一步被 ADCTRL1.7 位分频,产生 ADC 时钟。分频情况如下:

ADCCLKPS[3:0]	Core Clock Divider	ADCLK
0000	0	HSPCLK/(ADCTRL1[7]+1)
0001	1	HSPCLK/[2*(ADCTRL1[7]+1)]
0010	2	HSPCLK/[4*(ADCTRL1[7]+1)]
0011	3	HSPCLK/[6*(ADCTRL1[7]+1)]
0100	4	HSPCLK/[8*(ADCTRL1[7]+1)]
0101	5	HSPCLK/[10*(ADCTRL1[7]+1)]
0110	6	HSPCLK/[12*(ADCTRL1[7]+1)]
0111	7	HSPCLK/[14*(ADCTRL1[7]+1)]
1000	8	HSPCLK/[16*(ADCTRL1[7]+1)]
1001	9	HSPCLK/[18*(ADCTRL1[7]+1)]
1010	10	HSPCLK/[20*(ADCTRL1[7]+1)]
1011	11	HSPCLK/[22*(ADCTRL1[7]+1)]
1100	12	HSPCLK/[24*(ADCTRL1[7]+1)]
1101	13	HSPCLK/[26*(ADCTRL1[7]+1)]
1110	14	HSPCLK/[28*(ADCTRL1[7]+1)]
1111	15	HSPCLK/[30*(ADCTRL1[7])+1]

位 0:SMODE_SEL　　采样模式选择位,该位控制排序器采样模式。

该位为 1 时,采用同步采样模式。

该位为 0 时,采用顺序采样模式。

4. 最大转换通道寄存器(ADCMAXCONV)

最大转换通道寄存器用来确定排序器进行 ADC 转换时的最大通道数,该寄存器结构如图 8.7.4 所示。

位 6 ~ 位 0:MAX CONVn　　该 7 位确定排序器每次转换的通道数,根据不同的排序器转换形式,该 7 位的操作方式不同。

对 SEQ1 操作,使用 MAX CONV1_0、MAX CONV1_1、MAX CONV1_2这 3 位。

对 SEQ2 操作,使用 MAX CONV2_0、MAX CONV2_1、

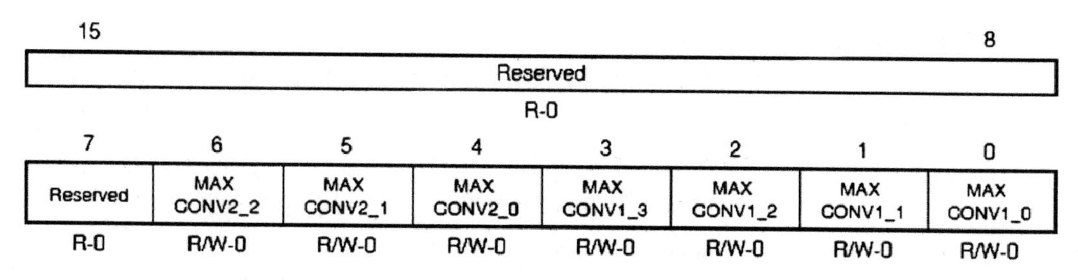

15
8
Reserved
R-0
7
6
5
4
3
2
1
0
Reserved
MAX CONV2_2
MAX CONV2_1
MAX CONV2_0
MAX CONV1_3
MAX CONV1_2
MAX CONV1_1
MAX CONV1_0
R-0
R/W-0
R/W-0
R/W-0
R/W-0
R/W-0
R/W-0
R/W-0

图 8.7.4　最大转换通道寄存器

MAX CONV2_2这 3 位。

对级联 SEQ 操作,使用 MAX CONV1_0、MAX CONV1_1、MAX CONV1_2、MAX CONV1_3 这 4 位。

每个排序器转换次数为 MAX CONVn+1 次。

5. 自动排序状态寄存器(ADCASEQSR)

自动排序状态寄存器用来标志自动排序转换的当前状态。该寄存器结构如图 8.7.5 所示。

15–12	11	10	9	8
Reserved	SEQ CNTR 3	SEQ CNTR 2	SEQ CNTR 1	SEQ CNTR 0
R-0	R-0	R-0	R-0	R-0

7	6	5	4	3	2	1	0
Reserved	SEQ2 STATE2	SEQ2 STATE1	SEQ2 STATE0	SEQ1 STATE3	SEQ1 STATE2	SEQ1 STATE1	SEQ1 STATE0
R-0	R-1	R-0	R-0	R-0	R-0	R-0	R-0

图 8.7.5　自动排序状态寄存器

位 11 ~ 位 8:SEQ CNTR3 ~ 0　　排序计数器状态位。在自动排序开始时,MAX CONVn 的值装入 SEQ CNTRn 中,每一次转换对 SEQ CNTRn 做减计数,该值可以随时读取,以检查排序器状态。

位 6 ~ 位 4: SEQ2 STATE2 ~ 0　　SEQ2 指针,TI 公司保留测试用。

位 3 ~ 位 0: SEQ1 STATE3 ~ 0　　SEQ1 指针,TI 公司保留测试用。

6. ADC 状态及标志寄存器(ADCST)

ADC 状态及标志寄存器用来标志 ADC 的系统状态和运行标志。该寄存器结构如图 8.7.6 所示。

15–8
Reserved
R-0

7	6	5	4	3	2	1	0
EOS BUF2	EOS BUF1	INT SEQ2 CLR	INT SEQ1 CLR	SEQ2 BSY	SEQ1 BSY	INT SEQ2	INT SEQ1
R-0	R-0	R/W-0	R/W-0	R-0	R-0	R-0	R-0

图 8.7.6　ADC 状态及标志寄存器

位 7:EOS BUF2　　SEQ2 的序列缓冲器结束位。
在中断模式 0(即 ADCTRL2.2=0)时,该位没有被使用并保持为 0。
在中断模式 1(即 ADCTRL2.2=1)时,在每次 SEQ2 序列结束时该位被触发置位。该位在设备复位时被清零。

位 6:EOS BUF1　　SEQ1 的序列缓冲器结束位。
在中断模式 0(即 ADCTRL2.10=0)时,该位没有被使用并保持为 0。
在中断模式 1(即 ADCTRL2.10=1)时,在每次 SEQ1 序列结束时该位被触发置位。该位在设备复位时被清零。

位 5:INT SEQ2 CLR　　中断清除位。
向该位写 1 时,清除 SEQ2 中断标志位(INT SEQ2)。
向该位写 0 无效。

位 4:INT SEQ1 CLR　　中断清除位。
向该位写 1 时,清除 SEQ1 中断标志位(INT SEQ1)。
向该位写 0 无效。

位 3:SEQ2 BSY　　SEQ2 忙状态位。该位为只读位。
该位为 1 时,SEQ2 处于忙工作状态。
该位为 0 时,SEQ2 为空闲状态,等待触发。

位 2:SEQ1 BSY　　SEQ1 忙状态位。该位为只读位。
该位为 1 时,SEQ1 处于忙工作状态。
该位为 0 时,SEQ1 为空闲状态,等待触发。

位 1:INT SEQ2　　SEQ2 的中断标志位。在中断模式 0(即 ADCTRL2.2=0)时,每一次 SEQ2 序列结束,该位置位。在中断模式 1(即 ADCTRL2.2=1)时,如果 EOS BUF2 已经被置位,则 SEQ2 序列结束时该位置位。
该位为 1 时,发生 SEQ2 中断事件。
该位为 0 时,未发生 SEQ2 中断事件。

位 0:INT SEQ1　　SEQ1 的中断标志位。在中断模式 0(即 ADCTRL2.10=0)时,每一次 SEQ1 序列结束,该位置位。在中断模式 1(即 ADCTRL2.10=1)时,如果 EOS BUF1 已经被置位,则 SEQ1 序列结束时该位置位。
该位为 1 时,发生 SEQ1 中断事件。
该位为 0 时,未发生 SEQ1 中断事件。

7. ADC 输入通道选择排序控制寄存器(ADCCHSELSEQn)

ADC 输入通道选择排序控制寄存器包括 ADCCHSELSEQ1、ADCCHSELSEQ2、ADCCHSELSEQ3、ADCCHSELSEQ4 共 4 个寄存器,每个寄存器中每 4 个二进制位确定一个转换通道,即每个寄存器确定排序中的 4 个转换通道。通道与位值对应关系见表 8.7.2。

表 8.7.2　CONVnn 位值与通道选择对应关系表

CONVnn	ADC 输入通道选择	CONVnn	ADC 输入通道选择
0000	ADCINA0	1000	ADCINB0
0001	ADCINA1	1001	ADCINB1
0010	ADCINA2	1010	ADCINB2
0011	ADCINA3	1011	ADCINB3
0100	ADCINA4	1100	ADCINB4
0101	ADCINA5	1101	ADCINB5
0110	ADCINA6	1110	ADCINB6
0111	ADCINA7	1111	ADCINB7

这 4 个寄存器依次构成排序器转换通道的先后次序,寄存器结构如图 8.7.7 所示。

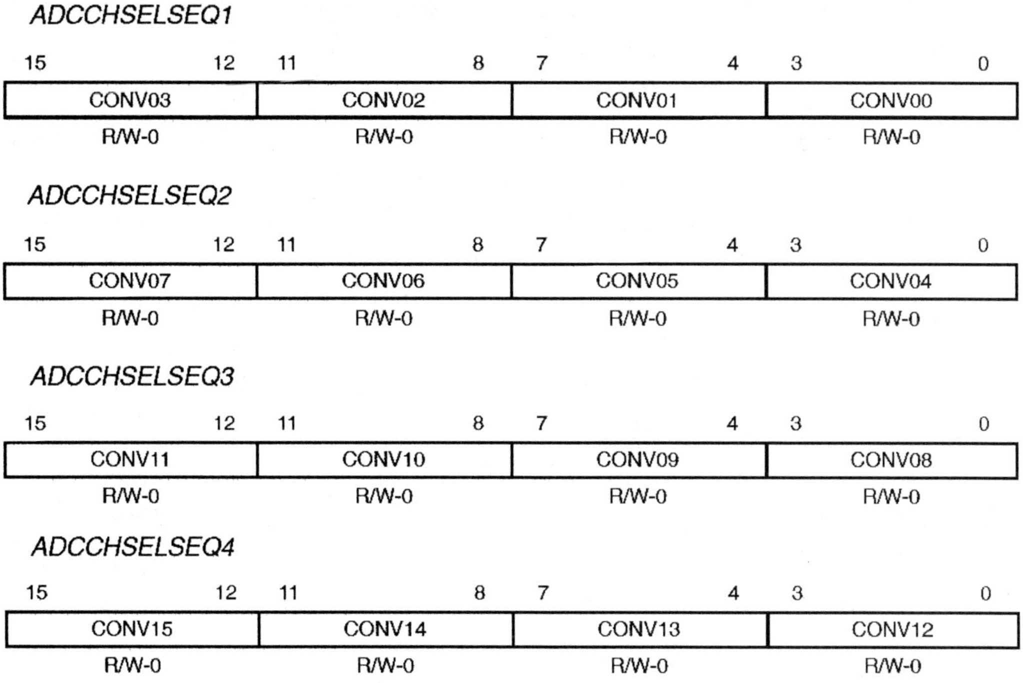

ADCCHSELSEQ1

15–12	11–8	7–4	3–0
CONV03	CONV02	CONV01	CONV00
R/W-0	R/W-0	R/W-0	R/W-0

ADCCHSELSEQ2

15–12	11–8	7–4	3–0
CONV07	CONV06	CONV05	CONV04
R/W-0	R/W-0	R/W-0	R/W-0

ADCCHSELSEQ3

15–12	11–8	7–4	3–0
CONV11	CONV10	CONV09	CONV08
R/W-0	R/W-0	R/W-0	R/W-0

ADCCHSELSEQ4

15–12	11–8	7–4	3–0
CONV15	CONV14	CONV13	CONV12
R/W-0	R/W-0	R/W-0	R/W-0

图 8.7.7　排序寄存器

8. ADC 转换结果缓冲寄存器(ADCRESULTn)

排序器每次 A/D 转换的结果都要保存在 ADC 转换结果缓冲寄存器 ADCRESULT 中,该寄存器共有 16 个:ADCRESULT0 ~ ADCRESULT15。12 位 A/D 转换结果左对齐。寄存器结构如图 8.7.8 所示。

15	14	13	12	11	10	9	8
D11	D10	D9	D8	D7	D6	D5	D4
R-0	R-0	R-0	R-0	R-0	R-0	R-0	R-0

7	6	5	4	3	2	1	0
D3	D2	D1	D0	Reserved	Reserved	Reserved	Reserved
R-0	R-0	R-0	R-0	R-0	R-0	R-0	R-0

图 8.7.8 ADC 转换结果寄存器

8.8 演示程序

本章的演示程序为 ADC. prj,该程序示范 TI2812DSP 的 A/D 转换功能的基本使用方法。演示验证板上的 A/D 转换功能连接较简单,只是把 TI2812DSP 的 A/D 部分相关引脚直接引出,并未做其他处理,引出的引脚包括 ADCA0 ~ ADCA7、ADCB0 ~ ADCB7、ADCREFP、ADCREFM、VREFLO(DSP 上引脚为 ADCLO)、GND,其中 VREFLO 为公共低端模拟输入,用于连接 A/D 采样的低端电压,在演示验证板上,可以通过短接线把 VREFLO 和 GND 短接,即采用 GND 作为低端电压输入。

A/D 采样的实验还需要有信号发生器和示波器配合,通过信号发生器产生测试信号,演示程序采用正弦波(约 0.2 Hz,V_{p-p}=2.7 V)和方波(约 0.2 Hz,V_{p-p}=2.7 V)作为演示验证板的采样信号,具体如图 8.8.1 和图 8.8.2 所示。在 ADC. prj 程序中,使用 ADCA0 和 ADCA1 通道作为采样通道,并把获得的电压数据保存在数组 Voltage1 和 Voltage2 中,可以保存该数组的数据以供后期分析用,也可以通过 CCS 环境中的 View - Graph - Time/Frequency(时间/频率图)来实时显示 A/D 采样获得的数据,如图 8.8.3 和图 8.8.4 所示。

需要注意,演示验证板只是简单地引出 ADC 相关引脚,并未做任何处理,所以采样电压一定要低于 3.3 V,以免烧毁 DSP 芯片。

图 8.8.3 和图 8.8.4 为在 CCS 环境下,通过时间/频率图输出正弦波和方波的情况,对于时间/频率图的设置:开始地址可设为 Voltage1 或 Voltage2,缓冲区长度和显示长度可设为 1000。图 8.8.3 为采样正弦波的情况,由于采样周期的关系,正弦波看起来有点类似三角波。图 8.8.4 是在正弦波后接着采样方波的情况,可以看到两种波形的交界部分。

演示程序 ADC. prj 中 C 语言主程序 ADC. c 的代码如下:

```
//本程序对 ADCINA0 及 ADCINA1 两个通道进行采样
//采样结果存储在 Voltage1,Voltage2 两个数组中
#include "DSP281x_Device. h"
#include "DSP281x_Examples. h"


interrupt void adc_isr(void);
```

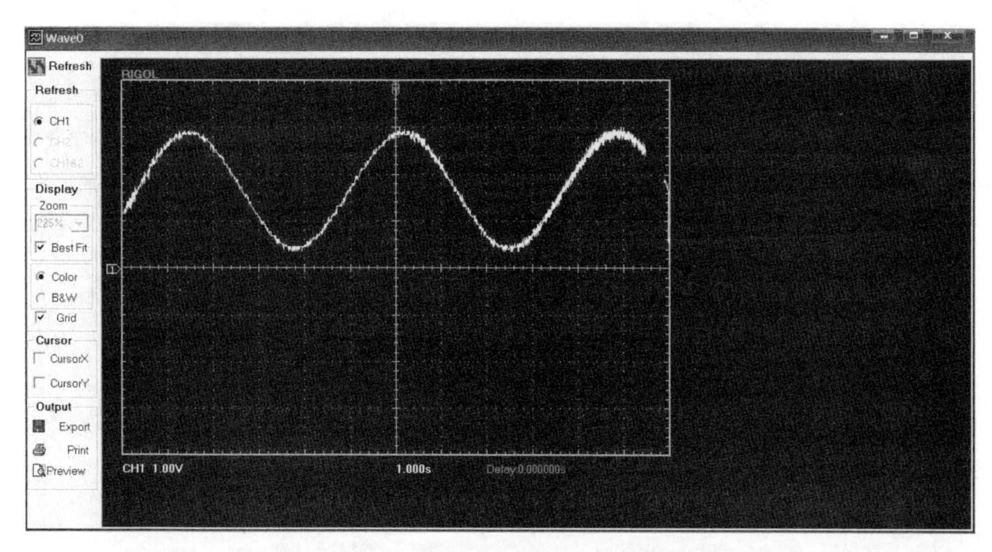

图 8.8.1　ADC 采样用正弦信号图

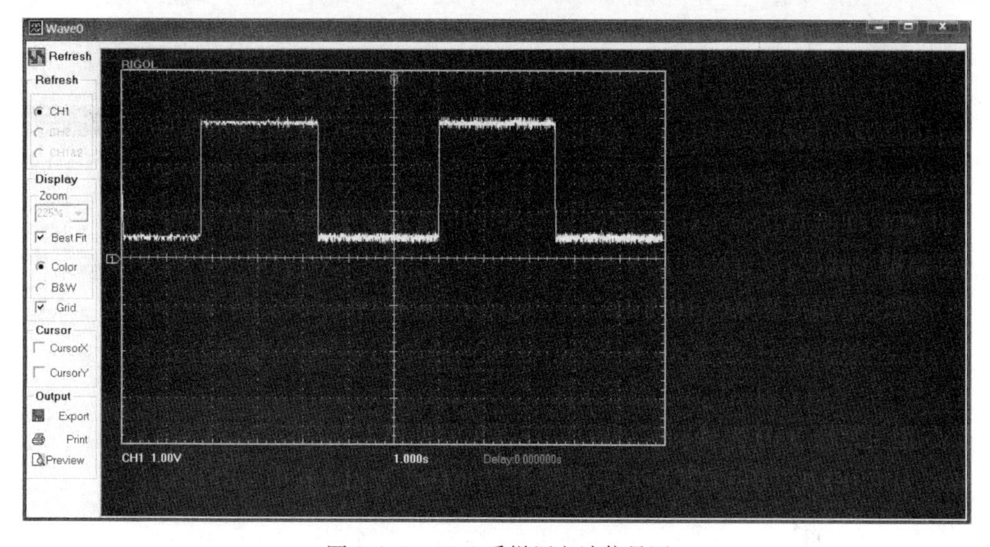

图 8.8.2　ADC 采样用方波信号图

```
Uint16 LoopCount;
Uint16 ConversionCount;
Uint16 Voltage1[1024];
Uint16 Voltage2[1024];

main()
{
  InitSysCtrl();//初始化 cpu
  DINT;//关中断
  InitPieCtrl();//初始化 pie 寄存器
  IER = 0x0000;//禁止所有的中断
```

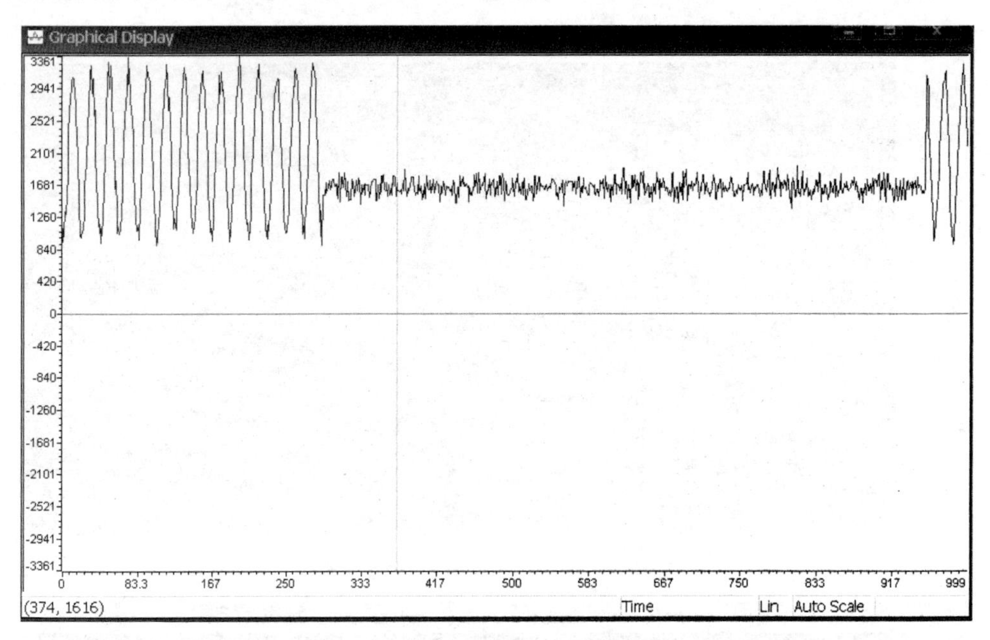

图 8.8.3　CCS 中时间/频率图下的正弦波采样输出图

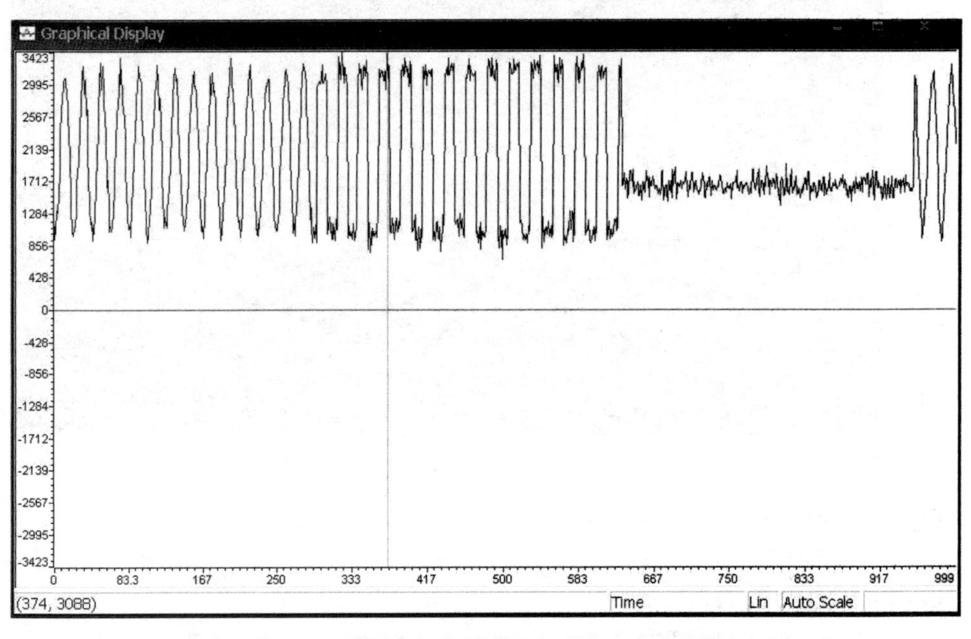

图 8.8.4　CCS 中时间/频率图下的方波接正弦波采样输出图

```
IFR = 0x0000;
InitPieVectTable();//初始化 pie 中断向量表
EALLOW;
PieVectTable.ADCINT = &adc_isr;
EDIS;
AdcRegs.ADCTRL1.bit.RESET = 1;// Reset the ADC module
```

```
    asm("RPT #10 || NOP");// Must wait 12-cycles (worst-case) for ADC reset to take
                          //effect
    AdcRegs.ADCTRL3.all = 0x00C8;// first power-up ref and bandgap circuits
    AdcRegs.ADCTRL3.bit.ADCBGRFDN = 0x3;// Power up bandgap/reference
                                        // circuitry
    AdcRegs.ADCTRL3.bit.ADCPWDN = 1;// Power up rest of ADC

// Enable ADCINT in PIE
PieCtrlRegs.PIEIER1.bit.INTx6 = 1;
IER |= M_INT1; // Enable CPU Interrupt 1
EINT;          // Enable Global interrupt INTM
ERTM;          // Enable Global realtime interrupt DBGM

LoopCount = 0;
ConversionCount = 0;

// Configure ADC
    AdcRegs.ADCMAXCONV.all = 0x0001;          // Setup 2 conv's on SEQ1
    AdcRegs.ADCCHSELSEQ1.bit.CONV00 = 0x0; // Setup ADCINA0 as 1st SEQ1
                                           //conv.
    AdcRegs.ADCCHSELSEQ1.bit.CONV01 = 0x1; // Setup ADCINA1 as 2nd SEQ1
                                           //conv.
    AdcRegs.ADCTRL2.bit.EVA_SOC_SEQ1 = 1;  // Enable EVASOC to start SEQ1
    AdcRegs.ADCTRL2.bit.INT_ENA_SEQ1 = 1;  // Enable SEQ1 interrupt (every
                                           //EOS)

// Configure EVA
// Assumes EVA Clock is already enabled in InitSysCtrl();
    EvaRegs.T1CMPR = 0x0080;// Setup T1 compare value
    EvaRegs.T1PR = 0x10;// Setup period register
    EvaRegs.GPTCONA.bit.T1TOADC = 1;// Enable EVASOC in EVA
    EvaRegs.T1CON.all = 0x1042;          // Enable timer 1 compare (upcount
                                         //mode)

// Wait for ADC interrupt
    while(1)
    {
        LoopCount++;
```

```
    }
}

interrupt void adc_isr(void)
{
  Voltage1[ConversionCount] = AdcRegs.ADCRESULT0 >>4;
  Voltage2[ConversionCount] = AdcRegs.ADCRESULT1 >>4;
  // If 1024 conversions have been logged, start over
  if(ConversionCount == 1023)
  {
     ConversionCount = 0;
  }
  else ConversionCount++;

  // Reinitialize for next ADC sequence
  AdcRegs.ADCTRL2.bit.RST_SEQ1 = 1;            // Reset SEQ1
  AdcRegs.ADCST.bit.INT_SEQ1_CLR = 1;          // Clear INT SEQ1 bit
  PieCtrlRegs.PIEACK.all = PIEACK_GROUP1;    // Acknowledge interrupt to PIE
  return;
}
```

第9章　特殊空间环境下的DSP系统设计

航天空间环境DSP系统设计是一类特殊环境下的DSP应用场景,空间环境特有的真空、高低温、零重力、强辐照等特性对DSP这类复杂电子学系统的设计和实施提出了更高的要求,本章将截取某空间系统载荷的部分设计实例,对这种特殊环境下的部分相关设计问题进行介绍。

9.1　典型系统结构

本章的示例系统为某空间任务载荷系统,以下均简称为系统A,图9.1.1~9.1.5所示为系统A的部分设备的电路板图、结构框图及CPU控制模块组成。

图9.1.1　系统A电路板图1

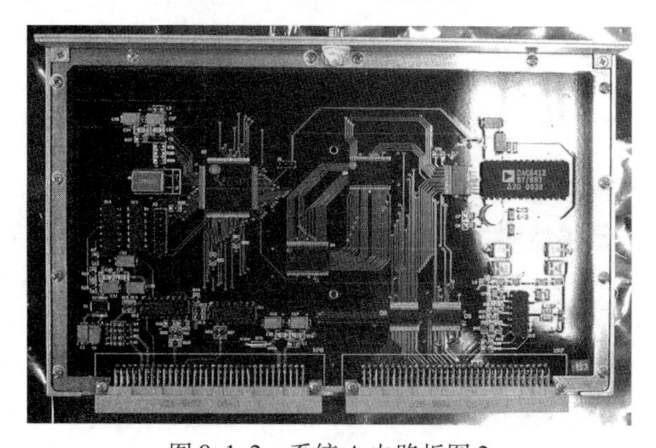

图9.1.2　系统A电路板图2

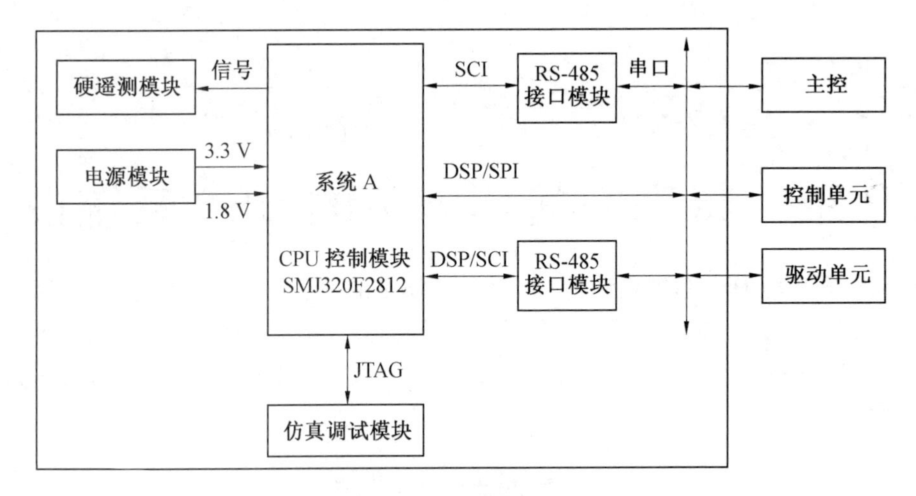

图 9.1.3　系统 A 结构图

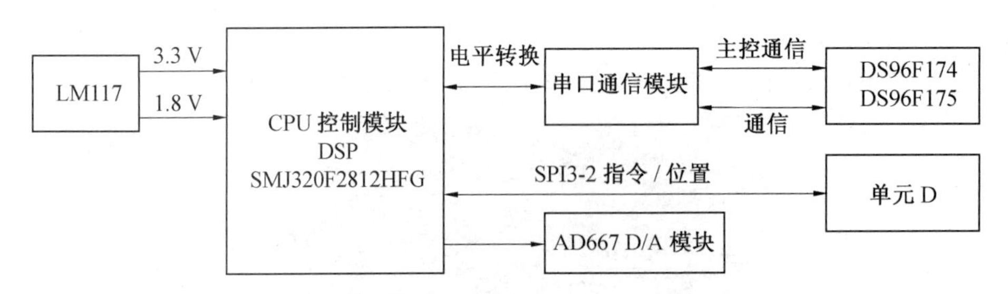

图 9.1.4　系统 A 核心部分结构图

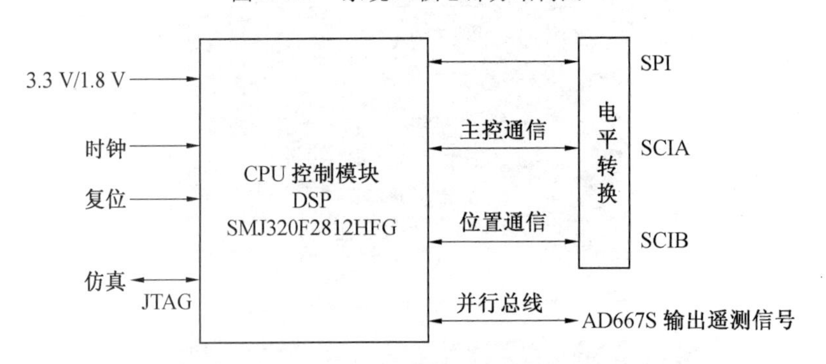

图 9.1.5　系统 A CPU 控制模块组成

1. DSP 模块

系统 A 以 TI 公司的 SMJ320F2812HFG 作为中央处理单元，该器件为工业版本 TMS320LF2812 的特殊环境版本。这款 DSP 的特性和其工业版本类似，也采用了高性能静态 CMOS 技术，主频为 150 MHz，片内有 128K 的 16 位 Flash 程序存储器，128K 的 16 位 ROM，1K 的 OTP ROM 空间，两块 4K 的 16 位单寻址随机存储器，一块 8K 的 16 位随机存储器，两块 1K 的 16 位 SARAM，两个事件管理器模块和丰富的接口资源，CPU 控制模块原理图如图 9.1.6 所示，CPU 外形如图 9.1.7 所示。

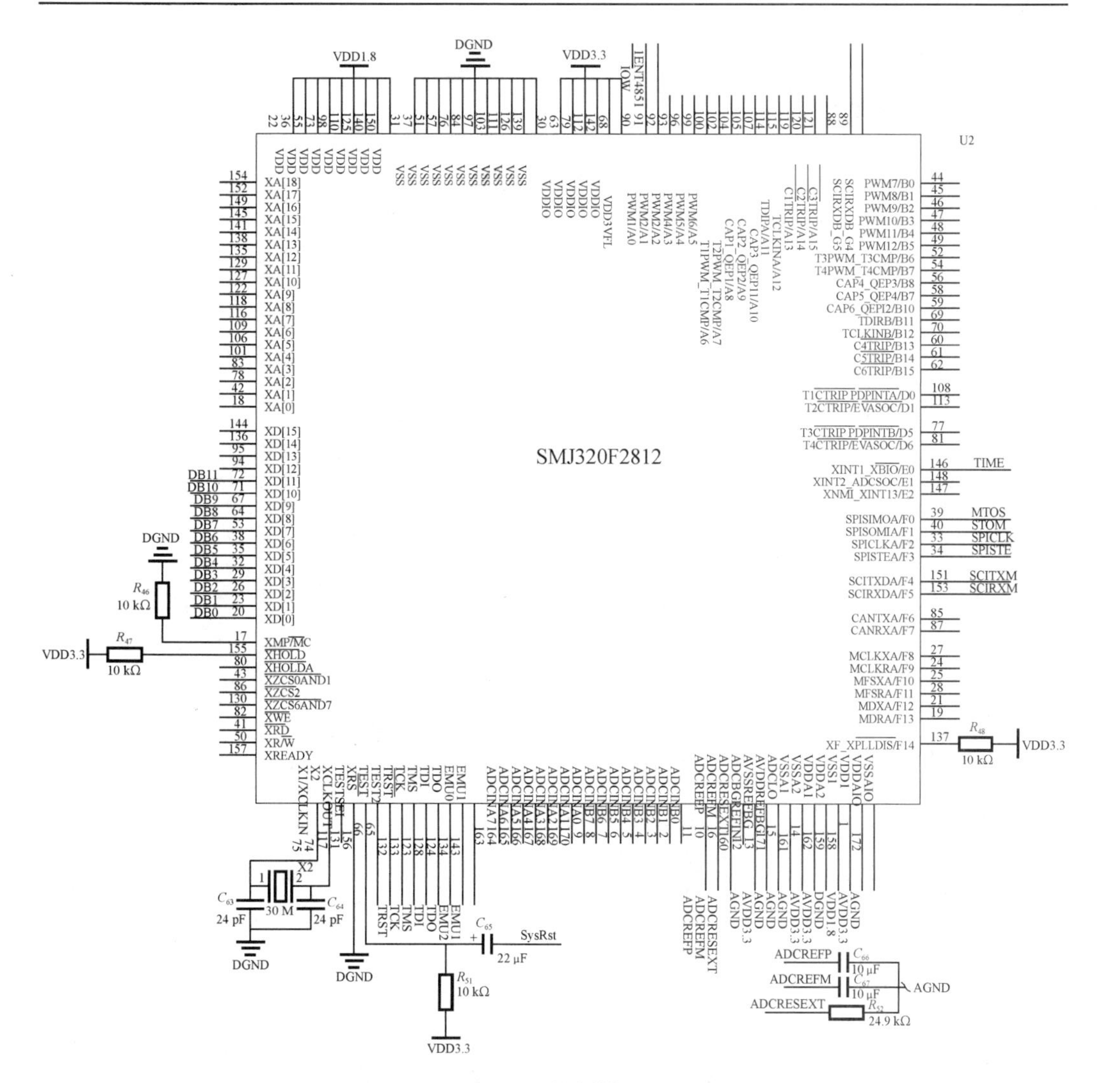

图 9.1.6　CPU 控制模块原理图

图 9.1.7　CPU 外形图

2. 电源模块

电源模块原理图如图 9.1.8 所示。

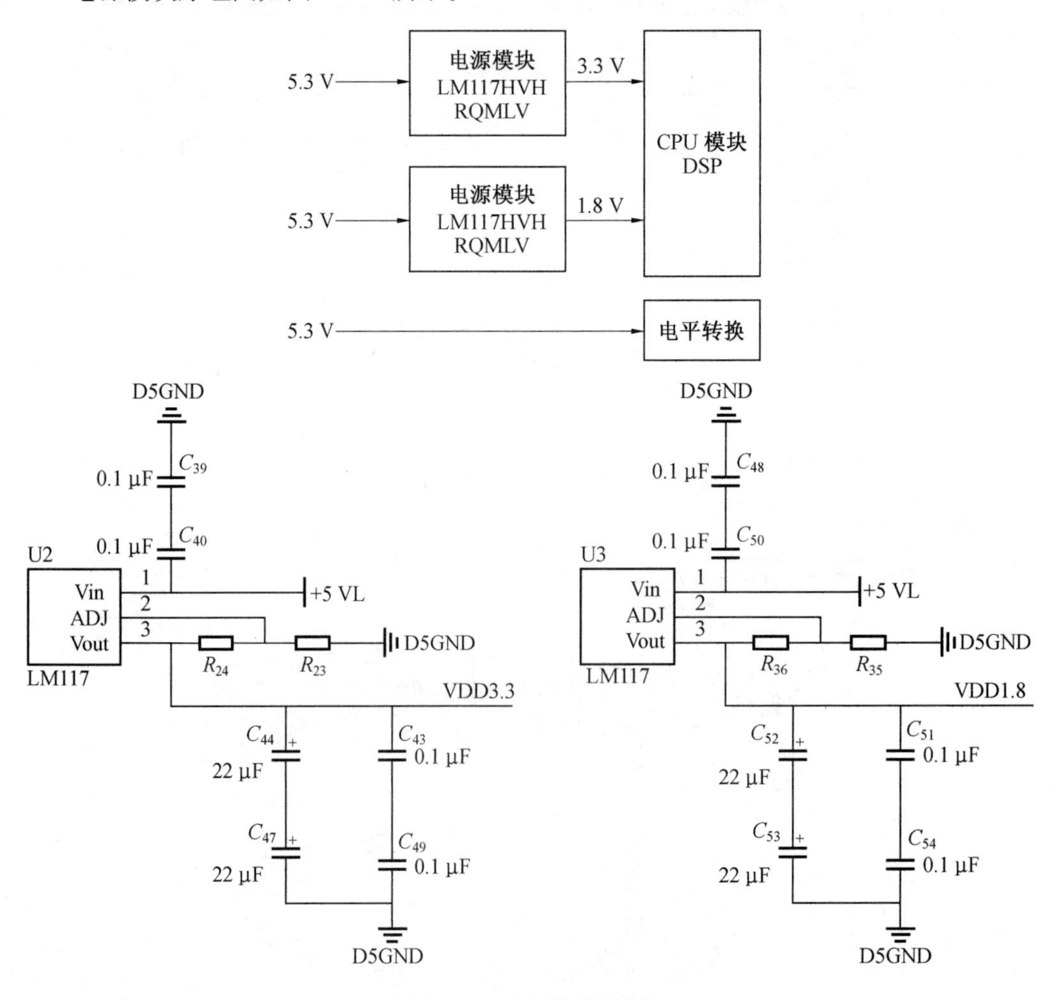

图 9.1.8　电源模块原理图

3. JTAG 接口模块

SMJ320F2812HFG 具有 JTAG 控制接口,支持边界扫描测试接口。通过 JTAG 接口,可以进行芯片仿真调试、程序烧写等操作。SMJ320F2812HFG 与 JTAG 仿真接口的连接如图 9.1.9 所示。

4. 串行总线模块(图 9.1.10)

RS-485 采用差分传输方式,可以驱动多个节点,实现多点通信。该系统的 DSP 芯片的可编程 SCI 支持 CPU 与其他使用标准格式的外设建立串行数字通信,SCI 的接收器与发送器均为双缓冲的,每一个均有独立的使能位、中断位,可工作于全双工模式下。在连接模块硬件实现中采用了 DS96F174MJ-QMLV 和 DS96F175MJ-QMLV,其供电电压为 5 V,全双工芯片,数据收发速度可达到 10 Mbit/s。

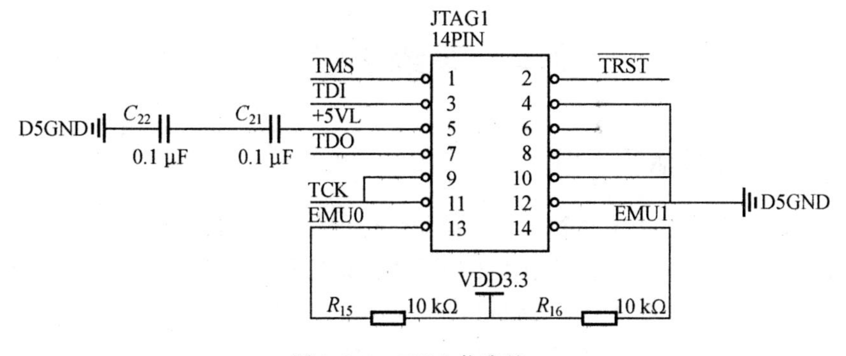

图9.1.9　JTAG仿真接口

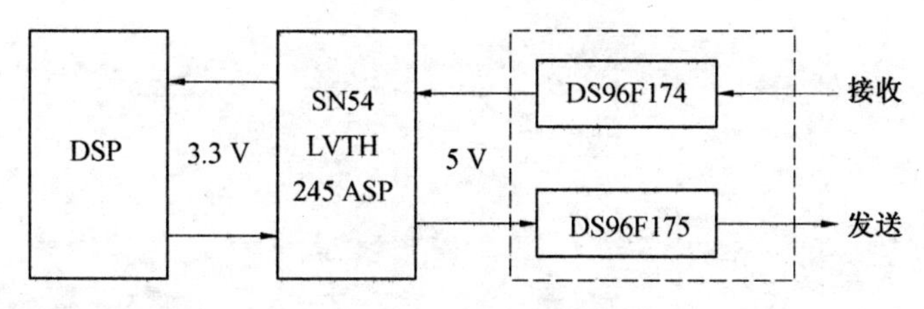

图9.1.10　串行总线模块

5. D/A 转换模块(图9.1.11)

系统A的外围接口要求含有数字量-模拟量转换通道。在硬件设计中采用了ADI公司的AD667-713D芯片模数转换器,其内部集成了具备超低噪声、长期稳定特征的参考电压单元,因此其在工作时不再需要单独提供基准参考电压,简化了电路设计。

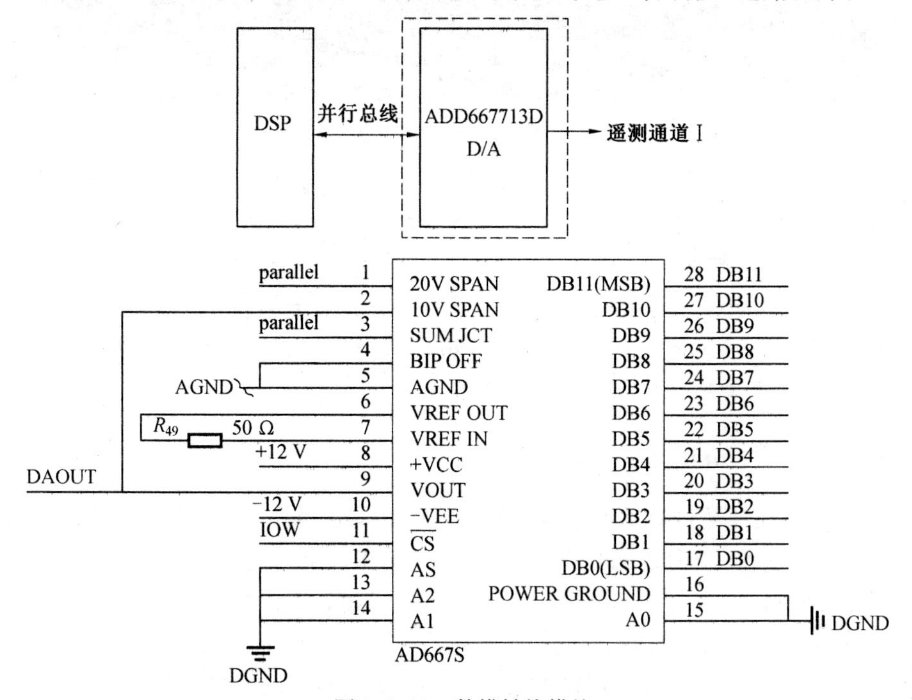

图9.1.11　数模转换模块

9.2　系统热设计

9.2.1　热设计概述

系统 A 的热设计直接关系到设备的长期运行可靠性，散热对象主要是元器件。热设计要求对机壳表面进行温控处理，黑色阳极氧化，要求涂层均匀，同时对热耗超过300 mW 的器件采取导热措施。最终热量通过机箱排放出去，且需散热的元器件要能满足性能指标，元器件温度不超过温度降额要求，其板卡模块热设计如图 9.2.1 所示。。

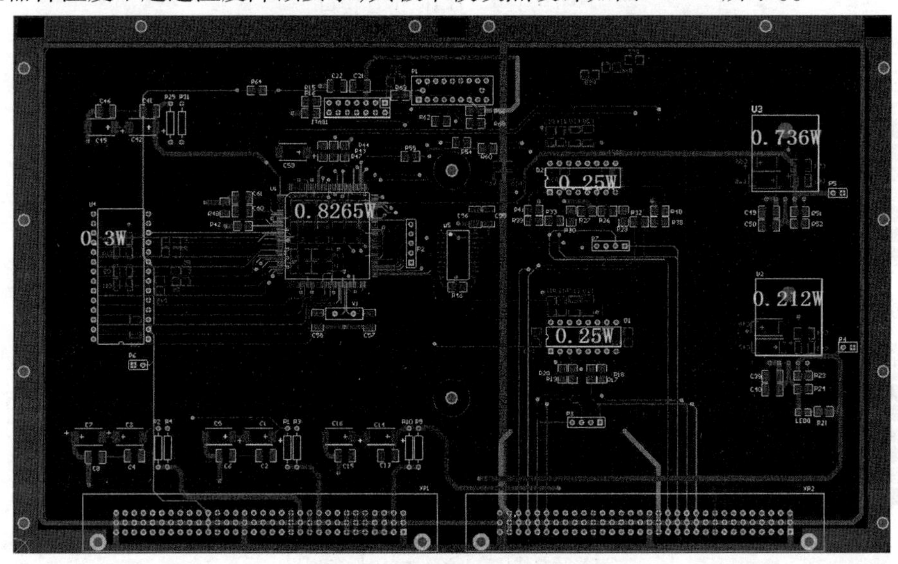

图 9.2.1　板卡模块热设计

设备的热设计与结构设计密切相关。系统 A 的电控盒的结构设计采用围框插件式结构技术和加工工艺，可以满足设备的电性能、EMC 和热性能要求，还需要满足各种动力环境条件下的力学性能要求。

系统 A 的散热途径主要依靠辐射和传导两种方式。元器件的一部分热功耗通过导热的方式传给印制板，再通过印制板传给机箱壳体；对于另外一些发热量比较大的元器件，还通过导热条把大部分热功耗传给机箱壳体。

9.2.2　元器件的散热措施

对系统 A 中功耗超过 0.5 W 的电子元器件，在其器件下方，采用多个柱装引线焊装到印制板上，其中有电源引线和 GND 引线连接到 PCB 的内电层，使其一部分热量可以通过内电层传导到机壳。器件与导热条接触处涂导热硅脂。

系统 A 内部的低功耗元器件包括部分逻辑电路、电阻、电容、分立半导体器件等，其热耗小于 0.1 W，安装方式皆为焊接方式。由于该类元器件的发热量很小，初步估算其壳温即为印制板温度，也等同于结温。

9.3　可靠性、安全性设计及分析

1. 可靠性、安全性设计的基本准则

基本准则包括方案设计中的性能、可靠性与安全性最佳设计与综合权衡优化设计准则。技术方案、软硬件选取中的继承性和三化设计准则:(1)简化设计准则;(2)元器件选用规范和采购准则;(3)降额、容差、冗余设计准则。同时,还要考虑热、电磁兼容、辐射、静电、力学等设计要求,实现识别、跟踪、评价危险,消除与控制危险,实施最小危险设计,安全防护设计和危险警告设计,并采用其他手段进行安全防护。

2. 简化设计

系统A在设计上尽量简化配置,减少硬件和软件的数量及规模。在对设备的组织结构进行划分时,把使用+5 V信号的电路和使用+3.3 V信号的电路进行不同的地层分割,使单一印制板上的电源供应相对独立,减少印制板电源层设计的复杂性。

系统A对于高频信号的读取设计方面,采取缩短大规模的并行走线信号,减少了线缆的数量。另外模拟电信号尽早转换成数字信号,并通过标准RS-485总线传输到控制单元,增加了安全性。

3. "三化"设计

采用模块化设计思想,将系统A分成上位机处理模块、驱动模块、执行模块。其中各单元模块又根据功能不同由电源控制模块、CPU控制模块、RS-485接口模块、SPI总线接口模块组成。

在单个模块设计过程中优先选用经过验证的成熟技术,沿用过往型号任务中已经具有飞行经历的设计电路,比如上位机单元电路,基本保持原设计。对于没有相关型号经验的电路,采用以往的预研成果,并加强可靠性设计。

4. 元器件的选用

按照空间系统设计的相关规范要求,设备中所用元器件均进行了降额使用,确保符合Ⅰ级降额的要求。特别注意对接口电路中的元器件输出电流进行降额,防止最坏情况时的过应力而使器件毁坏。

5. 冗余设计

系统A采用充分、合理的硬件冗余和软件容错设计,避免出现单点失效故障。

(1)主控单元软件容错设计。

①通信协议。主控单元与受控单元采用RS-485总线进行通信,接收与发送的每一包指令和数据的最后一个字节设置为校验和,经校验和运算正确的指令和数据才能被收取和处理;接收到主控单元关键指令后,还需要将整个数据包回传给主控单元进行再次检验。

②看门狗定时器。软件中设置,每次进入定时器中断和中断方式发送串口数据超时处理分支等处放置喂狗指令,防止程序跑飞或死循环。

③三取二。控制电路单元从驱动单元读取数据采用三次读取取中间值方法,防止数据读取出现错误。

(2)控制算法单元软件容错设计。

本单元冗余设计主要体现在软件设计当中,对关键数据进行三取二冗余设计。

为防止空间环境单粒子翻转效应对程序的影响,对程序中的关键数据(如:控制参数、指令数据)进行三取二操作。三取二冗余由三个功能相同的模块组成。在三个模块的输出上加一个表决器。只要三个模块中的任何两个的输出一致,表决器的输出就是该两个模块的输出的“与”函数。这样,三个模块即使有一个发生故障,整个系统也可以正常工作。

6. 驱动单元可靠性设计

根据元器件失效模式,采取针对措施避免电路设计的单点失效,例如:去耦电容的串联,电阻并联使用,空置输入接上、下拉电阻等。

7. 耐环境设计

空间辐照总剂量的安全由卫星蒙皮厚度和设备外壳厚度以及元器件抗辐照总剂量的指标保证。为保证整机抗辐照性,子系统单元安装于电控盒中,其机壳材料厚度不低于2.5 mm,整机外表是由六面体组成,在插件插拔的上端,用一完整的上盖覆盖,尽量减少缝隙的存在,降低辐照渗透的可能性。

8. 抗震设计

系统A设备存在常见的较重器件继电器。为了保证其抗震性能,继电器在电路板中上下或左右对称分布,且放置在印制板的边缘,同时印制板厚度加厚为2 mm,边框加铝框固定,起到抗震效果。设备内尺寸较高的元器件、导线、转接电连接器、紧固件等都采取了抗震措施(硅橡胶点封)。设备底板上有4个凸耳用于与平台安装,底板平面度设计为0.1 mm/100 mm,表面粗糙度为3.2 μm。

设备生产完成后,必须按照相关规定,进行各项力学和环境试验,验证设备的结构设计满足力学和空间环境的要求。

9. 输入电源的过压、过流保护措施

由于系统A采用集中供电方式,引入子系统的电源有+48 V继电器电压和+5.3 V供电电压。在电源的输入端采用双熔断器,两个具有相同额定电流的熔断器并联使用,其中一个支路上串联一个限流电阻。可以保证电源输入接口的安全性。

9.4 EMC设计

系统A中包括DSP等组成的控制和数据处理单元、大功率机电单元等设备。这些基本电路和主要系统既可能产生电磁干扰源,同时也对电磁干扰极其敏感,极容易被自身或外来干扰源干扰而造成系统工作不正常。例如,对驱动模块电磁干扰源进行分析。

驱动模块内部干扰源为晶振电路产生,电路如图9.4.1所示。

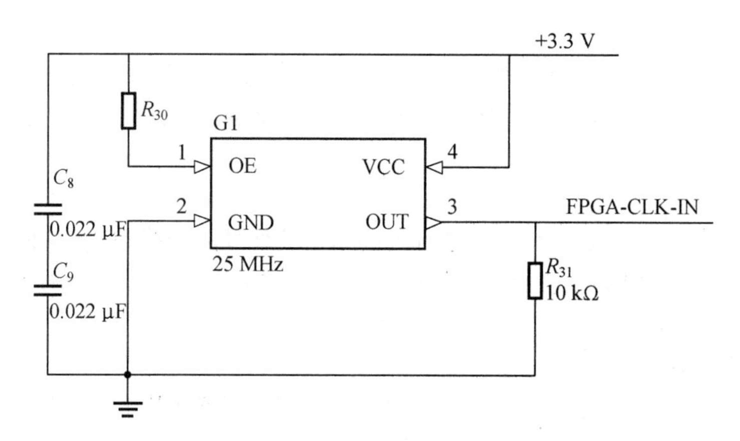

图 9.4.1　晶振电路图

由于晶振电路的存在,驱动模块中产生其频率倍数的干扰信号,特别是在高频带内范围(>100 MHz),这种干扰会以辐射方式传播,在高频段产生辐射干扰。

另外一种干扰源来源于驱动 PWM 电压信号,逆变输出的三相 PWM 电压信号,其载波频率为 10 kHz,幅值为±100 V 的脉冲电压,其干扰信号频率多在 2 ~ 3 MHz,电磁干扰峰值较大,高频段干扰峰值较小。

机电设备的启动或停止也是一个严重的干扰源,启动或停止时产生较大的浪涌电流,在电路中感应出较大的干扰,严重时可达数百伏的干扰脉冲。另外,机电控制电路中的开关器件关断可在分布电容或布线电感上产生极高的尖峰脉冲。

外部干扰源主要包括系统外部电路工作时产生的各种电磁发射和耦合,航天器上的各种射频发射机,空间环境如卫星充放电产生的干扰,空间辐射环境引起的翻转、闩锁产生的干扰,高层大气雷电干扰,地面大功率辐射源的干扰等干扰来源。

9.4.1　系统设计考虑

系统设计主要采用屏蔽设计、滤波技术、接地技术、隔离技术、平衡传输、消杂波设计等方式解决系统的电磁兼容问题。

(1)屏蔽设计。

通过机箱和重点器件、部件的屏蔽以便减弱或切断电磁干扰的传播途径。考虑到空间环境的特性和系统 A 的特殊要求,系统采用金属机箱并适当采用电磁兼容涂料;对于机箱上的各种空孔和缝隙,采用有关标准规定的尺寸设计方式进行设计,同时采用导电衬垫、波导管等方式提高屏蔽能力。

(2)滤波技术。

通过系统滤波切断沿导线传播的传导干扰。电源线、信号线、控制线以及地线和相关端口根据影响大小适当采用低通滤波消除高频共模干扰和差模干扰;对滤波器应进行输入输出隔离和低通性能测试以保证滤波效能;对关键的连接线应采用吸收式低通滤波技术对高频共模能量进行损耗;重要信号线采用专用的滤波连接器等。

(3)接地技术。

通过专门的接地技术防止共地线干扰以及其他通过地线的耦合。在系统接地设计中,信号地、结构地、屏蔽地和保护地分别设置,地线布置采用树形结构,分别与卫星系统给定的地线相接。

(4)隔离技术。

通过子系统间隔离以及系统与外部的隔离切断低环路干扰和其他耦合干扰。对于共模信号影响较大的关键传输线路,采用隔离变压器或光电耦合器使信号差模信号通过而阻断共模信号的传输。

(5)平衡传输。

通过将不平衡传输方式改为平衡传输方式抑制地环路干扰。对传输线中采用对地平衡方式,发送端和接收端都采用平衡差分电路设计,使传输线上的共模信号电流对地平衡,从而避免负载端生成差模电流干扰。

(6)电磁兼容控制材料和器件的使用。

采用专用的电磁兼容滤波器件如高频滤波电容,使用SMT器件、吸收式高频滤波器、专用金属衬垫、导电橡胶、导电涂料等;但使用这些材料和器材时应考虑其空间环境相容性,不对系统和卫星其他系统产生次级干扰效应,如污染物释放等。

9.4.2 系统电磁兼容设计

(1)系统与外界的界面设计。

系统与外界的界面设计主要用于对系统内外的电磁干扰源进行隔离,包括机箱、电源线、信号线、控制线和接地线等连线端口隔离和滤波设计。

①机箱电磁兼容设计。主要考虑机箱的电磁屏蔽设计,包括机箱材料的选择、机箱的电磁兼容构型、机箱上的通孔设计、电磁兼容涂料的使用、机箱的屏蔽接地等。

②连线端口设计。主要考虑平衡传输方式设计、端口滤波设计、吸收式低通滤波器使用、连线的布线方式和屏蔽等。

(2)系统内部结构设计。

系统内部结构设计主要用于消除系统内部电磁辐射和电磁耦合,包括产品内部结构的设计与布置、印刷电路板的设计、各部件的电磁兼容设计以及向互连线的布置等。这里最为重要的是印刷电路板的设计,要求板上各部分电路无发射和相互干扰,同时外部辐射源对板上的电路无影响,即对外传导发射和辐射发射尽可能降低,外部传导干扰和辐射干扰对板上电路影响极小。设计中采用抑制辐射和抗干扰措施。

(3)主要电路和子系统的电磁兼容设计。

设计中考虑的主要电路和单元包括模拟信号处理电路,数字电路,大功率驱动电路,传感器、发射和接收机,以及机电设备和器件等。

①模拟信号处理电路的电磁兼容设计。模拟信号处理电路的电磁兼容设计主要是解决稳恒低频干扰的防护和瞬时尖峰脉冲的防护问题。此外还要求电路对信号的微小变化,尤其是瞬态变化不敏感。设计中要采取信号特性分析技术,针对要处理的信号进行专门的门限电路设计、滤波设计以及电路参数设计,同时在保持电路特性不变的条件下尽可

能降低电路对信号变化的敏感性。

②数字电路的电磁兼容设计。对于数字电路的电磁兼容设计主要考虑电路的抗干扰能力，即电磁干扰不造成电路状态的改变，即出现逻辑反转现象。另外系统对电磁干扰具有一定的抑制能力，不将干扰脉冲作为信号处理。设计中也要采取信号特性分析技术，针对要处理的信号进行专门的门限电路设计，加大噪声容限，采用滤波设计以消除干扰脉冲，进行电路参数设计以提高系统稳定性，同时在保持电路特性不变的条件下尽可能降低电路对信号变化的敏感性。

在进行数字电路的电磁兼容设计中，要特别注意可能出现的电磁干扰导致的器件闩锁（锁定）问题；电路设计中必须采取抗闩锁措施，防止闩锁造成的器件甚至系统烧毁。

③大功率驱动电路的电磁兼容设计。大功率驱动电路的电磁兼容设计主要考虑消除大电流变化造成的电磁干扰问题。设计主要考虑电机启停时的浪涌电流产生的发射和其他干扰问题，此外，对于采用 MOS 电路的大功率驱动电路要考虑电磁干扰引起的闩锁问题。一些具体的设计措施将在电路设计完成后针对具体电路问题考虑。

④机电设备和器件的电磁兼容设计。机电设备等大功率电器和器件的电磁兼容设计主要考虑电磁发射的消除和屏蔽问题。设计中要分析设备产生的交变电和交变磁干扰噪声，采用屏蔽和滤波的方式降低或消除近场交变电干扰和高频磁干扰，同时尽可能降低远场交变电磁干扰的量级，消除对其他星上系统的影响。

具体的设计方案和措施将在系统设计完成后针对具体的设计方式、辐射形式和量级考虑。

⑤印刷电路板的电磁兼容设计。印刷电路板的电磁兼容设计主要从印刷电路板级考虑消除潜在的电磁发射，并降低电路对于电磁干扰的敏感性。设计中主要考虑元件和材料的选择中的电磁兼容问题，电路板的布局和排放问题，印制电路板上的布线问题，板上滤波器件的使用问题，以及个别发射器件的板上屏蔽问题。

具体的设计方案和措施将在系统设计完成后，针对具体的电路设计和系统安装方式考虑印刷电路板的设计问题。

参考文献

[1] 王潞钢. DSP C2000 程序员高手进阶[M].北京:机械工业出版社, 2005.

[2] 尹勇. DSP 集成开发环境 CCS 开发指南[M].北京:北京航空航天大学出版社, 2003.

[3] 万山明. TMS320F281xDSP 原理及应用实例[M].北京:北京航空航天大学出版社, 2007.

[4] 程佩青. 数字信号处理[M]. 2 版. 北京:清华大学出版社, 2001.

[5] 胡广书. 数字信号处理[M]. 2 版. 北京:清华大学出版社, 2003.

[6] 奥本海姆.离散时间信号处理[M]. 2 版.刘树棠,译.西安:西安交通大学出版社, 2001.

[7] MCCLELLAN J H. 信号处理引论[M].北京:电子工业出版社, 2005.